試して理解 Linuxのしくみ

実験と図解で学ぶ
OS、仮想マシン、コンテナの
基礎知識

増補改訂版

武内 覚
TAKEUCHI Satoru

技術評論社

本書をお読みになる前に

本書に記載された内容は、情報の提供だけを目的としています。したがって、本書を用いた運用は、必ずお客様自身の責任と判断によって行ってください。これらの情報の運用の結果について、技術評論社および著者はいかなる責任も負いません。

本書記載の情報は、2022年8月現在のものを掲載していますので、ご利用時には、変更されている場合もあります。

本書のソフトウェアに関する記述は、序章に記載したバージョン以外では当てはまらない場合があります。

以上の注意事項をご承諾いただいた上で、本書をご利用願います。これらの注意事項をお読みいただかずに、お問い合わせいただいても、技術評論社および著者は対処しかねます。あらかじめ、ご承知おきください。

本書の中のデータの量を表すために、KiB（キビバイト＝2^{10}バイト＝1024バイト）、MiB（ミビバイト＝2^{20}バイト）、GiB（ギビバイト＝2^{30}バイト）、TiB（ティビバイト＝2^{40}バイト）という単位を使っています。これは、KB（キロバイト＝10^3バイト＝1000バイト）、MB（メガバイト＝10^6バイト）、GB（ギガバイト＝10^9バイト）、TB（テラバイト＝10^12バイト）とは別の単位です。コンピュータ業界では慣例として、1000バイトも1024バイトも1KBと表記することがあるのですが（MBなども同様）、本書ではこのあいまいさを無くすためにKiBなどを使いました。

実験プログラムのソースコードはすべて実際に使う場面で紙面に掲載しています。また、

https://github.com/satoru-takeuchi/linux-in-practice-2nd

でも同じものを公開しています。

本書に寄せて

武内さん、改訂版の刊行おめでとうございます。正直いいまして増補改訂版への依頼が来たときは大変おどろきました。Linuxみたいな分野の技術書で改訂版が出るなんてあんまりないのではないでしょうか。

OSはハードウェアの動きが分からないと理解できないという困難さに加え、性能向上のために複雑な仕組みが要所にどうしても入ってしまうため、わかりやすい解説というのが困難でした。そのため初心者向きの本にはどうしても簡略化のための嘘が入ってしまい、OSの教科書の記述と現実のOSの動きはあまりマッチしないことが普通でした。

初版刊行時、本書は豊富な図表と簡潔かつわかりやすい説明で動作原理をていねいに記述しつつ、理解がむつかしくなる性能まわりの説明に豊富な性能データを用いて嘘やごまかしを入れずにていねいに説明している希有な本であり、わたしの周りでも大変評判になりました。わたしの所属会社でも新人向けの研修テキストにまっさきに名前があがる状態で、特にキャッシュ周りの性能挙動の理解には類書がないと思います。

その本書がおおはばにパワーアップして改訂出版されるということでわたしはいまとてもわくわくしています。タイトル通りLinuxのしくみについて知りたい人はもちろん、OSを自作してみたい人にも、自分のプログラムの性能チューニングをしたい人にも、本書はきっと役に立つでしょう。

2022年8月31日

Linuxカーネルハッカー、Rubyコミッター

小崎 資広

改訂版に寄せて

本書は2017年に出版された拙著「Linuxのしくみ」の増補改訂版です。初版は好評をいただきまして、大学や企業において参考書として使われたという話もたくさん伺いました。本書は初版の内容に「Software Design」における同名連載の内容を盛り込んだ上で、初版や連載の読者の方々からのフィードバックを踏まえて、さらに新しいコンテンツを追加したものです。ここでは初版をすでにご覧になった方に向けて、初版との主な違いを記載しておきます。

まず、書籍全体がモノクロからフルカラーになりました。これによって図表をはじめとした本書のコンテンツの理解がさらに深まると期待しています。実験コードについては、初版では、ほとんどの読者にとって馴染みがないC言語で書かれていたこと、およびコメントがほとんどなかったことによって、理解しづらいという声をたくさんいただきました。そこで改訂版では、GoやPythonなどで書き直した上で、コメントを随所に追加しました。また、実験コードの結果をグラフ化する方法が分からないという声をたくさんいただいたので、実験コードの中でグラフを出力するようにしました。

具体的なコンテンツでいうと、デバイスドライバを含めたデバイス操作について記載した「デバイスアクセス」の章、さらに現代のソフトウェアシステムを語るのに欠かせない「仮想化機能」「コンテナ」「cgroup」の章を新規追加しました。既存の章についても初版へのフィードバックをもとに大幅に加筆修正した上で、若干マニアックな話を扱うコラムも随所に追加しました。本書を読んだ後に何をすればいいか分からないという声を多くいただいたのを踏まえて、参考文献／サイトの紹介など、「次の一歩」に向けた道しるべも充実させました。

上述の通り、本書は初版よりも大幅にパワーアップしています。ご興味のある方はぜひ手に取っていただけたらと思います。

謝辞

本書は多くの方々のご協力によって完成しました。まずは初版に引き続き編集を担当していただいた風穴江さま、技術評論社の細谷謙吾さま、本書の一部となった「Software Design」の連載を担当していただいた池本公平さまに厚く御礼申し上げます。皆さまがいなければ本書が形になることはなかったでしょう。

本書の原稿が完成してから1カ月にわたって、さまざまなバックグラウンドを持つたくさんの皆さまにレビューして頂きました。Keita Mochizukiさま、laysakuraさま、macさま、mattnさま、Yuka Moritakaさま、阿佐志保さま、伊藤雅典さま、宇夫陽次朗さま、大堀龍一さま、小林隆浩さま、近藤宇智朗さま、清水智弘さま、白山文彦さま、関谷雅宏さま、平松雅巳さま、真壁徹さま、山岡茉莉さま、山田高大さま、LINE株式会社 KUBOTA Yujiさま、LINE株式会社 市原裕史さま、LINE株式会社 五反田正太郎さま、LINE株式会社 川上けんとさま、LINE株式会社 久慈泰範さま、LINE株式会社 谷野光宏さま、LINE株式会社 古川勇志郎さま、まことにありがとうございました。皆さまの鋭いご指摘のおかげで本書の品質が飛躍的に向上しました。

編集工程後に本書を磨き上げていただいた校正の小川彩子さま、初版に続き本書にさまざまな形でご協力いただいた小崎資広さま、まことにありがとうございました。ここに挙げた皆さま以外にも、本書の出版にかかわってくださったすべての方々にも感謝いたします。

はじめに

本書の目的は、コンピュータシステムを構成するオペレーティングシステム（以下「OS」と表記）やハードウェアについて、実際に手を動かし、挙動を確認しながら学ぶことです。説明の対象となるOSはLinuxです。

Linuxは、カーネルというシステムの核となるプログラムとそれ以外に分かれます。正確にはLinuxという言葉はカーネルのみを指すのですが、本書ではLinuxカーネル上で動作するUNIXライクなインターフェースを持つOSのことを便宜的にLinuxとしています。カーネル部分のことは「Linuxカーネル」、あるいは単に「カーネル」と表記します。

現代のコンピュータシステムは階層化、細分化されており、OSやハードウェアを直接意識することは少なくなってきています。Linuxにおいてもそれは同様です。この階層化は、しばしば図00-01のような「きれいなモデル」で描かれ、任意の階層を扱う人は、自分より1つ下の階層だけ知っていれば問題ないと説明されることがあります。

図00-01 コンピュータシステムの階層（きれいなモデル）

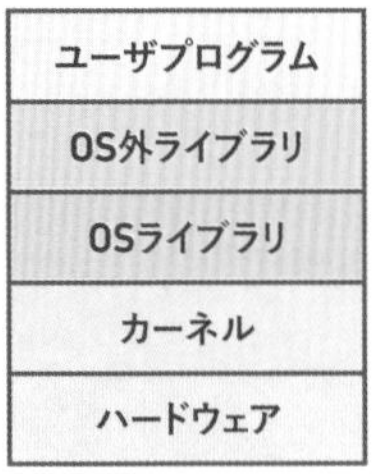

ユーザプログラム
OS外ライブラリ
OSライブラリ
カーネル
ハードウェア

例えば、運用管理技術者はアプリケーションの外部仕様だけ知っていればいい、アプリケーション開発者はライブラリだけ分かっていればいい、などです。

しかし現実のシステムは、図00-02のように、あらゆる階層が他の階層と複雑に繋がっていて、一部を知っているだけでは太刀打ちできない問題も少なくありません。しかも、こうした広い階層にまたがる知識は、実務を通して長い時間をかけて自力で学ばないといけない場合が多いのが実情です。

図00-02 コンピュータシステムの階層（現実）

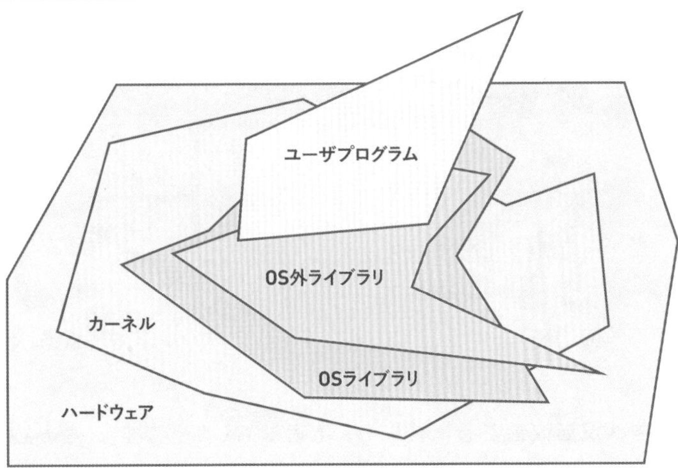

皆さんには、本書によって、Linuxやその中のカーネル、さらにハードウェアが上位レイヤと直接つながっている部分を理解していただきたいと思っています。これによって次のようなことが、ある程度できるようになるでしょう。

- カーネルやハードウェアなどの低レイヤに原因があるトラブルの解析
- 性能を意識したコーディング
- システムの各種統計情報／チューニングパラメータの意味についての理解

世の中にはOSの仕組みを扱った書籍／記事がいくつかあります。それにもかかわらず、あえて新たな書籍を書く意義は何でしょうか。それは既存の書籍／記事のほとんどは特定のOSには依存せずに理論を解説するか、あるいはLinuxなどの特定のOSの実装に注目してソースコードの解説をするというものだからです。このようなアプローチでは、上記の目標を達成するために遠回りを強いられます。本書を読む前からすでにOSに並々ならぬ興味があればよいのですが、そうでない大多数の方々にとっては非常に学習のハードルが高いのです。このため、新人、ベテランを問わず「OSは謎めいた難しそうなもの」となりがちです。

実際にOSに詳しい人とそれ以外の人々との間に起きる、図00-03のようなミスコミュニケーションを筆者は何度も見てきましたし、筆者が当事者になったこともあります。皆さんにも覚えがあるのではないでしょうか。

図00-03 OS屋さんとそうでない人との間のミスコミュニケーション

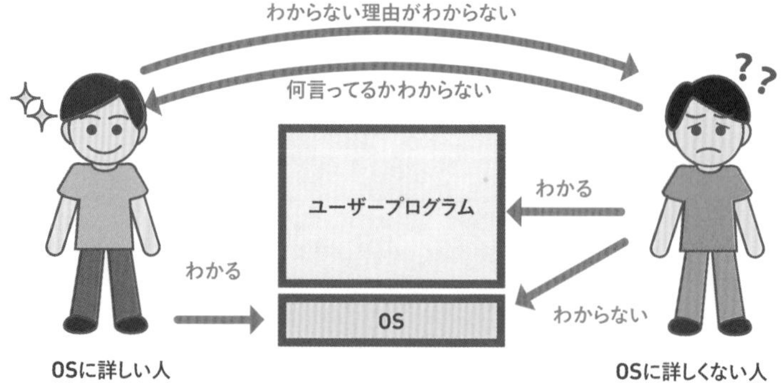

このような状況を改善するためにも、本書は難しい理論には踏み込まず、説明対象をLinuxに絞り、かつ、実装までは踏み込まずにLinuxの仕組みを解説するというアプローチをとります。「試して理解」という書名のとおり、本書はすべて図00-04のような流れでLinuxの個々の機能について直感的に理解していただけるような構成になっています。

図00-04 本書の内容を理解する流れ

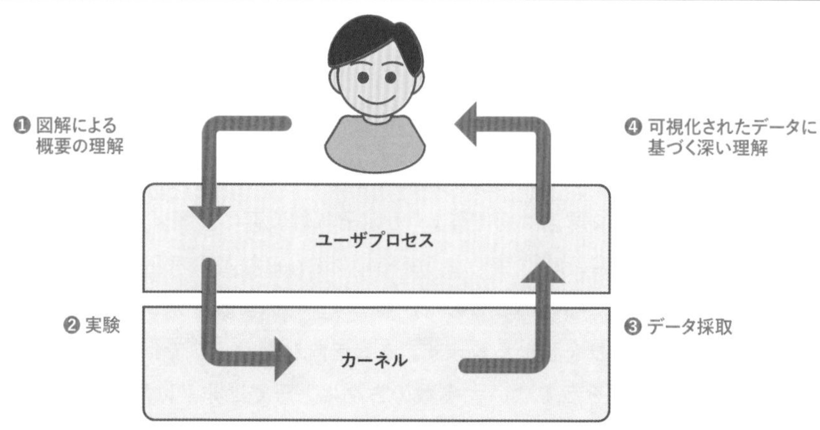

本書で出てくる実験は、やらなくても読めるようにはできていますが、ぜひ皆さんの環境で、実際に動作させて結果を確認されることをお勧めします。なぜなら「単に本を読む」のと「読んだ上で実際に試してみる」のを比較すると、後者のほうが学習効果がはるかに高いからです。

実験プログラムのソースコードはすべて実際に使う場面で紙面に掲載しています。また、

GitHubでも同じものを公開しています[*1]。

スクリプト言語で書かれた実験プログラムは`python3 foo.py`のようにインタプリタを指定して実行するのではなく、直接`./foo.py`と実行することを想定しています。前述のGitHubからダウンロードして実行する場合は最初から実行権限がついていますが、ご自身でソースコードを打ち込んでみる場合は、実行前に`chmod +x <ソースファイル名>`によって実行権限を付けてください。

実験プログラムは、物理マシン上にインストールしたUbuntu 20.04/x86_64上で動かすことを想定しています。これ以外の環境は、実験プログラムが動かなかったり、予期せぬ性能特性が出たり、といった不具合が発生する可能性が高いため、推奨しません。

実験プログラムをご自身の環境で動かす場合は、事前に必要なパッケージをインストールした上で、皆さんが普段使っているユーザを特定のグループに追加しておいてください。

```
$ sudo apt update && sudo apt install binutils build-essential golang sysstat python3-matplotlib python3-pil fonts-takao fio qemu-kvm virt-manager libvirt-clients virtinst jq docker.io containerd libvirt-daemon-system
$ sudo adduser `id -un` libvirt
$ sudo adduser `id -un` libvirt-qemu
$ sudo adduser `id -un` kvm
```

実験プログラムを実行するときには、以下のことに気を付けると予期せぬ結果になる可能性を減らせます。

- システムに実験プログラム以外に大きな負荷(例えばゲーム、文書編集、プログラムのビルドなど)をかけていない状態で実行する。こうしないと他のプログラムの挙動が実験結果に影響してしまうことがある
- 可能な限りプログラムを２回実行して、２回目のデータの結果を見る。これは第８章の「キャッシュメモリ」節で述べるキャッシュメモリの影響を排除するために必要

最後になりますが、以下に筆者が実験プログラムを実行した環境を記載しておきます。

- ハードウェア
  - CPU: AMD Ryzen 5 PRO 2400GE (4コア、8スレッド[*2])
  - メモリ: 16GiB PC4-21300 DDR4 SO-DIMM (8GiBx2)
  - NVMe SSD: Samsung PM981 256GB
  - HDD: ST3000DM001 3TB

＊1　https://github.com/satoru-takeuchi/linux-in-practice-2nd/

＊2　ここでいうスレッドはハードウェアのスレッドのこと。詳細は第８章の「Simultaneous Multi Threading (SMT)」節を参照。

- ソフトウェア
  - OS: Ubuntu 20.04/x86_64
  - ファイルシステム: ext4

目　次

目次

第10章 仮想化機能 …… 243

第 1 章

Linuxの概要

本章では、Linuxやその一部であるカーネルとは何者か、システム全体の中でLinuxとそれ以外の違いは何か、などについて述べます。それ以外にもプログラムやプロセスなど、同じ文脈で使われがちな言葉についても意味を説明します。

プログラムとプロセス

Linuxではさまざまなプログラムが動作しています。プログラムとは、コンピュータ上で動作する一連の命令、およびデータをひとまとめにしたものです。Go言語などのコンパイラ型言語においてはソースコードをビルドした後の実行ファイルがプログラムといえます。Pythonなどのスクリプト言語においてはソースコードそのものがプログラムといえます。カーネルもプログラムの一種です。

マシンの電源を入れると最初にカーネルが起動します[*1]。それ以外のすべてのプログラムは、カーネルの後に起動します。

Linux上で動作するプログラムには以下のようにさまざまな種類があります。

- Webブラウザ：Chrome、Firefoxなど
- オフィススイート：LibreOfficeなど
- Webサーバ：Apache、Nginxなど
- テキストエディタ：Vim、Emacsなど
- プログラミング言語処理系：Cコンパイラ、Goコンパイラ、Pythonインタプリタなど
- シェル：bash、zshなど
- システム全体の管理ソフトウェア：systemdなど

起動後に動作中のプログラムのことをプロセスと呼びます。動作中のプロセスのことを指してプログラムと呼ぶこともあるため、プログラムはプロセスより広い意味を持つ言葉だと言えます。

＊1　正確には、それより前にファームウェアやブートローダといったプログラムが動きます。これについては第2章の「プロセスの親子関係」節において説明します。

カーネル

本節ではカーネルとは何か、なぜ必要なのかについて、システムに接続されているHDDやSSDのようなストレージデバイスへのアクセスを題材に説明します。

まず、プロセスがストレージデバイスに直接アクセスできるシステムについて考えてみます（図01-01）。

図01-01 プロセスからストレージデバイスへ直接アクセス

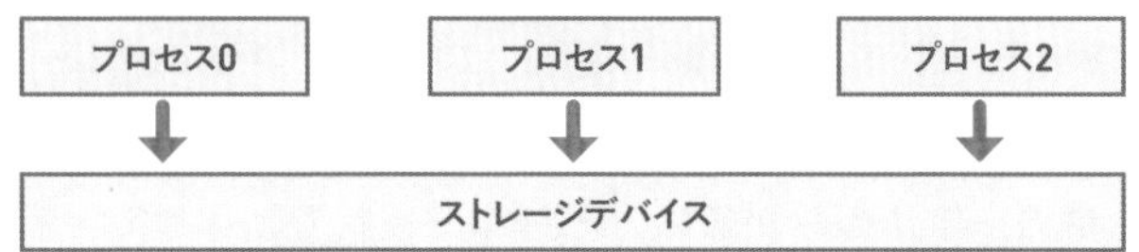

この場合は、例えば、複数プロセスが同時にデバイス操作をすると問題が発生します。

ストレージデバイスからデータを読み書きするために、以下のように2つの命令を発行しなければならないとします。

- 命令A：データを読み書きする場所を指定する
- 命令B：命令Aにおいて指定した場所からデータを読み書きする

このようなシステムにおいて、プロセス0によるデータ書き込みと、プロセス1による別の場所からのデータ読み出しが同時に発生した場合、次のような順番で命令が発行される可能性があります。

❶ プロセス0がデータを書き込む場所を指定（プロセス0が「命令A」を発行）
❷ プロセス1がデータを読み出す場所を指定（プロセス1が「命令A」を発行）
❸ プロセス0がデータを書き込む（プロセス0が「命令B」を発行）

❸において、本来データを書き込みたかったのは❶で指定した場所ですが、❷があることによって、意図とは異なる場所（❷で指定された場所）に対して書き込みが実行され、そこにあったデータが壊れてしまいます。このように、ストレージデバイスへのアクセスは、命令の実行順序を正しく制御しなければとても危険なのです*2。

これ以外にも、本来はアクセスできるべきでないプログラムがデバイスにアクセスできて

*2　最悪、デバイスが壊れて二度と使えなくなることがあります。このようになったデバイスのことを俗に文鎮、あるいは英語ではbrickと呼んだりします。

しまうといった問題が起きます。

このような問題を避けるために、カーネルはハードウェアの助けを借りてプロセスからデバイスに直接アクセスできないようにしています。具体的には、CPUに備わるモードという機能を使います。

パソコンやサーバで使われているような一般的なCPUにはカーネルモードとユーザモードという2つのモードがあります。より正確に言うとCPUアーキテクチャによってはモードが3つ以上ありますが、ここでは割愛します[*3]。プロセスがユーザモードで実行しているとき、「プロセスはユーザランド（あるいはユーザ空間）で実行している」と言うことがあります。

CPUがカーネルモードであれば何の制限もないのに対して、ユーザモードで実行中ならば特定の命令を実行できないようにする、のような制約をかけられます。

Linuxの場合はカーネルのみがこのカーネルモードで動作して、デバイスにアクセスできます。それに対してプロセスはユーザモードで動作するため、デバイスにアクセスできません。このため、プロセスはカーネルを介して間接的にデバイスにアクセスします（図01-02）。

図01-02 カーネルを介したストレージデバイスへの間接的なアクセス

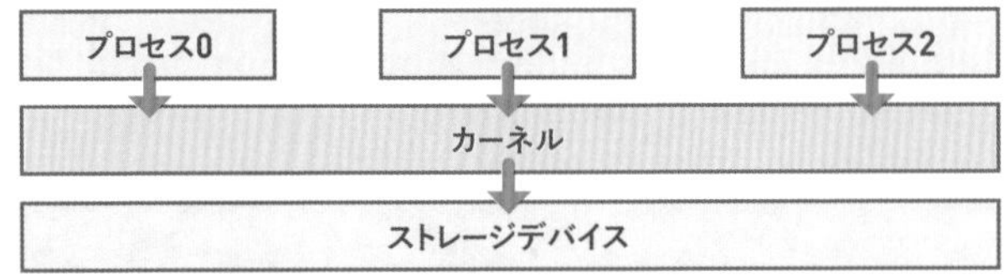

カーネルを介してストレージデバイスをはじめとしたデバイスにアクセスする機能については第6章で詳しく述べます。

上述のデバイス制御に加えて、システム内のすべてのプロセスが共有するリソースを一元管理して、システム上で動作するプロセスに配分する——そのためにカーネルモードで動作するプログラムが、カーネルなのです。

システムコール

システムコールとは、プロセスがカーネルに処理を依頼するための方法です。新規プロセスの生成やハードウェアの操作など、カーネルの助けが必要な場合に使います。

＊3　例えばx86_64アーキテクチャにおいては4つのCPUモードがありますが、Linuxカーネルは2つしか使いません。

システムコールには例えば次のようなものがあります。

- プロセス生成、削除
- メモリ確保、解放
- 通信処理
- ファイルシステム操作
- デバイス操作

システムコールは、CPUの特殊な命令を実行することによって実現しています。プロセスは前述のようにユーザモードで実行していますが、カーネルに処理を依頼するためにシステムコールを発行すると、CPUにおいて例外というイベントが発生します（例外については第4章の「ページテーブル」節で説明します）。これをきっかけとして、CPUのモードがユーザモードからカーネルモードに遷移し、依頼内容に応じたカーネルの処理が動き始めます。カーネル内のシステムコール処理が終了すれば、再びユーザモードに戻ってプロセスの動作を継続します（図01-03）。

図01-03 システムコール

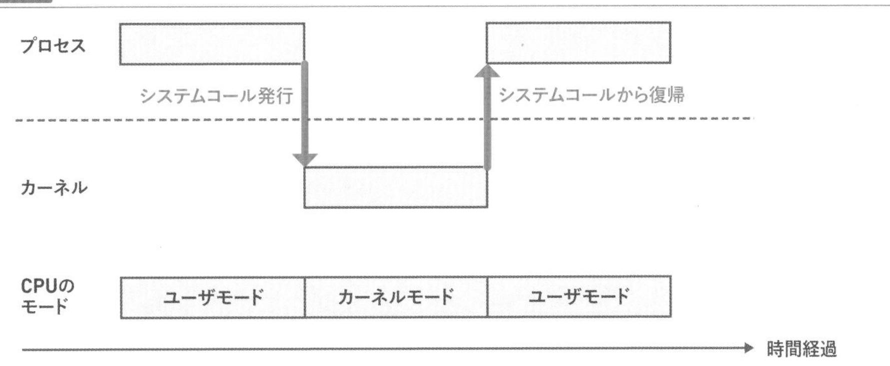

システムコールの処理の冒頭で、カーネルはプロセスからの要求が正当なものかどうかをチェックします（例えばシステムに存在しないような量のメモリを要求していないかどうか、など）。不正な要求であればシステムコールを失敗させます。

プロセスからシステムコールを介さずに直接CPUのモードを変更する方法はありません。もしあったら、カーネルが存在する意味がありません。例えば、悪意あるユーザがプロセスからCPUをカーネルモードに変更して直接デバイス操作をすれば、他ユーザのデータを盗聴したり破壊できたりしてしまいます。

システムコール発行の可視化

プロセスがどんなシステムコールを発行するかは、straceコマンドによって確認できます。hello worldという文字列を出力するだけのhelloプログラム（リスト01-01）をstraceを介して実行してみましょう。

リスト01-01 hello.go

```
package main

import (
    "fmt"
)

func main() {
    fmt.Println("hello world")
}
```

まずはビルドしてstraceなしで実行してみます。

```
$ go build hello.go
$ ./hello
hello world
```

期待通りhello worldと表示されました。では、straceによって、このプログラムがどのようなシステムコールを発行するかを見てみます。straceの出力先は-oオプションによって指定できます。

```
$ strace -o hello.log ./hello
hello world
```

プログラムは、先ほどと同じ出力をして終了しました。それでは、straceの出力が入ったhello.logの中身を見てみましょう。

```
$ cat hello.log
...
write(1, "hello world\n", 12)           = 12 ●──❶
...
```

straceの出力は、1行が1つのシステムコール発行に対応しています。ここでは細かい数値などは無視して、❶の行だけを見てくだされば結構です。❶の行では、データを画面やファイルなどに出力するwrite()システムコールによって、hello world\nという文字列を表示していることが分かります（\nは改行コードを意味します）。

筆者の環境では、システムコールが合計150回発行されました。そのほとんどは、hello.goの中に書いたmain()関数の前後に実行される、プログラムの開始処理と終了処理（これらもOSが提供する機能の1つです）が発行するものなので、あまり気にする必要はありません。

Go言語だけではなく、どのようなプログラミング言語で記述されたプログラムであっても、カーネルに処理を依頼するときにはシステムコールを発行します。これを確認してみましょう。

hello.py（**リスト01-02**）は、Go言語で書かれたhelloプログラムと同等のことをPythonによって記述したプログラムです。

リスト01-02 hello.py

```
#!/usr/bin/python3
print("hello world")
```

このhello.pyプログラムを、straceを介して実行してみましょう。

```
$ strace -o hello.py.log ./hello.py
hello world
```

トレース情報を見てみます。

```
$ cat hello.py.log
...
write(1, "hello world\n", 12)           = 12 ●──❷
...
```

❷を見ると、Go言語で書かれたhelloプログラムと同様、write()システムコールが発行されていることが分かりました。皆さんもお好きな言語で同様のプログラムを書いて、いろいろ実験してみてください。また、もっと複雑なプログラムについてもstraceを介して実行すると面白いかもしれません。ただし、straceの出力はサイズが大きくなりがちなので、ファイルシステム容量の枯渇に気を付けてください。

システムコールを処理している時間の割合

システムに搭載されている論理CPU[*4]が実行している命令の割合はsarコマンドを使え

*4　カーネルがCPUとして認識するもの。CPUが1コアなら1つのCPU、マルチコアCPUなら1つのコア、SMT（第8章の「Simultaneous Multi Threading（SMT）」節を参照）を有効にしているシステムならばCPUコア内のスレッドを示します。本書では簡単のため論理CPUという言葉で統一します。

ば分かります。まずは`sar -P 0 1 1`コマンドによって、CPUコア0がどのような種類の処理を実行しているかという情報を採取してみましょう。`-P 0`オプションが論理CPU0のデータを採取するという意味、その次の1が1秒ごとに採取という意味、そして、最後の1が1回だけデータを採取するという意味です。

```
$ sar -P 0 1 1
Linux 5.4.0-66-generic (coffee)        2021年02月27日  _x86_64_        (8 CPU)
09時51分03秒     CPU     %user     %nice   %system   %iowait    %steal     %idle   ──❶
09時51分04秒       0      0.00      0.00      0.00      0.00      0.00    100.00
Average:           0      0.00      0.00      0.00      0.00      0.00    100.00
```

この出力の見方を説明しておきます。❶はヘッダ行で、次の行はヘッダ行の第1フィールド(09時51分03秒)から次の行の第1フィールド(09時51分04秒)までの1秒間に、第2フィールドで示される論理CPUをどのような用途で使ったのかという情報を出力します。

用途は第3フィールド(`%user`)から第8フィールド(`%idle`)までの6種類で、それぞれ%単位で、すべて足すと100になります。ユーザモードでプロセスを実行している時間の割合は`%user`と`%nice`の合計によって得られます(`%user`と`%nice`の違いについては、第3章の「タイムスライスの仕組み」コラムで述べます)。`%system`はカーネルがシステムコールを処理している時間の割合、`%idle`は何もしていないアイドル状態だった割合を示します。その他についてはここでは割愛します。

上記の出力においては、`%idle`が100.00でした。つまりCPUはほぼ何もしていなかったといえます。

では、無限ループするだけの`inf-loop.py`プログラム(リスト01-03)をバックグラウンドで動かしながら`sar`の出力を眺めてみましょう。

リスト01-03 inf-loop.py

```
#!/usr/bin/python3
while True:
    pass
```

OSが提供する`taskset`というコマンドを利用して、`inf-loop.py`プログラムをCPU0上で動かします。`taskset -c <論理CPU番号> <コマンド>`を実行すると、`<コマンド>`引数で指定したコマンドを`-c <論理CPU番号>`引数で指定したCPU上で実行できます。このコマンドをバックグラウンドで実行した状態で、`sar -P 0 1 1`コマンドによって統計情報をとってみましょう。

```
$ taskset -c 0 ./inf-loop.py &
[1] 1911
$ sar -P 0 1 1
Linux 5.4.0-66-generic (coffee)        2021年02月27日  _x86_64_        (8 CPU)
09時59分57秒     CPU     %user     %nice   %system   %iowait    %steal     %idle
09時59分58秒       0    100.00      0.00      0.00      0.00      0.00      0.00 ──❷
Average:           0    100.00      0.00      0.00      0.00      0.00      0.00
```

❷より、論理CPU0上ではinf-loop.pyプログラムが常に動作していたため、%userが100だったと分かります。このときの論理CPU0の様子を図01-04に示します。

図01-04 inf-loop.pyプログラム実行の様子

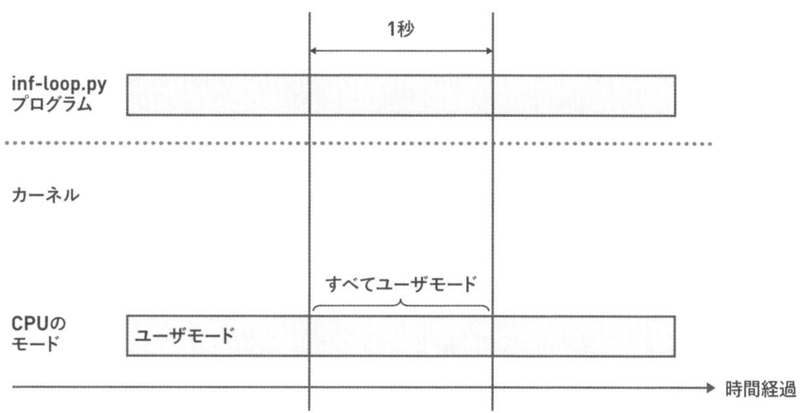

実験が終わったら`kill <loopプログラムのプロセスID>`でinf-loop.pyプログラムを終了させておきましょう。

```
$ kill 1911
```

続いて親プロセスのプロセスIDを得るという単純なシステムコールgetppid()を無限に発行し続けるsyscall-inf-loop.pyプログラム（リスト01-04）で同じことをしてみましょう。

リスト01-04 syscall-inf-loop.py

```
#!/usr/bin/python3
import os
while True:
    os.getppid()
```

```
$ taskset -c 0 ./syscall-inf-loop.py &
```

```
[1] 2005
$ sar -P 0 1 1
Linux 5.4.0-66-generic (coffee)        2021年02月27日  _x86_64_        (8 CPU)
10時03分58秒     CPU     %user     %nice   %system   %iowait    %steal     %idle
10時03分59秒       0     35.00      0.00     65.00      0.00      0.00      0.00
Average:         0     35.00      0.00     65.00      0.00      0.00      0.00
```

今度はシステムコールを絶え間なく発行するようになったため、%systemが大きくなりました。このときCPUの状態は図01-05のようになります。

監視、アラート、およびダッシュボード

Column

sarコマンドをはじめとしたツールによるシステムの統計情報採取は、システムが想定通りに動いているかを確認するために非常に重要です。業務システムではこのような統計情報を継続的に採取しておくのが一般的です。このような仕組みを監視といいます。監視ツールとしては「Prometheus[*a]」や「Zabbix[*b]」、「Datadog[*c]」などが有名です。

統計情報をもとにした監視を人間が目視で行うのは辛いので、「どのような状態が正常なのか」ということをあらかじめ人間が定義しておき、異常になった際に運用管理者などに通知するアラートという機能を監視ツールと一緒に使うのが一般的です。アラートツールは監視ツールと一体化していることもありますが、「Alert Manager[*d]」のように独立したソフトウェアになっていることもあります。

システムが異常な状態になったときには最終的に人間がトラブルシューティングすることになるのですが、このとき数値の羅列を眺めるだけでは調査の効率が悪いです。このため、収集したデータを可視化してくれるダッシュボードという機能もよく使われます。こちらも監視ツールやアラートツールと一体化していることもありますし、「Grafana Dashboards[*e]」のように独立したソフトウェアを使うこともあります。

＊a https://github.com/prometheus/prometheus
＊b https://github.com/zabbix/zabbix
＊c https://www.datadoghq.com/ja/
＊d https://github.com/prometheus/alertmanager
＊e https://github.com/grafana/grafana

図01-05 syscall-inf-loop.py実行の様子

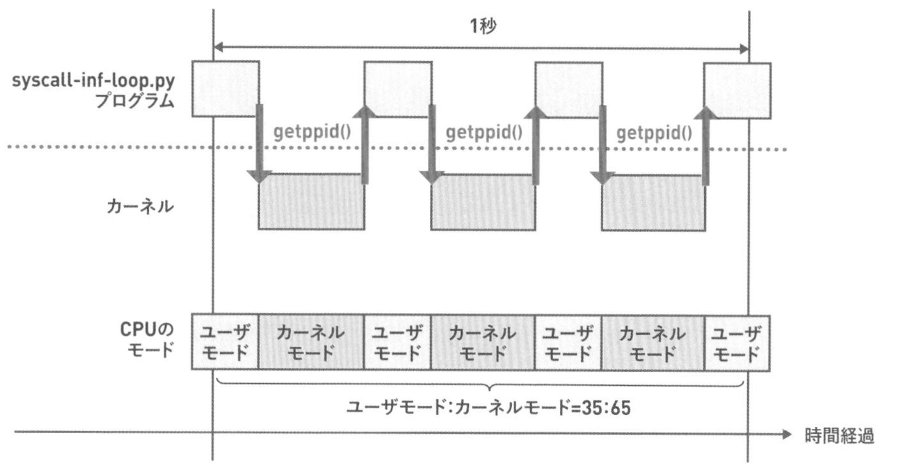

実験は終わったら、`syscall-inf-loop.py`を終了させておいてください。

システムコールの所要時間

`strace`に`-T`オプションを付けると、各種システムコールの処理にかかった時間をマイクロ秒の精度で採取できます。`%system`が高いときに、具体的にどのシステムコールに時間がかかっているのかを確かめるために、この機能は便利に使えます。以下は`hello`プログラムに対して`strace -T`を実行した結果です。

```
$ strace -T -o hello.log ./hello
hello world
$ cat hello.log
...
write(1, "hello world\n", 12)           = 12 <0.000017>
...
```

ここでは、例えば`hello world\n`という文字列を出力する処理には17マイクロ秒かかったことが分かります。

`strace`には他にも、システムコールの発行時刻をマイクロ秒単位で表示する`-tt`オプションなどもあります。必要に応じて使い分けてください。

ライブラリ

本節ではOSが提供するライブラリについて述べます。多くのプログラミング言語では、複数のプログラムに共通する処理をライブラリとしてまとめる機能があります。これによって、プログラマは先人たちが作ってきた大量のライブラリの中から好きなものを選んで、効率的にプログラムを開発できるようになっています。数あるライブラリの中でも、非常に多くのプログラムが使うであろうものについてはOSが提供することがあります。

プロセスがライブラリを使っている場合のソフトウェア階層を図01-06に示します。

図01-06 プロセスのソフトウェア階層

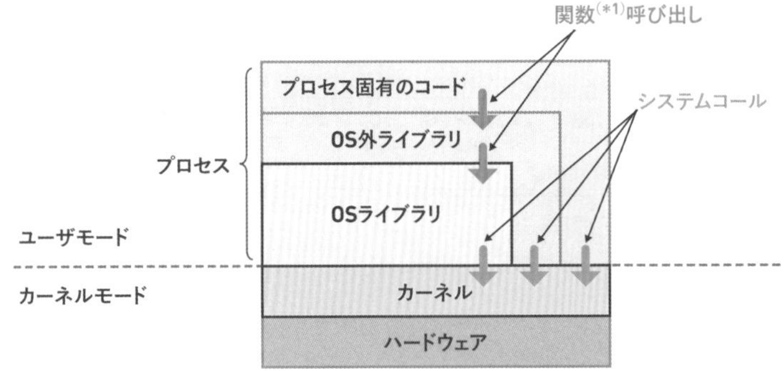

*1 オブジェクト指向プログラミング言語の場合はメソッドも含む

標準Cライブラリ

C言語には、国際標準化機構（International Organization for Standardization、ISO）[*5]によって定められた標準ライブラリがあります。Linuxでも、この標準Cライブラリが提供されています。通常はGNUプロジェクト[*6]が提供するglibc[*7]を標準Cライブラリとして使用します。本書ではこれ以降、glibcを指して「libc」と表記します。

C言語で書かれたほとんどすべてのCプログラムは、libcをリンクしています。

プログラムがどのようなライブラリをリンクしているかは、`ldd`コマンドを用いて確かめられます。試しに`echo`コマンドについて`ldd`の実行結果を見てみましょう。

---

*5 https://www.iso.org/home.html

*6 https://www.gnu.org/gnu/thegnuproject.ja.html

*7 https://www.gnu.org/software/libc/

```
$ ldd /bin/echo
        linux-vdso.so.1 (0x00007ffef73a9000)
        libc.so.6 => /lib/x86_64-linux-gnu/libc.so.6 (0x00007f2925ebd000)
        /lib64/ld-linux-x86-64.so.2 (0x00007f29260d1000)
$
```

上記のうち、libc.so.6が標準Cライブラリを指します。なお、ld-linux-x86-64.so.2というのは共有ライブラリをロードするための特別なライブラリです。これもOSが提供するライブラリの1つです。

catコマンドについても見てみましょう。

```
$ ldd /bin/cat
        linux-vdso.so.1 (0x00007ffc3b155000)
        libc.so.6 => /lib/x86_64-linux-gnu/libc.so.6 (0x00007fabd1194000)
        /lib64/ld-linux-x86-64.so.2 (0x00007fabd13a9000)
$
```

こちらも同じくlibcをリンクしていました。Python3の処理系であるpython3コマンドについても見てみましょう。

```
$ ldd /usr/bin/python3
        linux-vdso.so.1 (0x00007ffc91126000)
        libc.so.6 => /lib/x86_64-linux-gnu/libc.so.6 (0x00007f5fb7206000)
  ...
        /lib64/ld-linux-x86-64.so.2 (0x00007f5fb740f000)
$
```

同じくlibcがリンクされていました。つまりPythonプログラムを実行するとき、内部的には標準Cライブラリを使っているのです。最近では普段C言語を直接使う方は少ないと思いますが、OSレベルでは、縁の下の力持ちとして依然重要な言語であることが分かります。

この他にもシステムに存在しているさまざまなプログラムに対してlddコマンドを実行すると、その多くにlibcがリンクされているのが分かります。ぜひ試してみてください。

Linuxでは、これ以外にも、C++などさまざまなプログラミング言語の標準ライブラリが提供されています。標準ライブラリではないものの、多くのプログラマが使うであろうライブラリもあります。Ubuntuにおいてライブラリファイルはlibという文字列で始まることが多いのですが、筆者の環境で

```
$ dpkg-query -W | grep ^lib
```

と実行すると1000個以上のパッケージが表示されました。

システムコールのラッパー関数

libcは標準Cライブラリだけではなく、システムコールのラッパー関数というものを提供しています。システムコールは、通常の関数呼び出しとは違って、C言語などの高級言語から直接呼び出せません。アーキテクチャ依存のアセンブリコードを使って呼び出す必要があります。

例えばx86_64アーキテクチャのCPUにおいて、getppid()システムコールはアセンブリコードレベルでは次のように発行します。

```
mov    $0x6e,%eax
syscall
```

1行目では、getppid()のシステムコール番号「0x6e」をeaxレジスタに代入しています。これはLinuxのシステムコール呼び出し規約によって決まっているものです。また2行目は、syscall命令によってシステムコールを発行し、カーネルモードに遷移しています。この後にgetppid()を処理するカーネルのコードが実行されます。普段アセンブリ言語を書く機会のない方は、ここではこのソースの詳しい意味を理解する必要はありません。「明らかに普段自分が見ているソースとは別物だ」という雰囲気だけ感じていただければよいです。

スマートフォンやタブレットで主に使われるarm64アーキテクチャにおいては、アセンブリコードレベルでgetppid()システムコールを次のように発行します。

```
mov     x8,  <システムコール番号>
svc     #0
```

全然違いますね。もしlibcの助けがなければ、システムコールを発行するたびにアーキテクチャ依存のアセンブリコードを書いて、高級言語からそれを呼び出さなくてはなりません（図01-07）。

図01-07 もしOSの助けがなかったら

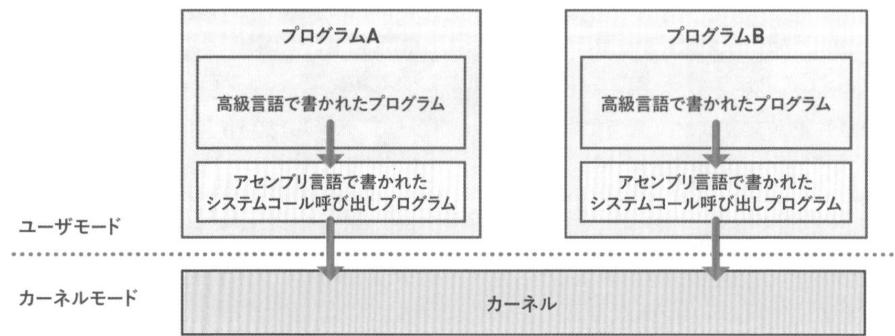

これではプログラムの作成に手間がかかりますし、別アーキテクチャへの移植性もありません。

このような問題を解決するために、libcは、内部的にシステムコールを呼び出すだけの、システムコールのラッパーと呼ばれる一連の関数を提供しています。ラッパー関数はアーキテクチャごとに存在します。高級言語で書かれたユーザプログラムからは、各言語に対して用意されているシステムコールのラッパー関数を呼び出すだけで済みます（図01-08）。

図01-08 ユーザプログラムは、ラッパー関数を呼び出すだけで済む

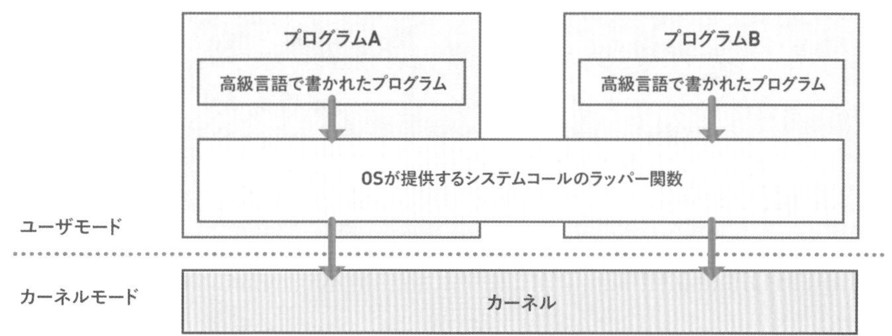

静的ライブラリと共有ライブラリ

ライブラリは静的ライブラリと共有（あるいは動的）ライブラリの２種類に分類できます。どちらも同じ機能を提供するのですが、プログラムへの組み込み方が違います。

プログラムの生成時には、まずソースコードをコンパイルしてオブジェクトファイルというファイルを作ります。その上でオブジェクトファイルが使うライブラリをリンクして、実行ファイルを作ります。静的ライブラリはリンク時に、ライブラリ内の関数をプログラムに組み込みます。これに対して共有ライブラリは、リンク時には「このライブラリのこの関数を呼び出す」といった情報だけを実行ファイルに埋め込みます。その上でプログラムの起動時、あるいは実行中に、ライブラリをメモリ上にロードして、プログラムはその中の関数を呼び出します。

何もせずに待つpause()システムコールを呼ぶだけのpause.cプログラム（リスト01-05）において両者の違いを示したのが図01-09です。

図01-09 静的ライブラリと共有ライブラリ

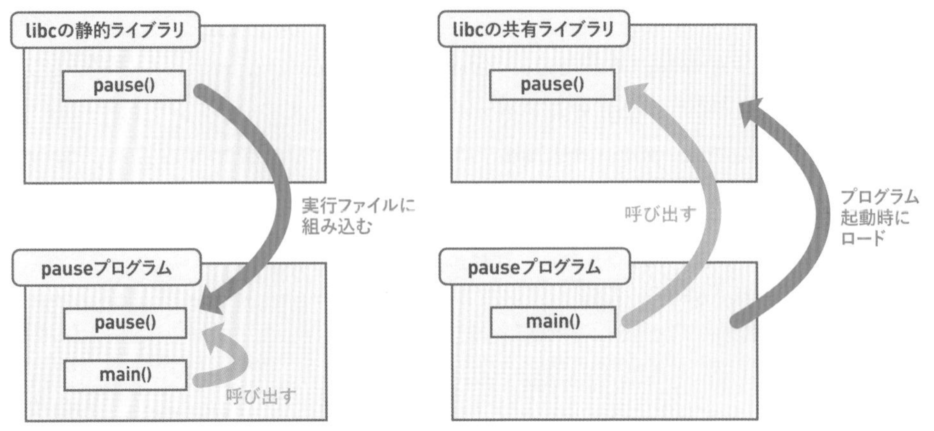

リスト01-05 pause.c

```
#include <unistd.h>
int main(void) {
    pause();
    return 0;
}
```

本当に図01-09のようになっているかを、次の観点で確認してみましょう。

- サイズ
- 共有ライブラリとのリンク状態

例としてプログラムにlibcをリンクさせる場合を考えます。まずはlibcの静的ライブラリである`libc.a`[*8]を使う場合について確認します。

```
$ cc -static -o pause pause.c
$ ls -l pause
-rwxrwxr-x 1 sat sat 871688  2月 27 10:29 pause ←❶
$ ldd pause
        not a dynamic executable ←❷
$
```

実行結果から次のことが分かります。

❶ プログラムサイズは900KiB弱

❷ 共有ライブラリはリンクされていない

＊8　Ubuntu 20.04においては`libc6-dev`パッケージが提供します。

このプログラムはlibcをすでに組み込んでいるので`libc.a`を削除しても動作します。ただし、その後、他のプログラムがlibcと静的リンクできなくなって大変危険なのでやらないでください。

続いて共有ライブラリ`libc.so`[*9]を使う場合についてです。

```
$ cc -o pause pause.c
$ ls -l pause
-rwxrwxr-x 1 sat sat 16696  2月 27 10:43 pause
$ ldd pause
        linux-vdso.so.1 (0x00007ffc18a75000)
        libc.so.6 => /lib/x86_64-linux-gnu/libc.so.6 (0x00007f64ad4e9000)
        /lib64/ld-linux-x86-64.so.2 (0x00007f64ad6f7000)
$
```

この結果、次のようなことが分かります。

- サイズは16KiB程度であり、libcを静的リンクした場合の数十分の一の大きさ
- libc（`/lib/x86_64-linux-gnu/libc.so.6`）を動的リンクしている

libcを動的リンクしたpauseプログラムは、`libc.so`を削除すると実行できなくなります。それどころか、このようなことをすると`libc.so`をリンクしているプログラムがすべて実行できなくなりますので、`libc.a`の削除よりもさらに危険です。やってしまうと複雑な手段で復旧させるか、あるいはOS全体を再インストールすることになります。絶対にやらないでください。

サイズが小さな理由はlibcがプログラム自身に埋め込まれておらず、実行時にメモリにロードされるからです。libcのコードはプログラムごとに別々のコピーを使うわけではなく、libcを使う全プログラムで同じものを共有します。

静的ライブラリと共有ライブラリはどちらも一長一短なので、一概にどちらが良いとは言えませんが、次の理由によって共有ライブラリが主に使われてきました。

- システム全体としてサイズを小さく抑えられる。
- ライブラリに問題があった場合は共有ライブラリを修正版に置き換えるだけで、当該ライブラリを使用するすべてのプログラムについて問題を修正できる。

皆さんがお使いのプログラムの実行ファイルに対して`ldd`コマンドを実行して、どのような共有ライブラリがリンクされているのかを確かめてみるのも面白いと思います。

＊9　Ubuntu 20.04においては`libc6`パッケージが提供します。

静的リンクの復権 Column

共有ライブラリが好んで使われてきたと書きましたが、最近ではやや事情が変わってきました。例えばここ数年人気のGo言語は基本的にライブラリをすべて静的リンクしています。この結果、一般的なGoプログラムはいかなる共有ライブラリにも依存しません。

helloプログラムに対してlddを実行して、このことを確認してみましょう。

```
$ ldd hello
        not a dynamic executable
```

これには例えば次のような理由があります。

- メモリやストレージの大容量化によってサイズの問題は相対的に小さくなってきた。
- プログラムが1つの実行ファイルだけで動けば、当該ファイルをコピーするだけで別の環境でも動作するので扱いが楽。
- 実行時に共有ライブラリをリンクしなくて済むので起動が高速。
- 共有ライブラリの「DLL地獄[*a]」と呼ばれる問題を回避できる。

ものの考え方はさまざまであり、かつ、時代とともに適切な方法は変わってくるということですね。

＊a　共有ライブラリは、本来、バージョンアップしても後方互換性を維持することが期待されます。しかし、時として微妙に互換性が失われてしまうことがあり、バージョンアップによって一部プログラムが動作しなくなることがあります。このような問題は解決が難しいことが多いため「DLL地獄」と呼ばれたりします。

第2章

プロセス管理（基礎編）

システムには複数のプロセスが存在しているのが普通です。例えばps auxコマンドを実行すればシステムに存在する全プロセスを列挙できます。

```
$ ps aux
USER       PID %CPU %MEM    VSZ   RSS TTY      STAT START   TIME COMMAND ●──❶
...
sat      19261  0.0  0.0  13840  5360 ?        S    18:24   0:00 sshd: sat@pts/0
sat      19262  0.0  0.0  12120  5232 pts/0    Ss   18:24   0:00 -bash
...
sat      19280  0.0  0.0  12752  3692 pts/0    R+   18:25   0:00 ps aux
$
```

❶の行が、これ以降の行の出力の意味を示すヘッダ行で、その後は1行に1つプロセスを表示します。上記のうちCOMMANDフィールドがコマンド名を意味します。ここでは詳細については触れませんが、sshサーバであるsshd（PID=19261）がbash（PID=19262）を起動し、その上でps auxを実行しています。

psコマンドの出力のヘッダ行は--no-headerオプションを使えば削除できます。では次に筆者の環境でのプロセスの数を調べてみましょう。

```
$ ps aux --no-header | wc -l
216
$
```

216個のプロセスが存在していました。これらはそれぞれ何をしているのでしょうか？ どのように管理されているのでしょうか？ 本章では、Linuxがこれらプロセスを管理するプロセス管理システムについて説明します。

プロセスの生成

新しくプロセスを生成する目的は次の2つに分けられます。

a. 同じプログラムの処理を複数のプロセスに分けて処理する（例：Webサーバによる複数リクエストの受付）。
b. 別のプログラムを生成する（例：bashから各種プログラムの新規生成）。

これらを実現するために、Linuxではfork()関数とexecve()関数を使います[*1]。内部的

*1 man 3 execを実行すればexecve()関数の変種がたくさん見つかります。

にはそれぞれclone()、execve()というシステムコールを呼び出します。上記のa.の場合はfork()関数のみ、b.の場合はfork()関数とexecve()関数の両方を使います。

同じプロセスを2つに分裂させるfork()関数

fork()関数を発行すると、発行したプロセスのコピーを作った上で、どちらもfork()関数から復帰させます。生成元のプロセスを「親プロセス」、生成されたプロセスを「子プロセス」と呼びます。このときの流れは次のとおりです（図02-01）。

❶ 親プロセスがfork()関数を呼ぶ。

❷ 子プロセス用メモリ領域を確保して、そこに親プロセスのメモリをコピーする。

❸ 親プロセスと子プロセスは両方ともfork()関数から復帰する。親プロセスと子プロセスは後述のようにfork()関数の戻り値が異なるため、処理を分岐させることができる（後述）。

図02-01 fork()関数によるプロセスの生成

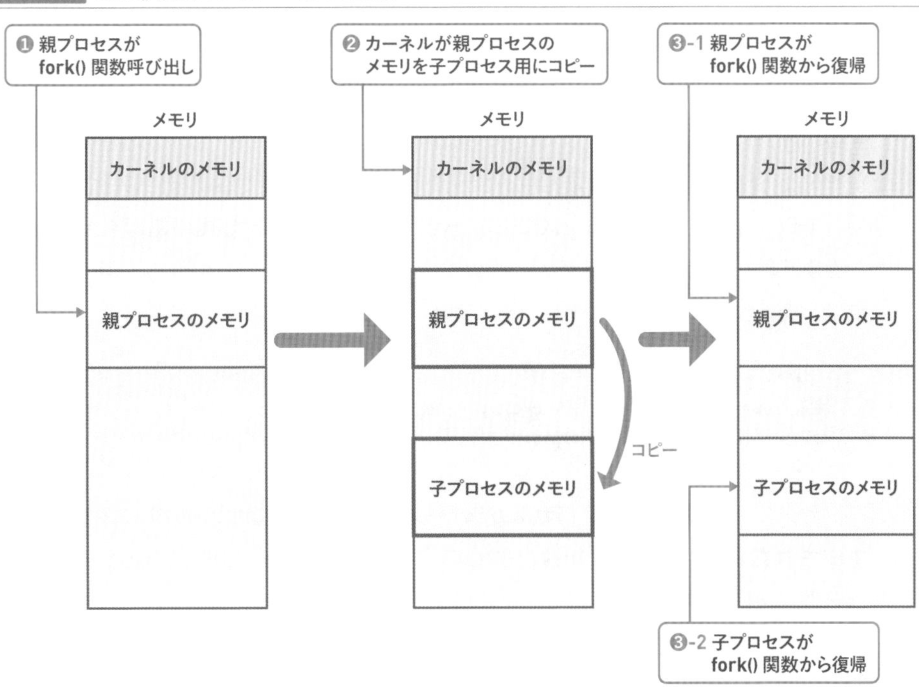

ただし実際には、親プロセスから子プロセスへのメモリコピーは、第7章で説明するコピーオンライト（Copy-on-Write）という機能によって非常に低コストで済みます。このた

め、Linuxにおいて同じプログラムの処理を複数プロセスに分けて処理する際のオーバーヘッドは小さいです。

次のような仕様のfork.pyプログラム（リスト02-01）を作ることによって、fork()関数によってプロセスを生成する様子を見てみましょう。

❶ fork()関数を呼び出してプロセスの流れを分岐させる。
❷ 親プロセスは、自身のプロセスIDと、子プロセスのプロセスIDを出力して終了する。子プロセスは自身のプロセスIDを出力して終了する。

リスト02-01 fork.py

```
#!/usr/bin/python3
import os, sys
ret = os.fork()
if ret == 0:
    print("子プロセス: pid={}, 親プロセスのpid={}".format(os.getpid(), os.getppid()))
    exit()
elif ret > 0:
    print("親プロセス: pid={}, 子プロセスのpid={}".format(os.getpid(), ret))
    exit()
sys.exit(1)
```

fork.pyプログラムにおいて、fork()関数の復帰時に、親プロセスの場合は子プロセスのプロセスIDが、子プロセスの場合は0が返ります。プロセスIDは必ず1以上なので、これを利用して親プロセスと子プロセスにおけるfork()関数呼び出し後の処理を分岐させることができます。

では、実行してみましょう。

```
./fork.py
親プロセス: pid=132767, 子プロセスのpid=132768
子プロセス: pid=132768, 親プロセスのpid=132767
```

プロセスIDが132767のプロセスが分岐して、新規にプロセスIDが132768のプロセスが生成されたこと、および、fork()関数の発行後には、fork()関数の戻り値によってそれぞれ処理が分岐していることが分かります。

fork()関数は、最初は何をしているのかが非常に分かりづらいのですが、本節の内容やサンプルコードを繰り返し読むことによって、ぜひ身に付けてください。

別のプログラムを起動するexecve()関数

fork()関数によってプロセスのコピーを作った後は、子プロセス上でexecve()関数を発行します。これによって子プロセスは、別のプログラムに置き換えられます。このときの処理の流れは次のとおりです。

1. execve()関数を呼び出す
2. execve()関数の引数で指定した実行ファイルからプログラムを読み出して、メモリ上に配置する（これをメモリマップと呼びます）ために必要な情報を読み出す。
3. 現在のプロセスのメモリを新しいプロセスのデータで上書きする。
4. プロセスを新しいプロセスの最初に実行すべき命令（エントリポイント）から実行開始する。

つまり、fork()関数ではプロセス数が増えるのに対して、まったく別のプログラムを生成する場合は、プロセス数が増えるのではなく、あるプロセスを別物で置き換えるという形になります（図02-02）。

図02-02 execve()関数による別プロセスへの置き換え

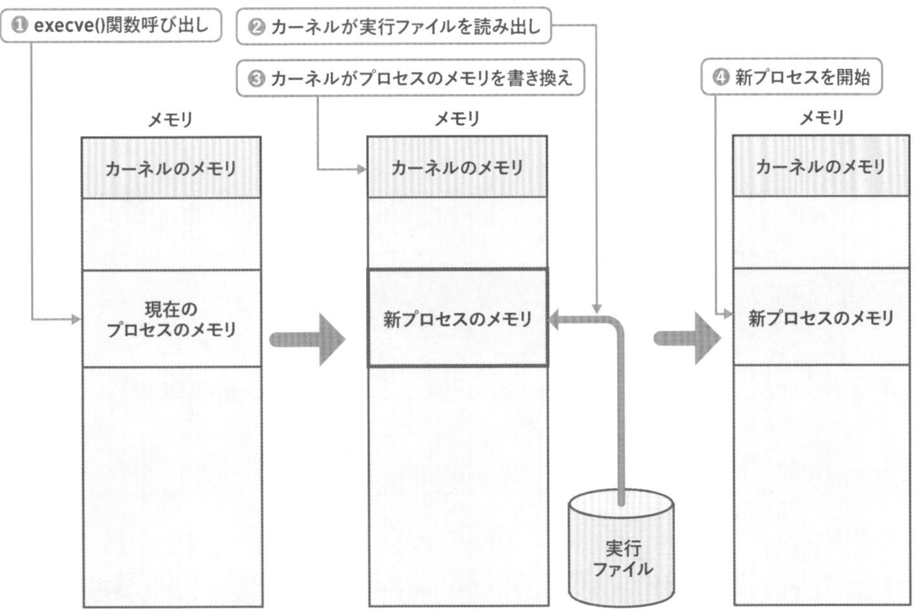

これをプログラムで表現したのがfork-and-exec.pyプログラム（リスト02-02）です。fork()関数呼び出し後に、子プロセスはexecve()関数によって`echo <pid> からこんにちは`コマンドに置き換えられます。

リスト02-02 fork-and-exec.py

```
#!/usr/bin/python3
import os, sys
ret = os.fork()
if ret == 0:
    print("子プロセス: pid={}, 親プロセスのpid={}".format(os.getpid(), os.getppid()))
    os.execve("/bin/echo", ["echo", "pid={} からこんにちは".format(os.getpid())], {})
    exit()
elif ret > 0:
    print("親プロセス: pid={}, 子プロセスのpid={}".format(os.getpid(), ret))
    exit()
sys.exit(1)
```

実行結果は次のようになります。

```
$ ./fork-and-exec.py
親プロセス: pid=5843, 子プロセスのpid=5844
子プロセス: pid=5844, 親プロセスのpid=5843
pid=5844 からこんにちは
```

この結果を図示すると図02-03のようになります。簡単のためカーネルによるプログラムの読み出し、および読み出したプログラムのメモリへのコピーは省略しています。

図02-03 fork-and-exec.pyプログラムの挙動

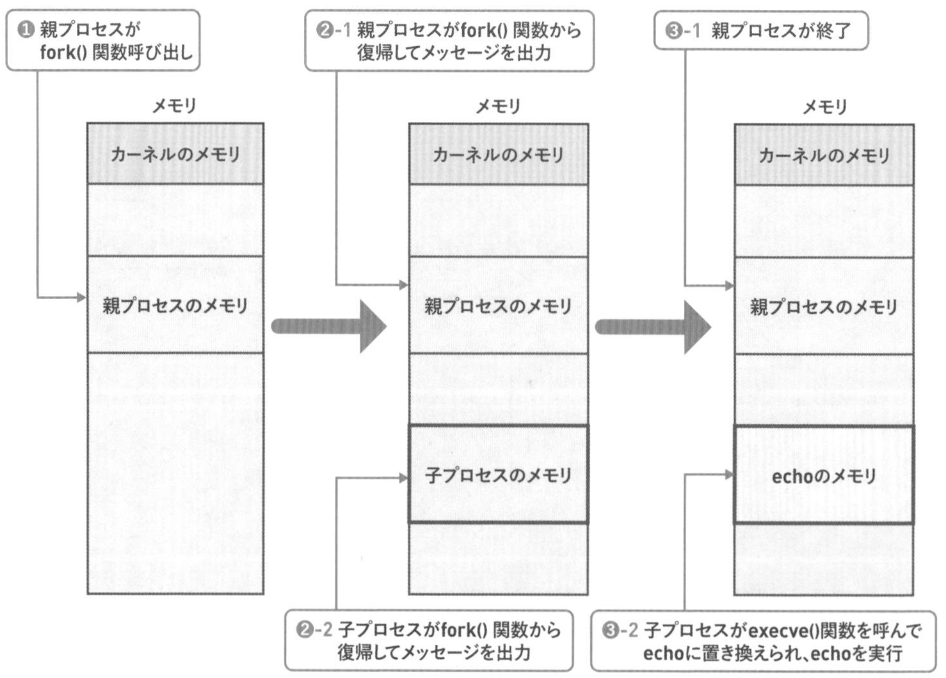

execve()関数の実現のために、実行ファイルはプログラムのコードやデータに加えて、次のようなプログラムの起動に必要なデータを保持しています。

- コード領域のファイル上オフセット、サイズ、およびメモリマップ開始アドレス
- データ領域についての上記と同じ情報
- 最初に実行する命令のメモリアドレス（エントリポイント）

では、Linuxの実行ファイルがこれらの情報をどのように保持しているのかについてみていきましょう。Linuxの実行ファイルは通常「Executable and Linking Format」（ELF）というフォーマットになっています。ELFの各種情報はreadelfというコマンドによって得られます。

第1章で使ったpauseプログラム（p.16）をここでもう一度使います。まずはビルドからです。

```
$ cc -o pause -no-pie pause.c
```

ここでは、pauseプログラムを-no-pieオプションを付けてビルドしています（このオプションの意味は後述）。

プログラムの開始アドレスは`readelf -h`によって得られます。

```
$ readelf -h pause
  Entry point address:               0x400400
...
```

`Entry point address`という行の`0x400400`という値が、このプログラムのエントリポイントです。

コードとデータのファイル内オフセット、サイズ、開始アドレスは`readelf -S`コマンドによって得られます。

```
$ readelf -S pause
There are 29 section headers, starting at offset 0x18e8:
Section Headers:
  [Nr] Name              Type             Address           Offset
       Size              EntSize          Flags  Link  Info  Align
...
  [13] .text             PROGBITS         0000000000400400  00000400
       0000000000000172  0000000000000000  AX       0     0     16
...
  [23] .data             PROGBITS         0000000000601020  00001020
       0000000000000010  0000000000000000  WA       0     0     8
...
```

大量の出力が得られましたが、ここでは次のことを理解していただければ十分です。

- 実行ファイルは複数の領域に分けられており、それぞれをセクションと呼ぶ
- セクションの情報は2行を1組として表示される
- 数値はすべて16進数
- セクションの主な情報は次の通り：
  - セクション名：1行目の第2フィールド（Name）
  - メモリマップ開始アドレス：1行目の第4フィールド（Address）
  - ファイル内オフセット：1行目の第5フィールド（Offset）
  - サイズ：2行目の第1フィールド（Size）
- セクション名が`.text`であるものがコードセクション、`.data`であるものがデータセクション

これらの情報をまとめると表02-01のようになります。

表02-01 pauseプログラムを実行するのに必要な情報

名前	値
コードのファイル内オフセット	0x400
コードのサイズ	0x172
コードのメモリマップ開始アドレス	0x400400
データのファイル内オフセット	0x1020
データのサイズ	0x10
データのメモリマップ開始アドレス	0x601020
エントリポイント	0x400400

プログラムから作成したプロセスのメモリマップは`/proc/<pid>/maps`というファイルによって得られます。では実際にpauseプログラムのメモリマップを見てみましょう。

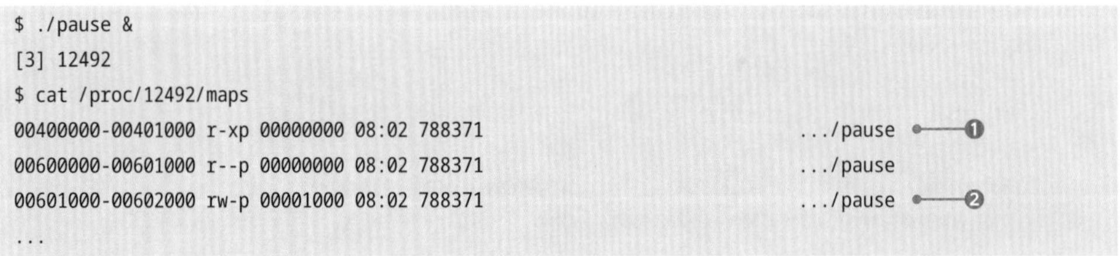

```
$ ./pause &
[3] 12492
$ cat /proc/12492/maps
00400000-00401000 r-xp 00000000 08:02 788371                    .../pause  ←❶
00600000-00601000 r--p 00000000 08:02 788371                    .../pause
00601000-00602000 rw-p 00001000 08:02 788371                    .../pause  ←❷
...
```

❶がコード領域で、❷がデータ領域です。それぞれ表02-01で示したメモリマップ範囲内

に収まっていることが分かります。

用が済んだらpauseプロセスを終了しておきましょう。

```
$ kill 12492
```

ASLRによるセキュリティ強化

本節では、前節においてpauseプログラムのビルド時に付けた-no-pieオプションの意味を説明します。

これは、Linuxカーネルが持つ「Address Space Layout Randomization」（ASLR）というセキュリティ機能に関係しています。ASLRは、プログラムを実行するたびに各セクションを異なるアドレスにマップするという機能です。このおかげで、攻撃対象のコードやデータが特定のアドレスに存在することを前提とした攻撃が困難になります。

この機能を利用できる条件は次の通りです。

- カーネルのASLR機能が有効になっている。Ubuntu 20.04ではデフォルトで有効です[*2]。
- プログラムがASLRに対応している。このようなプログラムのことを「Position Independent Executable」（PIE）と呼びます。

Ubuntu 20.04のgcc[*3]（本書の例ではccコマンド）はデフォルトですべてのプログラムをPIEとしてビルドするのですが、-no-pieオプションを使えばPIEを無効化できます。

前節のpauseプログラムでPIEを無効化したのは、例を分かりやすくするためです。もしPIEを無効化しなかったとすると、/proc/<pid>/mapsの値が実行ファイルに書いてある通りにならなかったり、毎回異なったりしてしまいます。ELFの情報を確認する例としては、これでは都合が悪かったのです。

プログラムがPIEかどうかは、fileコマンドによって確かめられます。対応している場合は次のような出力が得られます。

```
$ file pause
pause: ELF 64-bit LSB shared object, ...
$
```

PIEでなければ次のような出力が得られます。

＊2　参考までに書いておくと、カーネルにおいてASLRを無効化するにはsysctlのkernel.randomize_va_spaceパラメタに0を設定します。

＊3　https://gcc.gnu.org/

```
$ file pause
pause: ELF 64-bit LSB executable, ...
$
```

参考までに-no-pieを付けずに普通にビルドしたpauseプログラムを２回実行して、それぞれコードセクションがどこにメモリマップされているのかを確認しましょう。

```
$ cc -o pause pause.c
$ ./pause &
[5] 15406
$ cat /proc/15406/maps
559c5778f000-559c57790000 r-xp 00000000 08:02 788372                    .../pause
...
$ ./pause &
[6] 15536
$ cat /proc/15536/maps
5568d2506000-5568d2507000 r-xp 00000000 08:02 788372                    .../pause
...
$ kill 15406 15536
```

１回目と２回目で、全然違う場所にメモリマップされていることが分かります。

実は、Ubuntu 20.04の一部として配布されるプログラムは、可能な限りPIEになっています。ユーザあるいはプログラマがとくに意識することなく勝手にセキュリティが強化されるなんて、素晴らしいですね。

と、ここまで褒めておいて何なのですが、実はASLRを迂回するセキュリティ攻撃というものもあります。セキュリティ技術の歴史はいたちごっこの歴史なのです。

プロセスの親子関係

前節において、プロセスを新規生成するためには親プロセスが子プロセスを生成するという話をしました。では親プロセスのそのまた親プロセスの……と、たどっていくと最終的にはどこにたどり着くのでしょうか？　本節ではこれについて明らかにします。

コンピュータの電源を入れると、次のような順序でシステムが初期化されます。

fork()関数とexecve()関数以外のプロセス生成方法 Column

あるプロセスの中から別のプログラムを生成するためにfork()関数とexecve()関数を順番に呼ぶのは冗長に見えます。このようなときに、UNIX系OSのC言語インターフェース規格である「POSIX」に定義されているposix_spawn()という関数を使えば処理を簡略化できます。

リスト02-03は、posix_spawn()関数によってechoコマンドを子プロセスとして生成するspawn.pyプログラムです。

リスト02-03 spawn.py

```
#!/usr/bin/python3
import os
os.posix_spawn("/bin/echo", ["echo", "echo", "posix_spawn()によって生成されました"], {})
print("echoコマンドを生成しました")
```

```
$ ./spawn.py
echoコマンドを生成しました
echo posix_spawn()によって生成されました
```

これと同じことをfork()関数とexecve()関数で実現したのがspawn-by-fork-and-exec.pyプログラム（リスト02-04）です。

リスト02-04 spawn-by-fork-and-exec.py

```
#!/usr/bin/python3
import os
ret = os.fork()
if ret == 0:
        os.execve("/bin/echo", ["echo", "fork()とexecve()によって生成されました"], {})
elif ret > 0:
        print("echoコマンドを生成しました")
```

```
$ ./spawn-by-fork-and-exec.py
echoコマンドを生成しました
fork()とexecve()によって生成されました
```

見ての通り、ソースの見通しはspawn.pyプログラムのほうが良いです。

posix_spawn()関数によるプロセス生成は直感的ではあるものの、シェルの実装などの凝ったことをしたい場合は、fork()関数とexecve()関数を使うよりも余計に複雑になるという難点もあります。

参考までに、筆者はfork()関数呼び出し直後に何もせずにexecve()関数を呼ぶ場合のみposix_spawn()関数を使うことがありますが、それ以外はすべてfork()関数とexecve()関数を使います。

❶ コンピュータの電源を入れる。
❷ BIOSやUEFIなどのファームウェアが起動してハードウェアを初期化する。
❸ ファームウェアがGRUBなどのブートローダを起動する。
❹ ブートローダがOSカーネルを起動する。ここではLinuxカーネルとする。
❺ Linuxカーネルがinitプロセスを起動する。
❻ initプロセスが子プロセスを起動して、さらにその子プロセスを……と続き、プロセスの木構造を作る。

では実際にこのようになっているかを確かめてみましょう。

pstreeコマンドを使えばプロセスの親子関係を木構造で表示してくれます。pstreeは、デフォルトではコマンド名だけを表示するのですが、-pオプションをつけてPIDも表示するようにしておくと便利です。筆者の環境では次のようになります。

```
$ pstree -p
systemd(1)-+-ModemManager(688)-+-{ModemManager}(723)
           |                   `-{ModemManager}(728)
...
           ├─sshd(960)───sshd(19191)───sshd(19261)───bash(19262)───pstree(19638)
...
$
```

これを見ると、すべてのプロセスの先祖がpid=1のinitプロセス（pstreeコマンド上はsystemdと表示される）になっていることが分かります。それ以外にも、例えばbash(19262)からpstree(19638)を実行したことが分かります。

プロセスの状態

本節では、プロセスの状態という概念について述べます。

すでに述べたように、Linuxのシステムには常に大量のプロセスが存在します。では、これらのプロセスは常にCPUを使い続けているのでしょうか？ 実はそうではありません。

システムで動作中のプロセスが起動した時刻、および、使ったCPU時間の合計はps auxのSTARTフィールド、およびTIMEフィールドで確認できます。

```
$ ps aux
USER         PID %CPU %MEM    VSZ   RSS TTY      STAT START   TIME COMMAND
...
sat        19262  0.0  0.0  12888  6144 pts/0    Ss   18:24   0:00 -bash
...
```

この出力結果より、bash(19262)は18:24に起動して、そこからほとんどCPU時間を使っていないことが分かります。筆者がこの原稿を書いている時刻は20時ごろなので、起動してから1時間以上経過しているのに、このプロセスがCPUを使ったのは1秒にも満たないことが分かります。ここでは省略しますが、他の多くのプロセスについても同じことが言えます。

では、各プロセスが起動してから主に何をしていたかというと、CPUを使わずに何らかのイベントが発生するのを待つ、スリープ状態になっていました。bash(19262)の場合は、ユーザの入力があるまでやることがないため、ユーザからの入力待ちをしていました。これはpsの出力結果のSTATというフィールドから分かります。STATフィールドの1文字目がSであるプロセスは、スリープ状態であることを示します。

その一方で、プロセスがCPUを使いたいというプロセスは実行可能状態であるといいます。このときSTATの1文字目はRになります。実際にCPUを使っている場合は実行状態といいます。プロセスが実行状態と実行可能状態をどのように遷移するかについては、第3章の「タイムスライス」節と「コンテキストスイッチ」節において述べます。

プロセスが終了するとゾンビ状態(STATフィールドはZ)になり、その後、消滅します。ゾンビ状態の意味については後述します。

プロセスの状態についてまとめると図02-04のようになります。

図02-04 プロセスの状態

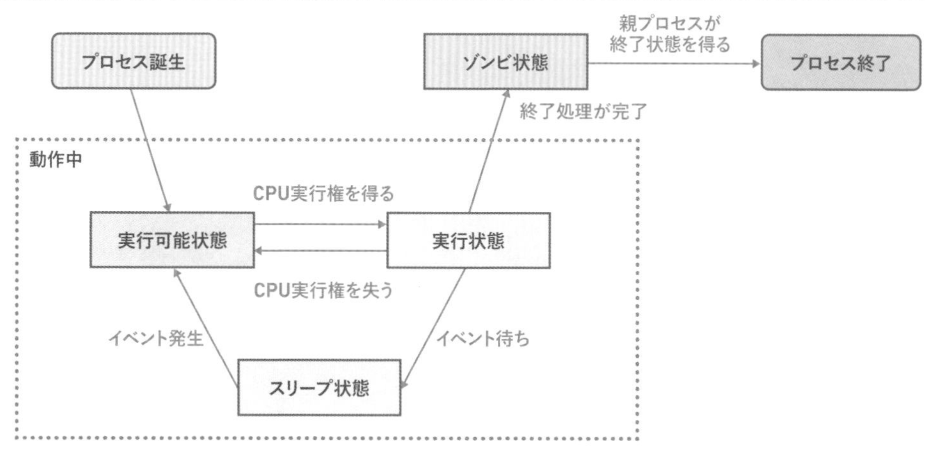

この図を見れば分かるように、プロセスはその生存中にさまざまな状態を行き来します。

システムの全プロセスがスリープ状態の場合、論理CPU上では何が起こっているのでしょうか? 実はこのとき論理CPU上では、アイドルプロセスという「何もしない」特殊なプロセスが動作しています。アイドルプロセスはpsからは見えません。

アイドルプロセスの最も単純な実装は、新たにプロセスが生成されるか、あるいはスリープしているプロセスが起床するまで無駄なループをする、というものです。しかし、これでは電力の無駄なので、通常はそんなことはしません。その代わりに、CPUの特殊な命令を用いて論理CPUを休止状態にし、1つ以上のプロセスが実行可能状態になるまで消費電力を抑えた状態で待機します。

皆さんがお持ちのノートPCやスマートフォンになどおいて、何もプログラムを動かしていない状態のほうがバッテリの持ちが良いのは、論理CPUがアイドル状態になっている時間が長く、消費電力が少なくなることが大きな要因です。

プロセスの終了

プロセスを終了させるには`exit_group()`というシステムコールを呼びます。`fork.py`や`fork-and-exec.py`のように`exit()`関数を呼ぶと、内部でこの関数が呼び出されます。プログラム自身が呼ばないとしてもlibcなどが内部的に呼び出しています。`exit_group()`関数の中で、カーネルはメモリなどのプロセスのリソースを回収します(図02-05)。

図02-05 プログラム終了時のカーネルによるプロセスのメモリ回収

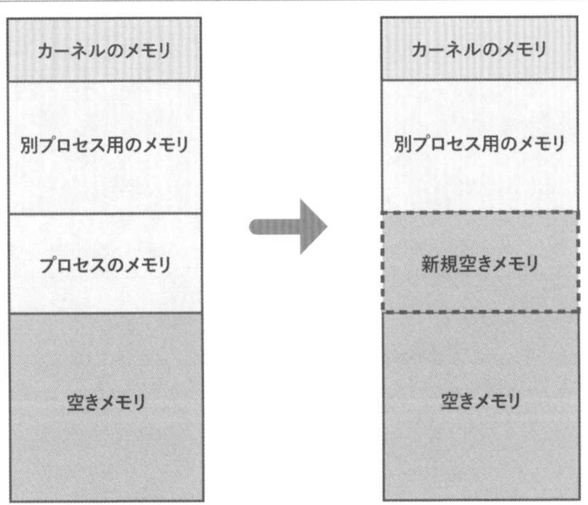

プロセスが終了した後は、親プロセスが`wait()`や`waitpid()`といったシステムコールを呼び出すことによって、次のような情報を取得できます。

- プロセスの戻り値。exit()関数の引数を256で割った余りに等しい。より分かりやすく書くと、exit()の引数に0〜255を指定した場合は、引数の値がそのまま戻り値となる。
- シグナル（後述）によって終了したか否か。
- 終了までにどれだけのCPU時間を使ったか。

この仕組みを使えば、例えばプロセスの戻り値によって、異常終了していた場合にはエラーログを出力するなどの対処ができます。

bashの中からであれば、バックグラウンド実行したプロセスを、内部的にwait()システムコールを呼び出すwait組み込みコマンドによって終了状態を得られます。以下、必ず1を返すfalseコマンドの戻り値を取得して出力するwait-ret.shプログラム（リスト02-05）を実行します。

リスト02-05 wait-ret.sh

```
#!/bin/bash
false &
wait $! # falseプロセスの終了を待ち合わせる。falseコマンドのPIDは$!変数から得られる
echo "falseコマンドが終了しました: $?" # wait後にfalseプロセスの戻り値は$?変数から得られる。
```

```
$ ./wait-ret.sh
falseコマンドが終了しました: 1
```

ゾンビプロセスと孤児プロセス

親プロセスが子プロセスの状態をwait()系システムコールによって得られるということは、裏を返せば子プロセスが終了してから親プロセスがこれらのシステムコールを呼ぶまで、終了した子プロセスはシステム上になんらかの形で存在しているということです。この、終了したけれども親が終了状態を得ていない、という状態のプロセスのことをゾンビプロセスと呼びます。おそらく「死んでいるけど死んでいない」という状態を指してこの名前がついているのだと思いますが、なかなか強烈なネーミングですね。

一般に親プロセスは、システムがゾンビプロセスであふれてリソースを食い散らかさないように、子プロセスの終了状態を適宜回収して、そのために残されていたリソースをカーネルに解放させる必要があります。システム起動中にゾンビプロセスが大量に存在している場合は、親プロセスに対応するプログラムのバグを疑うと良いかもしれません。

プロセスの親がwait()系システムコールの実行前に終了した場合、当該プロセスは孤児

プロセスとなります。カーネルはinitを孤児プロセスの新しい親にします。なおゾンビプロセスの親が終了したらinitにゾンビプロセスが襲い掛かります。initとしてはたまったものではないですね。ただしinitは賢いので、定期的にwait()系システムコールの実行を発行してシステムのリソースを回収しています。なかなかうまくできています。

シグナル

プロセスは、基本的には一本の実行の流れに沿ってひたすら実行し続けます。条件分岐命令があるじゃないかという話もありますが、これについても、あらかじめ定義された条件文などで決められた流れに移動するというだけです。これに対してシグナルとは、あるプロセスが他のプロセスに何かを通知して、外部から実行の流れを強制的に変えるための仕組みです。

シグナルには複数の種類がありますが、一番多用されるのはなんといってもSIGINTでしょう。このシグナルはbashなどのシェルにおいてCtrl+Cと打つと送られるものです。SIGINTを受け取ったプロセスは、デフォルトではそのまま終了します。プログラムがどういう作りになっていようとも、シグナルを発行した瞬間にプロセスを終了させられるのが便利なので、このシグナルの効果ということを知ってか知らずか、多くのLinuxユーザはこのシグナルを使っています。

シグナルは、bash以外からもkillコマンドによって送れます。例えばSIGINTを送りたければ`kill -INT <pid>`を実行します。シグナルにはSIGINT以外にも、以下のようなものが存在します。

- SIGCHLD：子プロセス終了時に親プロセスに送られる。このシグナルハンドラの中でwait()系システムコールの実行を呼ぶのが一般的。
- SIGSTOP：プロセスの実行を一時的に停止する。bash上でCtrl+Zを押すと、実行中のプログラムの動きを停止させることができるが、このときbashはプロセスにこのシグナルを送っている。
- SIGCONT：SIGSTOPなどにより停止したプロセスの実行を再開する。

シグナルの一覧は`man 7 signal`コマンドを実行すれば見られます。

先ほど「SIGINTを受け取ったプロセスはデフォルトではそのまま終了」と書いたように、SIGINTシグナルを受け取ったら必ず終了するというわけではありません。プロセスは各シグナルについて、シグナルハンドラという処理をあらかじめ登録しておけます。この後プロセスの実行中に当該シグナルを受信すると、実行中の処理をいったん中断してシグナルハンドラを動作させ、それが終わったら元の場所に戻ってきて動作を再開させます（図02-06）。あるいはシグナルを無視するという設定もできます。

図02-06 シグナル受信時のプロセスの挙動

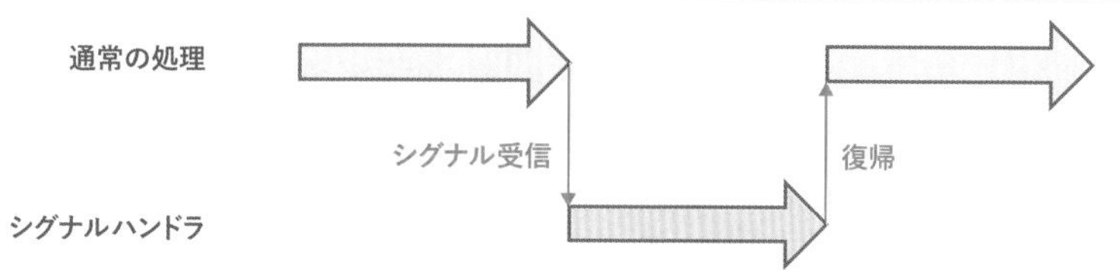

シグナルハンドラを使えば、「Ctrl+C を押しても終了しない」という迷惑なプログラムを作れます。例えばPythonであれば**リスト02-06**のようにします。

リスト02-06 intignore.py

```
#!/usr/bin/python3
import signal
# SIGINTシグナルを無視するように設定。
# 第1引数にはハンドラを設定するシグナルの番号(ここではsignal.SIGINT)を、
# 第2引数にはシグナルハンドラ(ここではsignal.SIG_IGN)を指定する。
signal.signal(signal.SIGINT, signal.SIG_IGN)
while True:
    pass
```

このプログラムを実行すると次のようになります。

```
$ ./intignore.py
^C^C^C
```

^CがCtrl+Cを押下したことを示しています。本当に迷惑ですね。

このコマンドを実際に試した場合は、この後、例えばCtrl+Zで`intignore.py`をバックグラウンドに追いやってから`kill`で終了させるなどしてください。このときはデフォルトのSIGTERMが送られるため、終了できます。

絶対殺すSIGKILLシグナルと絶対死なないプロセス Column

シグナルの1つにSIGKILLというものがあります。これはSIGINTなどによってプロセスがうまく終了してくれないような場合に使う最終兵器ともいえるものです。

SIGKILLは数あるシグナルの中でも特別なもので、このシグナルを受け取ったプロセスは必ず終了させられます。シグナルハンドラによる挙動の変更はできません。シグナル名がKILLであることからも、絶対に「殺して」やるという強い意志を感じます。

と、ここまで書いておいてなんですが、まれにSIGKILLでも終了しない「凶悪な」プロセスがあります。このプロセスは何らかの理由によって、長時間シグナルを受け付けないuninterruptible sleepという特別な状態になっています。この状態のプロセスは、ps auxのSTATフィールドの1文字目はDになります。よくあるのが、ディスクI/Oに時間がかかっているときです。その他にもカーネルに何らかの問題が起きていることもあります。いずれにせよユーザからはどうにもならないことが多いです。

シェルのジョブ管理の実現

本節は、シェルのジョブ管理を実現するために存在する、セッションとプロセスグループという概念について説明します。

ジョブになじみのない方に向けて説明しておくと、ジョブとはbashのようなシェルがバックグラウンドで実行したプロセスを制御するための仕組みです。例えば以下のように使います。

```
$ sleep infinity &
# [1] 6176 [1]がジョブ番号
$ sleep infinity &
# [2] 6200 [2]がジョブ番号
$ jobs ジョブの一覧をリスト
[1]-  Running                 sleep infinity &
[2]+  Running                 sleep infinity &
$ fg 1 # 1番のジョブをフォアグラウンドジョブにする
sleep infinity
# ^Z Ctrl+Z を押すとまたbashに制御が戻る
[1]+  Stopped                 sleep infinity
```

セッション

セッションは、ユーザがgtermのような端末エミュレータ、あるいはsshなどを通してシステムにログインしたときのログインセッションに対応するものです。すべてのセッションには、セッションを制御するための端末[*4]が紐付いています。

セッション内のプロセスを操作したいときは、端末を介してシェルをはじめとしたプロセスに対して指示をし、また、それらプロセスの出力を受け取ります。通常は、`pty/<n>`という名前の仮想端末がそれぞれのセッションに対して割り当てられます。

例えば、以下のような3つのセッションが存在する場合を考えます。

- Aさんのセッション：ログインシェルはbash。この上でvimによってGoプログラムを開発しており、現在はgo buildで何らかのプログラムをビルド中。
- Bさんのセッション1：ログインシェルはzsh。この上でps auxを使ってシステムに存在する全プロセスをリストし、結果をlessで受けている。
- Bさんのセッション2：ログインシェルはzsh。この上でcalcという自作計算プログラムを実行している。

この状況を図示すると図02-07のようになります。

図02-07 セッションの例

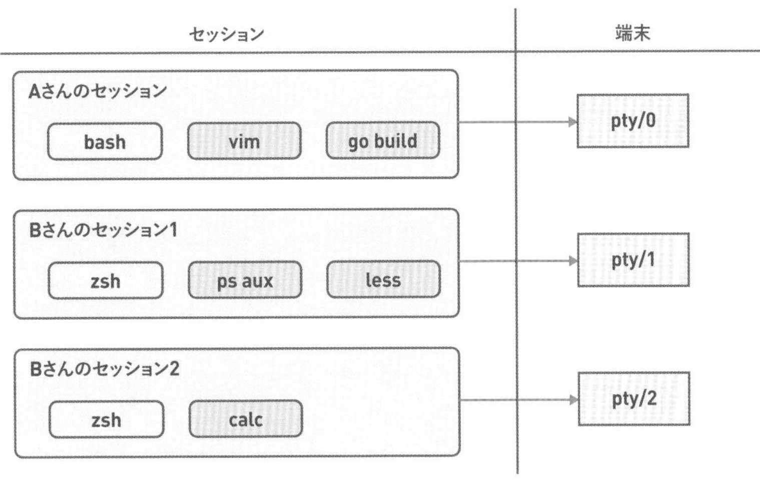

セッションにはセッションID、あるいはSIDと呼ばれる一意な値が割り振られています。

＊4　定義が難しいですが、ここではbashなどのシェルを介してコマンドを実行するための、文字だらけの白黒画面、あるいはウィンドウと思ってもらえればよいです。

セッションには、セッションリーダーというプロセスが1つ存在していて、通常はbashなどのシェルになります。セッションリーダーのPIDはセッションのIDに等しいです。セッションについての情報は、例えば`ps ajx`によって得られます。筆者の環境では次のようになります。

```
$ ps ajx
   PPID     PID    PGID     SID TTY        TPGID STAT   UID   TIME COMMAND
...
  19261   19262   19262   19262 pts/0      19647 Ss     1000   0:00 -bash
...
  19262   19647   19647   19262 pts/0      19647 R+     1000   0:00 ps ajx
...
```

ここではbash（19262）がセッションリーダーであるセッション（SID=19262）が存在しており、そこに`ps ajx`（PID=19647）が所属していることが分かります。bash（19262）から起動されたコマンドは、通常このセッションに属することになります。`ps ajx`や、以前の節で使ってきた`ps aux`において、TTYというフィールドに書いてあるのが端末の名前です。このセッションでは`pts/0`という仮想ターミナルが割り当てられています。

セッションに紐付いている端末がハングアップすると、セッションリーダーにSIGHUPが送られます。端末エミュレータのウィンドウを閉じたときにこの状況になります。bashはこのとき、自分が管理するジョブを終了させてから自分も終了します。実行に時間がかかるプロセスの実行中にbashが終了しては困る、というような場合には、以下の手段が使えますので便利です。

- nohupコマンド：SIGHUPを無視する設定にした上でプロセスを起動する。この後セッションが終了してSIGHUPが送られてもプロセスは終了しない。
- bashのdisown組み込みコマンド：実行中のジョブをbashの管理下から外す。これによってbashが終了しても、当該ジョブにはSIGHUPが送られないようになる。

プロセスグループ

プロセスグループは、複数のプロセスをまとめてコントロールするためのものです。セッションの中には複数のプロセスグループが存在します。基本的にはシェルが作ったジョブがプロセスグループに相当すると考えてもらえば良いです[*5]。

＊5　より正確に言うと、シェルも自分固有のプロセスグループを持つのですが、説明が煩雑になるのでここでは割愛します。

ではプロセスグループについて例を挙げます。あるセッションが次のようになっていると仮定します。

- ログインシェルはbash。
- 上記bashから`go build <ソース名> &`を実行した。
- 上記bashから`ps aux | less`を実行した。

この場合、bashは`go build <ソース名> &`と`ps aux | less`に対応する2つのプロセスグループ（ジョブ）を作成します。

プロセスグループを使うと、当該プロセスグループに所属する全プロセスに対してシグナルを投げることができます。シェルはこの機能を利用してジョブ制御をしています。皆さんも`kill`コマンドのプロセスIDを指定する引数にマイナス値を指定すると、プロセスグループにシグナルを投げられます。例えばPGIDが100であるプロセスグループにシグナルを投げたい場合は`kill -100`とすれば良いです。

あるセッション内のプロセスグループは2つの種類に分けられます。

- フォアグラウンドプロセスグループ：シェルにおけるフォアグラウンドジョブに対応。セッションに1つだけ存在し、セッションの端末に直接アクセスできる。
- バックグラウンドプロセスグループ：シェルにおけるバックグラウンドジョブに対応。バックグラウンドプロセスが端末を操作しようとすると、`SIGSTOP`を受けたときのように実行が一時的に中断され、`fg`組み込みコマンドなどによりフォアグラウンドプロセスグループ（あるいはフォアグラウンドジョブ）になるまでこの状態が続く。

端末に直接アクセスできるのは、フォアグラウンドプロセスグループ（フォアグラウンドジョブ）である後者です。これを図示したのが図02-08です。

図02-08 セッションとプロセスグループ（ジョブ）の関係

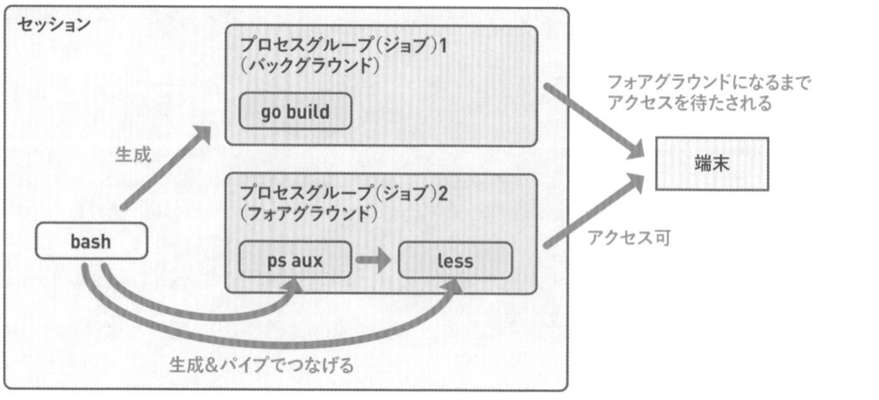

プロセスグループにはPGIDという固有のIDが割り当てられています。この値は`ps ajx`のPGIDフィールドによって確認できます。筆者の環境では次のようになります。

```
$ ps ajx | less
   PPID     PID    PGID     SID TTY        TPGID STAT   UID   TIME COMMAND
...
  19261   19262   19262   19262 pts/0      19653 Ss    1000   0:00 -bash
...
  19262   19653   19653   19262 pts/0      19653 R+    1000   0:00 ps ajx
  19262   19654   19653   19262 pts/0      19653 S+    1000   0:00 less
...
```

出力結果より、bash（19262）をリーダーとするログインセッションがあり、その中にPGIDが19653のプロセスグループがあること、およびその構成要素が`ps ajx`（19653）と、それをパイプでつないだ`less`（19654）であることが分かります。

もう一点、フォアグラウンドプロセスグループの見分け方も書いておきます。`ps ajx`の出力結果において、STATフィールドの中に+があるものがフォアグラウンドプロセスグループに属するプロセスです。

セッションやプロセスグループの概念は難しいですが、それぞれシェルから始まるログインセッションとジョブに置き換えた上で、`ps ajx`の出力結果とにらめっこしてみると、おぼろげながら正体が見えてくると思います。

デーモン

皆さんは、UNIXやLinuxの文脈でデーモン（daemon）という言葉を幾度となく聞いたことがあるかもしれません。本節ではデーモンとは何者なのか、普通のプロセスと何が違うのかについて書きます。

簡単に言うと、デーモンは常駐プロセスのことです。普通のプロセスはユーザが立ち上げてから何らかの一連の処理をしてから終了することが前提とされます。しかしデーモンはそうではなく、場合によってはシステムの開始から終了まで存在し続けます。

デーモンには次のような特徴があります。

- 端末から入出力する必要がないので、端末が割り当てられていない。
- あらゆるログインセッションが終了しても影響を受けないように、独自のセッションを持つ。
- デーモンを生成したプロセスがデーモンの終了を気にしなくていいように、initが親になっている。

これを図示すると図02-09のようになります。

図02-09 デーモン

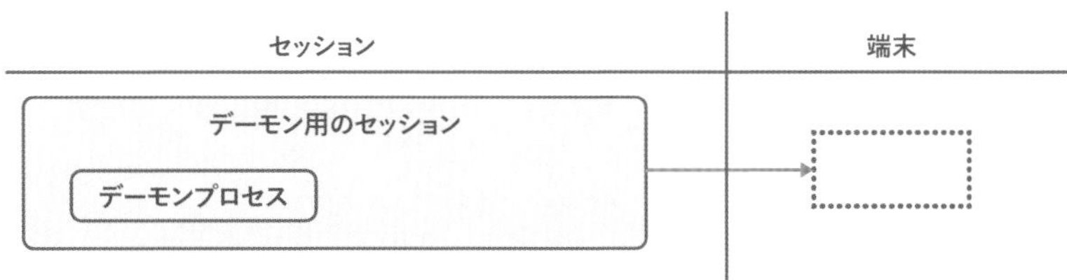

ただし、上記の条件に当てはまらないものも、常駐プロセスであれば便宜的にデーモンと呼ばれることもあります。

あるプロセスがデーモンかどうかは、`ps ajx`の結果を見れば分かります。ここではsshサーバとして働くsshdについて見てみましょう。

```
$ ps ajx
   PPID     PID    PGID     SID TTY        TPGID STAT   UID   TIME COMMAND
...
      1     960     960     960 ?             -1 Ss       0   0:00 sshd: /usr/sbin/sshd -D [listener]
0 of 10-100 startups
...
```

たしかに親プロセスはinit（PPIDが1）ですし、セッションIDはPIDに等しくなっています。さらにTTYフィールドの値が、端末が結びついていないことを示す"?"になっています。

デーモンは端末を持たないことから、端末のハングアップを意味するSIGHUPが別の用途に使えます。慣習として、デーモンが設定ファイルを読み直すためのシグナルとして使われていることが多いです。

第3章

プロセススケジューラ

第2章において、システムに存在するプロセスは、ほとんどスリープ状態だと述べました。では、システムに複数の実行可能プロセスが存在する場合、カーネルはどのように各プロセスをCPU上で実行させるのでしょうか？

本章では、プロセスへのCPUリソースの割り当てを担当するLinuxカーネルの機能「プロセススケジューラ」（以下「スケジューラ」と表記）について説明します。

コンピュータに関する教科書では、スケジューラは、次のように説明されます。

- 1つの論理CPU上で同時に動けるプロセスは1つだけ。
- 実行可能な複数のプロセスに、タイムスライスと呼ばれる単位で順番にCPUを使わせる。

例えばp0、p1、p2という3つのプロセスが存在する場合は、図03-01のようになります。

図03-01 教科書で説明されるスケジューラの動作

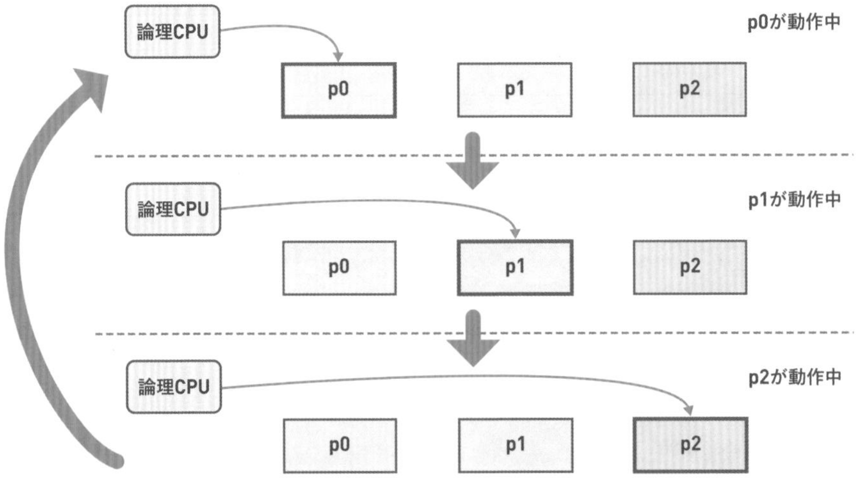

ではLinuxで、実際にこのような動きになっているのかを実験によって確認してみましょう。

前提知識：経過時間と使用時間

本章の内容を理解するためには、プロセスに関する経過時間と使用時間という概念の理解が欠かせません。本節ではこれらの時間について説明します。それぞれの定義は以下の通りです。

- 経過時間：プロセスが開始してから終了するまでの経過時間。ストップウォッチでプロセス開始時から終了時までを計測した値というイメージ。
- 使用時間：プロセスが実際に論理CPUを使用した時間。

おそらく説明だけ見てもピンと来ないと思うので、これらの用語も実験によって確認してみましょう。

timeコマンドを使ってプロセスを動かせば、対象となるプロセスの開始から終了までの経過時間と使用時間を得られます。例えば所定量のCPUリソースを使って終了するだけのload.pyプログラム（リスト03-01）については以下のようになります。

リスト03-01 load.py

```
#!/usr/bin/python3
# 負荷の量を調整する値。各自の環境において、timeコマンド経由で実行したときに数秒程度になるよう、この数値を調整すると結果が見やすくなります。
NLOOP=100000000
for _ in range(NLOOP):
    pass
```

```
$ time ./load.py
real    0m2.357s
user    0m2.357s
sys     0m0.000s
```

出力にはreal、user、およびsysで始まる3つの行があります。このうちrealは経過時間、userとsysは使用時間を示します。userはプロセスがユーザランドで動作していた時間を指します。

これに対してsysは、プロセスによるシステムコール発行の延長で、カーネルが動作していたときの時間を指します。

load.pyプログラムは実行開始から終了までCPUを使い続け、かつ、その間、システムコールは発行しないので、realとuserがほとんど同じで、かつ、sysがほぼ0となります。なぜ「ほぼ」なのかというと、プロセスの開始時や終了時にPythonインタプリタがシステムコールをいくつか呼び出すからです。

もうひとつ、ほとんどCPUを使わないsleepコマンドでも実験してみましょう。

```
$ time sleep 3
real    0m3.009s
user    0m0.002s
sys     0m0.000s
```

開始してから3秒待って終了するのでrealはほぼ3秒です。その一方でこのコマンドは、開始直後にCPUを手放しスリープ状態になり、3秒後にCPUをまた使い始めても終了処理をするだけなので、userとsysはほぼ0です。経過時間と使用時間の観点での両者の違いを図03-02に示します。

図03-02 「経過時間」と「使用時間」

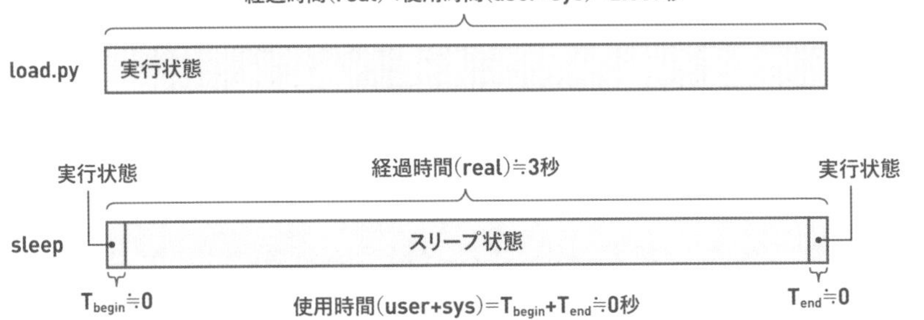

1つの論理CPUだけを使う場合

まずは話を簡単にするために、論理CPUが「1」の場合を考えます。実験にはmultiload.shプログラム（リスト03-02）を使います。

リスト03-02 multiload.sh

```
#!/bin/bash
MULTICPU=0
PROGNAME=$0
SCRIPT_DIR=$(cd $(dirname $0) && pwd)
usage() {
    exec >&2
    echo "使い方: $PROGNAME [-m] <プロセス数>
    所定の時間動作する負荷処理プロセスを<プロセス数>で指定した数だけ動作させて、すべての終了を待ちます。
    各プロセスにかかった時間を出力します。
    デフォルトではすべてのプロセスは1論理CPU上でだけ動作します。
オプションの意味:
    -m: 各プロセスを複数CPU上で動かせるようにします。"
    exit 1
}
while getopts "m" OPT ; do
    case $OPT in
        m)
            MULTICPU=1
```

```
            ;;
        \?)
            usage
            ;;
    esac
done
shift $((OPTIND - 1))
if [ $# -lt 1 ] ; then
    usage
fi
CONCURRENCY=$1
if [ $MULTICPU -eq 0 ] ; then
    # 負荷処理をCPU0でのみ実行できるようにします
    taskset -p -c 0 $$ >/dev/null
fi
for ((i=0;i<CONCURRENCY;i++)) do
    time "${SCRIPT_DIR}/load.py" &
done
for ((i=0;i<CONCURRENCY;i++)) do
    wait
done
```

このプログラムは次のような動作をします。

使い方 **./multiload.sh [-m] <プロセス数>**

- 所定の時間動作する負荷処理プロセスを<プロセス数>で指定した数だけ動作させて、すべての終了を待ちます。
- 各プロセスの実行にかかった時間を出力します。
- デフォルトではすべてのプロセスは1論理CPU上でだけ動作します。

オプションの意味

- -m：各プロセスを複数CPU上で動かせるようにします。

まずは<**プロセス数**>を1にして実行してみましょう。これはloadプログラムを単独で動かすのとほとんど変わりません。

```
$ ./multiload.sh 1
real    0m2.359s
user    0m2.358s
sys     0m0.000s
```

筆者の環境では経過時間が2.359秒でした。並列度が2と3の場合はどうでしょうか。

```
$ ./multiload.sh 2
real    0m4.730s
```

```
user    0m2.360s
sys     0m0.004s
real    0m4.739s
user    0m2.374s
sys     0m0.000s
$ ./multiload.sh 3
real    0m7.095s
user    0m2.360s
sys     0m0.004s
real    0m7.374s
user    0m2.499s
sys     0m0.000s
real    0m7.541s
user    0m2.676s
sys     0m0.000s
```

並列度が2倍、3倍になるに従って、使用時間はそれほど変わりませんが、経過時間は2倍、3倍に増えました。これは本章冒頭で述べたように、1つの論理CPUの上で同時に1つの処理しか動かせず、スケジューラがそれぞれの処理に順番にCPUリソースを与えているからです。

複数の論理CPUを使う場合

続いて、複数論理CPUの場合についても見てみましょう。

multiload.shプログラムを-mオプションを付けて実行すると、スケジューラは複数の負荷処理を全論理CPUに均等配分しようとします。これによって、例えば論理CPUと負荷処理が2つずつある場合は、図03-03のように、2つの負荷処理がそれぞれ論理CPUのリソースを独占できます。

図03-03 スケジューラの負荷分散処理（論理CPU2つ、負荷処理2つ）

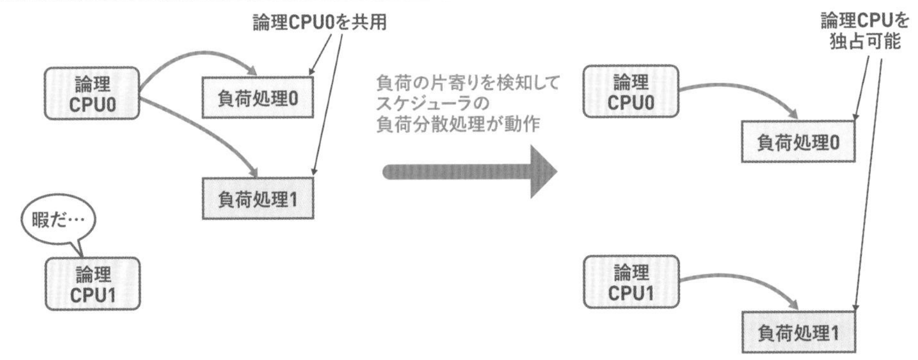

負荷分散処理の動作論理は非常に複雑なので、本書では詳しい説明は避けます。

ではこれを実際に確認してみましょう。multiload.shプログラムに-mオプションを与え、並列度1～3で実行した結果を以下に示します。

```
$ ./multiload.sh -m 1
real    0m2.361s
user    0m2.361s
sys     0m0.000s
$ ./multiload.sh -m 2
real    0m2.482s
user    0m2.482s
sys     0m0.000s
real    0m2.870s
user    0m2.870s
sys     0m0.000s
$ ./multiload.sh -m 3
real    0m2.694s
user    0m2.693s
sys     0m0.000s
real    0m2.857s
user    0m2.853s
sys     0m0.004s
real    0m2.936s
user    0m2.935s
sys     0m0.000s
```

すべてのプロセスについてrealとuser+sysの値がほぼ同じになりました。つまり、それぞれ論理CPUのリソースを独占できていたことが分かりました。

realよりもuser+sysが大きくなるケース

直感的には、必ずreal >= user＋sysになりそうですが、実際にはuser＋sysの値がrealの値よりもやや大きくなることがあります。これは、それぞれの時間を測定している方法が違うこと、および、計測の精度がそれほど高くないことから来ています。あまり気にしてもしょうがないので「こういうこともある」という認識を持っていただければいいです。

さらに場合によっては、realよりもuser＋sysがはるかに大きくなることがあります。例えばmultiload.shプログラムに-mオプションを付けてプロセス数を2以上にした場合が該当します。では、`./multiload.sh -m 2`をtimeコマンドを介して実行してみましょう。

```
$ time ./multiload.sh -m 2
real    0m2.510s
user    0m2.502s
sys     0m0.008s
real    0m2.725s
user    0m2.716s
sys     0m0.008s
real    0m2.728s
user    0m5.222s
sys     0m0.016s
```

1番目と2番目のエントリは、multiload.shプログラムの負荷処理プロセスについてのデータです。3番目のエントリはmultiload.shプログラムそのものについてのデータです。

見ての通り、userの値がrealの値の倍程度になっています。実はtimeコマンドで得られるuserとsysの値は、情報取得対象のプロセス、およびその終了済みの子プロセスの値を合計したものなのです。従って、あるプロセスが子プロセスを生成して、それらがそれぞれ別の論理CPUで動作したような場合はrealよりもuser＋sysの値が大きくなり得ます。multiload.shプログラムはまさにこの条件に当てはまります。

タイムスライス

前節において、1つのCPU上で同時に動けるプロセスの数は1つだけだと分かりました。ただし、具体的にどのようにCPUリソースを配分しているのかについては、前節の実験では分かりませんでした。そこで本節では、スケジューラが実行可能プロセスにタイムスライス単位でCPUを使わせることを実験によって確かめます。

実験にはsched.pyというプログラム（リスト03-03）を使います。

リスト03-03 sched.py

```
#!/usr/bin/python3
import sys
import time
import os
import plot_sched
def usage():
    print("""使い方: {} <プロセス数>
        * 論理CPU0上で<プロセス数>の数だけ同時に100ミリ秒程度CPUリソースを消費する負荷処理プロセスを起動した後に、すべてのプロセスの終了を待つ。
        * "sched-<プロセス数>.jpg"というファイルに実行結果を示したグラフを書き出す。
        * グラフのx軸は負荷処理プロセス開始からの経過時間[ミリ秒]、y軸は進捗[%]""".format(progname, file
```

```
=sys.stderr))
    sys.exit(1)
# 実験に適した負荷を見つもるための前処理にかける負荷。
# このプログラムの実行に時間がかかりすぎるような場合は値を小さくしてください。
# 反対にすぐ終わってしまうような場合は値を大きくしてください。
NLOOP_FOR_ESTIMATION=100000000
nloop_per_msec = None
progname = sys.argv[0]
def estimate_loops_per_msec():
    before = time.perf_counter()
    for _ in  range(NLOOP_FOR_ESTIMATION):
            pass
    after = time.perf_counter()
    return int(NLOOP_FOR_ESTIMATION/(after-before)/1000)
def child_fn(n):
    progress = 100*[None]
    for i in range(100):
        for j in range(nloop_per_msec):
            pass
        progress[i] = time.perf_counter()
    f = open("{}.data".format(n),"w")
    for i in range(100):
        f.write("{}\t{}\n".format((progress[i]-start)*1000,i))
    f.close()
    exit(0)
if len(sys.argv) < 2:
    usage()
concurrency = int(sys.argv[1])
if concurrency < 1:
    print("<並列度>は1以上の整数にしてください: {}".format(concurrency))
    usage()
# 論理CPU0上での実行を強制
os.sched_setaffinity(0, {0})
nloop_per_msec = estimate_loops_per_msec()
start = time.perf_counter()
for i in range(concurrency):
    pid = os.fork()
    if (pid < 0):
        exit(1)
    elif pid == 0:
        child_fn(i)
for i in range(concurrency):
    os.wait()
plot_sched.plot_sched(concurrency)
```

このプログラムは、ひたすらCPU時間を使う負荷処理用のプロセスを1つ、ないし複数同時に動かし、次のような統計情報を採取します。

- ある時点で、論理CPU上ではどのプロセスが動作しているか。
- それぞれの進捗はどれだけか。

このデータを分析することによって、冒頭に挙げたスケジューラの説明が正しいかどうかを確認します。実験プログラムsched.pyの仕様は以下のようになります。

使い方 `./sched.py <プロセス数>`

- 論理CPU0上で、<プロセス数>の数だけ同時に100ミリ秒程度CPUリソースを消費する負荷処理プロセスを起動した後に、すべてのプロセスの終了を待つ。
  - 「sched-<プロセス数>.jpg」というファイルに、実行結果を示したグラフを書き出す。
  - グラフのx軸は負荷処理プロセス開始からの経過時間[ミリ秒]、y軸は進捗[%]。

グラフ描画には、plot_sched.py（リスト03-04）も使いますので、sched.pyプログラムを実行する場合は、同じディレクトリにplot_sched.pyを配置してください。

リスト03-04 plot_sched.py

```
#!/usr/bin/python3

import numpy as np
from PIL import Image
import matplotlib
import os

matplotlib.use('Agg')

import matplotlib.pyplot as plt

plt.rcParams['font.family'] = "sans-serif"
plt.rcParams['font.sans-serif'] = "TakaoPGothic"

def plot_sched(concurrency):
    fig = plt.figure()
    ax = fig.add_subplot(1,1,1)
    for i in range(concurrency):
        x, y = np.loadtxt("{}.data".format(i), unpack=True)
        ax.scatter(x,y,s=1)
    ax.set_title("タイムスライスの可視化(並列度={})".format(concurrency))
    ax.set_xlabel("経過時間[ミリ秒]")
    ax.set_xlim(0)
    ax.set_ylabel("進捗[%]")
    ax.set_ylim([0,100])
    legend = []
    for i in range(concurrency):
        legend.append("負荷処理"+str(i))
```

```
    ax.legend(legend)

    # Ubuntu 20.04のmatplotlibのバグを回避するために一旦pngで保存してからjpgに変換している
    # https://bugs.launchpad.net/ubuntu/+source/matplotlib/+bug/1897283?comments=all
    pngfilename = "sched-{}.png".format(concurrency)
    jpgfilename = "sched-{}.jpg".format(concurrency)
    fig.savefig(pngfilename)
    Image.open(pngfilename).convert("RGB").save(jpgfilename)
    os.remove(pngfilename)

def plot_avg_tat(max_nproc):
    fig = plt.figure()
    ax = fig.add_subplot(1,1,1)
    x, y, _ = np.loadtxt("cpuperf.data", unpack=True)
    ax.scatter(x,y,s=1)
    ax.set_xlim([0, max_nproc+1])
    ax.set_xlabel("プロセス数")
    ax.set_ylim(0)
    ax.set_ylabel("平均ターンアラウンドタイム[秒]")

    # Ubuntu 20.04のmatplotlibのバグを回避するために一旦pngで保存してからjpgに変換している
    # https://bugs.launchpad.net/ubuntu/+source/matplotlib/+bug/1897283?comments=all
    pngfilename = "avg-tat.png"
    jpgfilename = "avg-tat.jpg"
    fig.savefig(pngfilename)
    Image.open(pngfilename).convert("RGB").save(jpgfilename)
    os.remove(pngfilename)

def plot_throughput(max_nproc):
    fig = plt.figure()
    ax = fig.add_subplot(1,1,1)
    x, _, y = np.loadtxt("cpuperf.data", unpack=True)
    ax.scatter(x,y,s=1)
    ax.set_xlim([0, max_nproc+1])
    ax.set_xlabel("プロセス数")
    ax.set_ylim(0)
    ax.set_ylabel("スループット[プロセス/秒]")

    # Ubuntu 20.04のmatplotlibのバグを回避するために一旦pngで保存してからjpgに変換している
    # https://bugs.launchpad.net/ubuntu/+source/matplotlib/+bug/1897283?comments=all
    pngfilename = "avg-tat.png"
    jpgfilename = "throughput.jpg"
    fig.savefig(pngfilename)
    Image.open(pngfilename).convert("RGB").save(jpgfilename)
    os.remove(pngfilename)
```

このプログラムを並列度1、2、3それぞれで実行します。

```
for i in 1 2 3 ; do ./sched.py $i ; done
```

結果を図03-04、図03-05、図03-06に示します。

図03-04 並列度1の場合

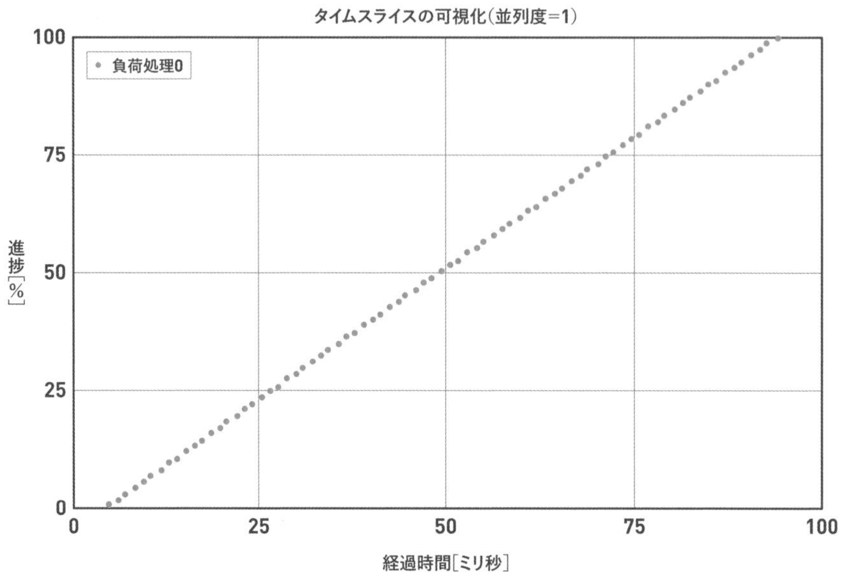

図03-05 並列度2の場合

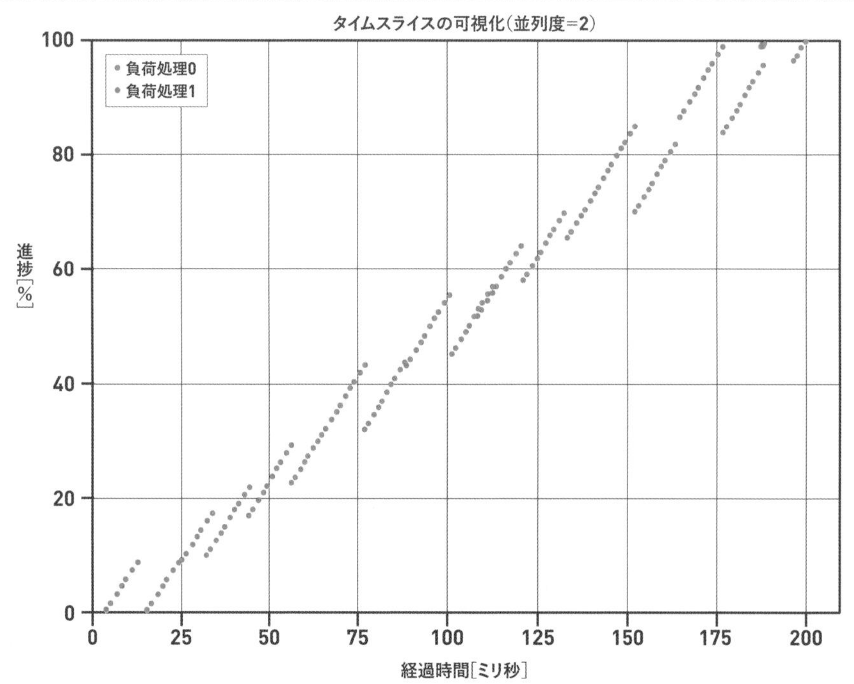

図03-06 並列度3の場合

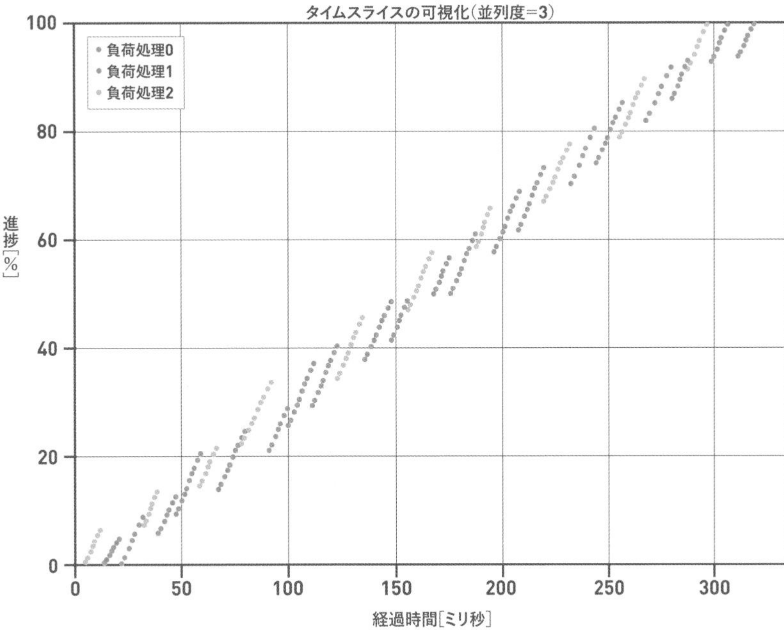

これらのグラフによって、1つの論理CPU上で複数の処理が動作している場合は、それぞれの処理が数ミリ秒単位のタイムスライスでCPUを交互に使っていることが分かります。

タイムスライスの仕組み

図03-06をよく見ると、並列度が2の場合に比べて、3の場合のほうが各プロセスのタイムスライスが短いことが分かります。実はLinuxのスケジューラはsysctlのkernel.sched_latency_nsパラメータ[*a]の値（ナノ秒単位）で示したレイテンシターゲットと呼ばれる期間に一度、CPU時間を得られるようになっています。

筆者の環境では同パラメータが次のような値になっています。

```
$ sysctl kernel.sched_latency_ns
kernel.sched_latency_ns = 24000000  # 24000000/1000000 = 24ミリ秒
```

各プロセスのタイムスライスはkernel.sched_latency_ns / <論理CPU上で実行中または実行可能状態のプロセスの数> [ナノ秒] です。

ある論理CPU上に、実行可能プロセスが1～3個ある場合のレイテンシターゲットとタイムスライスの関係を図03-07に示します。

＊a　kernel.sched_latency_nsパラメータはカーネルv5.13には存在しません。v5.13以降をお使いの場合、rootのみアクセスできる/sys/kernel/debug/sched/latency_nsが同じ意味を持つファイルです。

図03-07 レイテンシターゲット

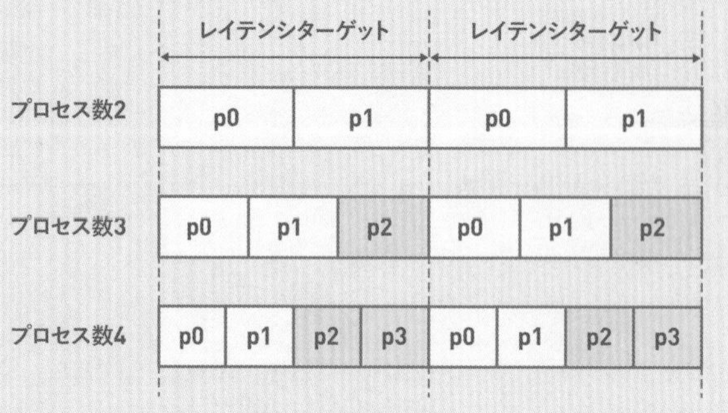

Linuxカーネルの2.6.23以前のスケジューラにおいては、タイムスライスは固定値（100ミリ秒）だったのですが、これではプロセス数が増えると各プロセスになかなかCPU時間が回ってこないという問題がありました。この問題を改善するために今のスケジューラでは、プロセス数に応じてタイムスライスを可変にしました。

レイテンシターゲットやタイムスライスの値の計算は、プロセスの数が増えてきた場合やマルチコアCPUの場合はもう少し複雑で、次のような要素によって変動します。

- システムが搭載する論理CPU数
- 所定の値を超える論理CPU上で実行中／実行待ち中のプロセス数
- プロセスの優先度を表すnice値

ここではnice値の影響について述べます。nice値は、プロセスの実行優先度を「-20」から「19」までの間で設定する値（デフォルトは「0」）です。-20が一番優先度が高く、19が一番低くなります。優先度を下げるのは誰にでもできますが、優先度を上げられるのは、root権限を持ったユーザだけです。

nice値は`nice`コマンド、`renice`コマンド、`nice()`システムコール、`setpriority()`システムコールなどによって変更できます。スケジューラはnice値が低い（優先度が高いと）プロセスにタイムスライスを多く与えます。

以下のような仕様の`sched-nice`プログラム（**リスト03-05**）を動かしてみましょう。

使い方 **`./sched-nice.py <nice値>`**

- 論理CPU0上で100ミリ秒程度CPUリソースを消費する負荷処理プロセスを2つ起動した後に、両方のプロセスの終了を待つ。
  - 負荷処理0,1のnice値はそれぞれ0（デフォルト）、<nice値>とする。
  - `sched-2.jpg`というファイルに実行結果を示したグラフを書き出す。
  - グラフのx軸はプロセス開始からの経過時間[ミリ秒]、y軸は進捗[%]。

ここでは<nice値>に5を指定しましょう。

```
$ ./sched-nice.py 5
```

結果を図03-08に示します。

図03-08 nice値を変えた場合

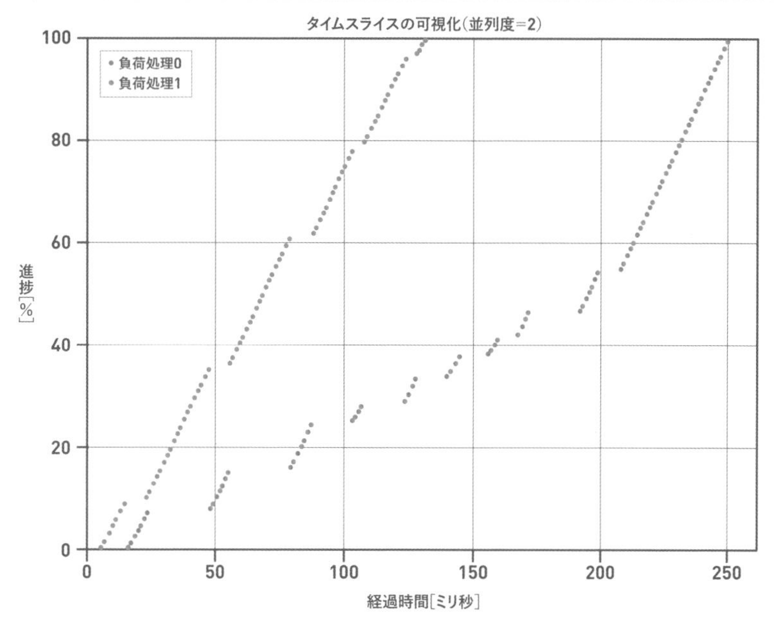

想定通り、負荷処理0のほうが、負荷処理1よりもタイムスライスが多いことが分かります。

ちなみに、sarの出力における%niceフィールドは、優先度をデフォルト値の0から高くしたプロセスがユーザモードで実行している時間の割合を示します(%userはnice値0の場合)。第1章で使用したinf-loop.pyプログラムを優先度を下げた(ここでは5にします)状態で実行して、その時のCPU使用率をsarで見てみましょう。

```
$ nice -n 5 taskset -c 0 ./inf-loop.py &
[1] 168376
$ sar -P 0 1 1
Linux 5.4.0-74-generic (coffee)         2021年12月04日  _x86_64_         (8 CPU)
05時57分58秒      CPU      %user      %nice    %system    %iowait     %steal      %idle
05時57分59秒        0       0.00     100.00       0.00       0.00       0.00       0.00
Average:            0       0.00     100.00       0.00       0.00       0.00       0.00
$ kill 168376
```

%userではなく%niceが100になっていることが分かります。

なお、本コラムにおいて述べたスケジューラの実装詳細はPOSIXなどの仕様に定められているわけではないので、カーネルバージョンが変わると異なる可能性があります。例えばkernel.sched_latency_nsのデフォルト値は、これまでに何度も変更されてきています。ここで述べたような挙動に依存してシステムをチューニングしても、将来にわたってそれが有効だとは限らないことに注意してください。

スケジューラの実装についてさらに興味がある方は、以下の記事をご覧ください。

- Linuxのプロセススケジューラに関するsysctlパラメタ
  https://zenn.dev/satoru_takeuchi/articles/08b8d0fdf4e711f47b2e
- Linuxのプロセススケジューラの歴史
  https://speakerdeck.com/sat/linux-sched-history
- [試して理解] Linuxのプロセススケジューラのしくみ
  https://speakerdeck.com/sat/shi-siteli-jie-linuxfalsepurosesusukeziyurafalsesikumi

リスト03-05 sched-nice.py

```
#!/usr/bin/python3

import sys
import time
import os
import plot_sched

def usage():
    print("""使い方: {} <nice値>
        * 論理CPU0上で100ミリ秒程度CPUリソースを消費する負荷処理を2つ起動した後に、両方のプロセスの終了を待つ。
        * 負荷処理0,1のnice値はそれぞれ0(デフォルト)、<nice値>とする。
        * "sched-2.jpg"というファイルに実行結果を示したグラフを書き出す。
        * グラフのx軸はプロセス開始からの経過時間[ミリ秒]、y軸は進捗[%]""".format(progname, file=sys.stderr))
    sys.exit(1)

# 実験に適した負荷を見つもるための前処理にかける負荷。
# このプログラムの実行に時間がかかりすぎるような場合は値を小さくしてください。
# 反対にすぐ終わってしまうような場合は値を大きくしてください。
NLOOP_FOR_ESTIMATION=100000000
nloop_per_msec = None
progname = sys.argv[0]

def estimate_loops_per_msec():
        before = time.perf_counter()
        for _ in  range(NLOOP_FOR_ESTIMATION):
```

```
            pass
        after = time.perf_counter()
        return int(NLOOP_FOR_ESTIMATION/(after-before)/1000)

def child_fn(n):
    progress = 100*[None]
    for i in range(100):
        for _ in range(nloop_per_msec):
            pass
        progress[i] = time.perf_counter()
    f = open("{}.data".format(n),"w")
    for i in range(100):
        f.write("{}\t{}\n".format((progress[i]-start)*1000,i))
    f.close()
    exit(0)

if len(sys.argv) < 2:
    usage()

nice = int(sys.argv[1])
concurrency = 2

if concurrency < 1:
    print("<並列度>は1以上の整数にしてください: {}".format(concurrency))
    usage()

# 論理CPU0上での実行を強制
os.sched_setaffinity(0, {0})

nloop_per_msec = estimate_loops_per_msec()

start = time.perf_counter()

for i in range(concurrency):
    pid = os.fork()
    if (pid < 0):
        exit(1)
    elif pid == 0:
        if i == concurrency - 1:
            os.nice(nice)
        child_fn(i)

for i in range(concurrency):
    os.wait()

plot_sched.plot_sched(concurrency)
```

コンテキストスイッチ

論理CPU上で動作するプロセスが切り替わることを「コンテキストスイッチ」と呼びます。図03-09は、プロセス0とプロセス1が存在する状態で、コンテキストスイッチが発生する様子を表しています。

図03-09 コンテキストスイッチの発生

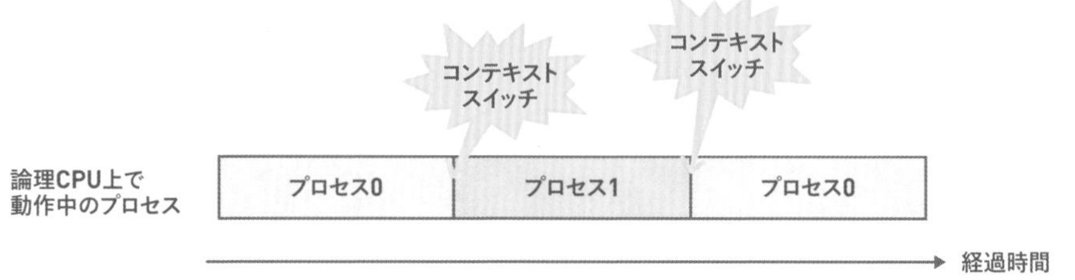

コンテキストスイッチは、プロセスがいかなるコードを実行中であろうとも、タイムスライスが切れると容赦なく発生します。これを理解していないと図03-10のような勘違いをしがちです。

図03-10 コンテキストスイッチを意識しない勘違い

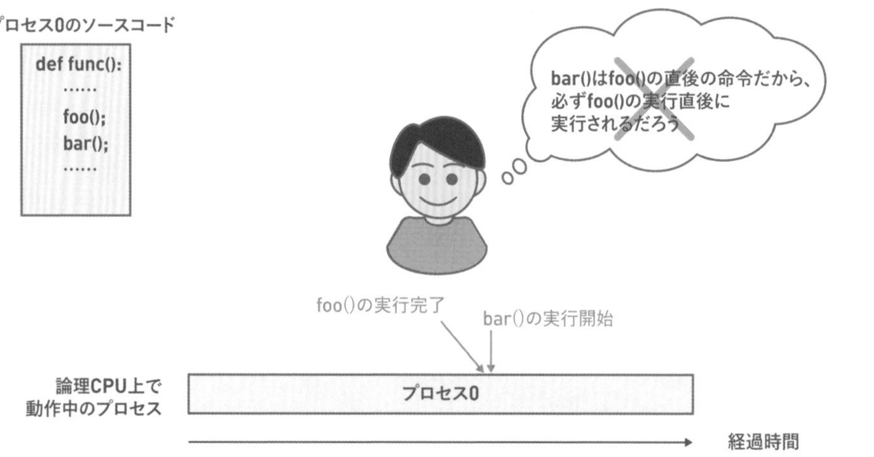

しかし実際は、`foo()`の直後に`bar()`が実行されるという保証はありません。`foo()`の実行直後にタイムスライスが切れた場合、`bar()`の実行はそのしばらく後になり得ます（図03-11）。

図03-11 コンテキストスイッチを意識した正しい理解

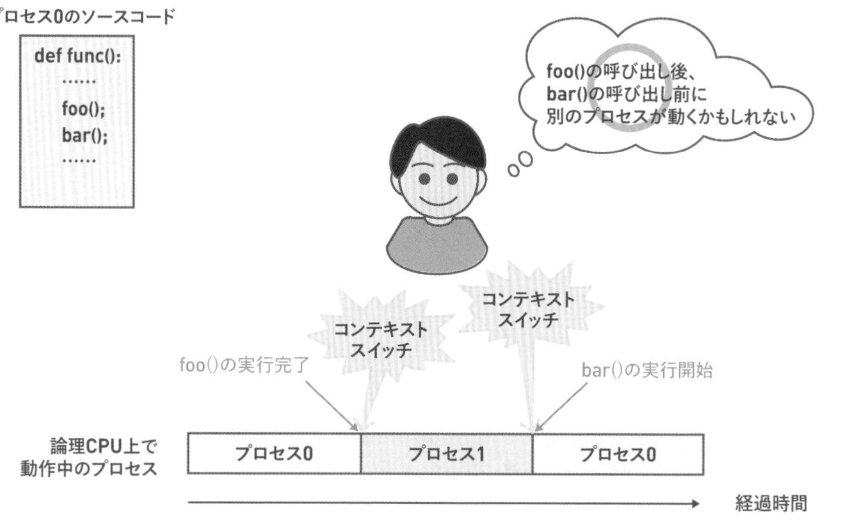

これを理解していると、ある処理の完了までに想定より多くの時間がかかってしまった場合に、「その処理自体に問題があるに違いない」と安易に結論付けるのではなく、「処理中にコンテキストスイッチが発生して他のプロセスが動いた可能性もある」という別の観点を持てるようになります。

性能について

システムを運用するにあたっては、システムに定められた性能要件を守る必要があります。そのために以下のような指標が使われます。

- ターンアラウンドタイム: システムに処理を依頼してから個々の処理が終わるまでの時間
- スループット: 単位時間当たりに処理を終えられる数

これらの値を測定してみましょう。ここではmultiload.shプログラムについて以下のような性能情報を得ます。

- 平均ターンアラウンドタイム：全負荷処理のrealの値の平均値
- スループット：プロセス数/multiload.shプログラムのrealの値

これらの情報を得るために、cpuperf.shプログラム（リスト03-06）とplot-perf.pyプログラム（リスト03-07）を使います。cpuperf.shプログラムの仕様は次の通りです。

使い方 `./cpuperf.sh [-m] <最大プロセス数>`

❶ cpuperf.dataというファイルに性能情報を保存する。
- エントリ数は<最大プロセス数>
- 各行のフォーマットは<プロセス数> <平均ターンアラウンドタイム[秒]> <スループット[プロセス/秒]>

❷ 性能情報をもとに、平均ターンアラウンドタイムのグラフを作ってavg-tat.jpgに保存する。

❸ 性能情報をもとに、スループットのグラフを作ってthroughput.jpgに保存する。

❹ -mオプションはmultiload.shプログラムにそのまま渡す。

リスト03-06 cpuperf.sh

```
#!/bin/bash

usage() {
    exec >&2
    echo "使い方: $0 [-m] <最大プロセス数>
    1. 'cpuperf.data'というファイルに性能情報を保存する
        * エントリ数は<最大プロセス数>
        * 各行のフォーマットは'<プロセス数> <平均ターンアラウンドタイム[秒]> <スループット[プロセス/秒]>'
    2. 性能情報をもとに平均スループットのグラフを作って'avg-tat.jpg'に保存
    3. 同、スループットのグラフを作って'throughput.jpg'に保存

    -mオプションはmultiload.shプログラムにそのまま渡す"
    exit 1
}

measure() {
    local nproc=$1
    local opt=$2
    bash -c "time ./multiload.sh $opt $nproc" 2>&1 | grep real | sed -n -e 's/^.*0m\([.0-9]*\)s$/\1/
p' | awk -v nproc=$nproc '
BEGIN{
    sum_tat=0
}
(NR<=nproc){
    sum_tat+=$1
}
(NR==nproc+1) {
    total_real=$1
}
END{
    printf("%d\t%.3f\t%.3f\n", nproc, sum_tat/nproc, nproc/total_real)
}'
```

```
}

while getopts "m" OPT ; do
    case $OPT in
        m)
            MEASURE_OPT="-m"
            ;;
        \?)
            usage
            ;;
    esac
done

shift $((OPTIND - 1))

if [ $# -lt 1 ]; then
    usage
fi

rm -f cpuperf.data
MAX_NPROC=$1
for ((i=1;i<=MAX_NPROC;i++)) ; do
    measure $i $MEASURE_OPT  >>cpuperf.data
done

./plot-perf.py $MAX_NPROC
```

リスト03-07 plot-perf.py

```
#!/usr/bin/python3

import sys
import plot_sched

def usage():
    print("""使い方: {} <最大プロセス数>
    * cpuperfプログラムの実行結果を保存した"perf.data"ファイルをもとに性能情報を示すグラフを作る。
    * "avg-tat.jpg"ファイルに平均ターンアラウンドタイムのグラフを保存する。
    * "throughput.jpg"ファイルにスループットのグラフを保存する。""".format(progname, file=sys.stderr))
    sys.exit(1)

progname = sys.argv[0]

if len(sys.argv) < 2:
    usage()

max_nproc = int(sys.argv[1])
```

```
plot_sched.plot_avg_tat(max_nproc)
plot_sched.plot_throughput(max_nproc)
```

まずは、負荷処理プロセスの実行を論理CPU1つに限って最大プロセス数を8とした場合、つまり`./cpuperf.sh 8`を実行した結果を図03-12、図03-13に示します。

図03-12 論理CPU1つで最大プロセス数8の場合の平均ターンアラウンドタイム

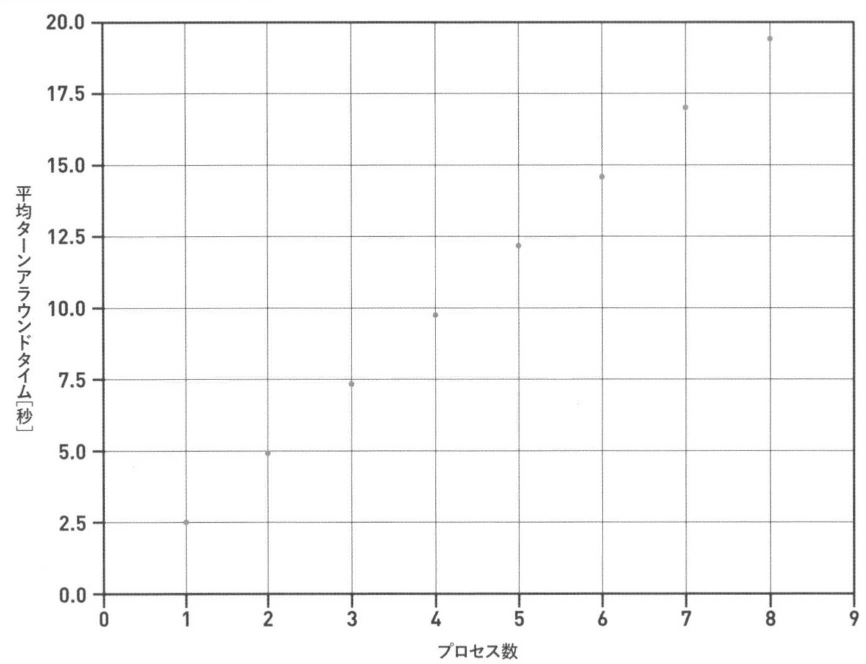

図03-13 論理CPU1つで最大プロセス数8の場合のスループット

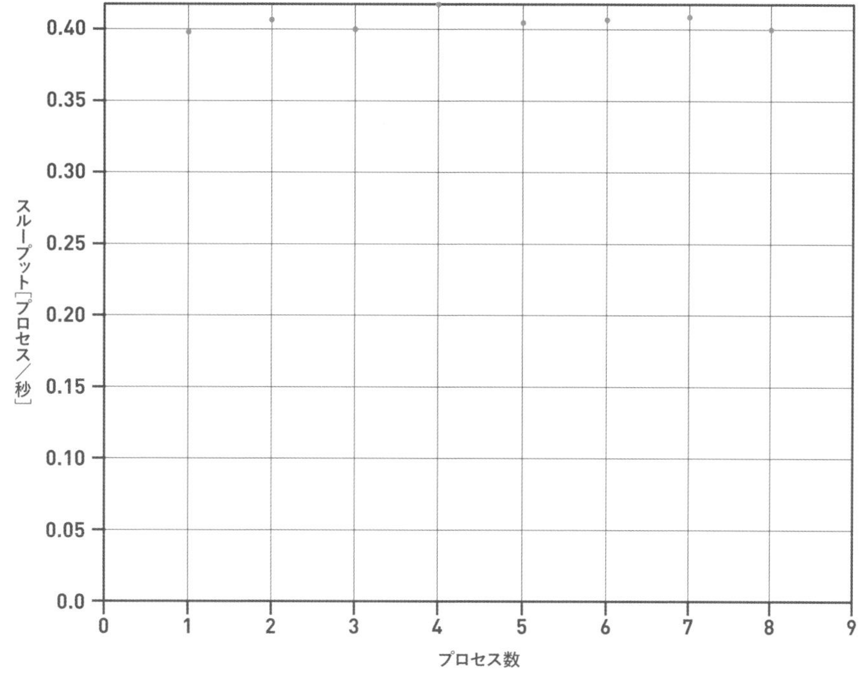

これにより、論理CPUの数よりプロセス数を多くしても、平均ターンアラウンドタイムは長くなるだけで、かつ、スループットは向上しないことが分かります。

この後さらにプロセス数を増やしていくと、スケジューラが発生させるコンテキストスイッチが平均ターンアラウンドタイムを次第に長くするとともに、スループットを下げていきます。性能の観点でいえばCPUリソースを使い切っている状態でプロセスを増やせばいいというものではないのです。

ターンアラウンドタイムについてもう少し深堀りしてみましょう。システムで動作させる処理に、以下のような処理をするWebアプリケーションがあるとします。

❶ ネットワーク経由でユーザからのリクエストを受け取る
❷ リクエストに応じたhtmlファイルを生成する
❸ 結果をネットワーク経由でユーザに返す

論理CPUの負荷が高い状況でこのような処理が新たに到着すると、平均ターンアラウンドタイムがどんどん長くなっていきます。それはユーザから見ると、Webアプリケーションのレスポンス時間に直結するため、ユーザ体験が損なわれてしまいます。応答性能重視のシステムは、スループット重視のシステムよりも、システムを構成する各マシンのCPU使用率を低めに抑える必要があります。

続いて全論理CPUを使える場合のデータを採取します。論理CPUの数は`grep -c processor /proc/cpuinfo`コマンドによって得られます。

```
# grep -c processor /proc/cpuinfo
8
```

筆者の環境では4コア2スレッドなので、論理CPUは8個あります。

この実験においては、Simultaneous Multi Threading(SMT)が有効なシステムの場合は、以下のようにSMTを無効化しておきます[*1]。無効化する理由については第8章において述べます。

```
# cat /sys/devices/system/cpu/smt/control
on
# echo off >/sys/devices/system/cpu/smt/control
# cat /sys/devices/system/cpu/smt/control
off
# grep -c processor /proc/cpuinfo
4
```

この状態で、最大プロセス数を8にして性能情報を採取した場合、つまり`./cpuperf.sh -m 8`を実行した場合の結果を図03-14と図03-15に示します。

図03-14 全論理CPUを使えて、かつ、最大プロセス数8の場合の平均ターンアラウンドタイム

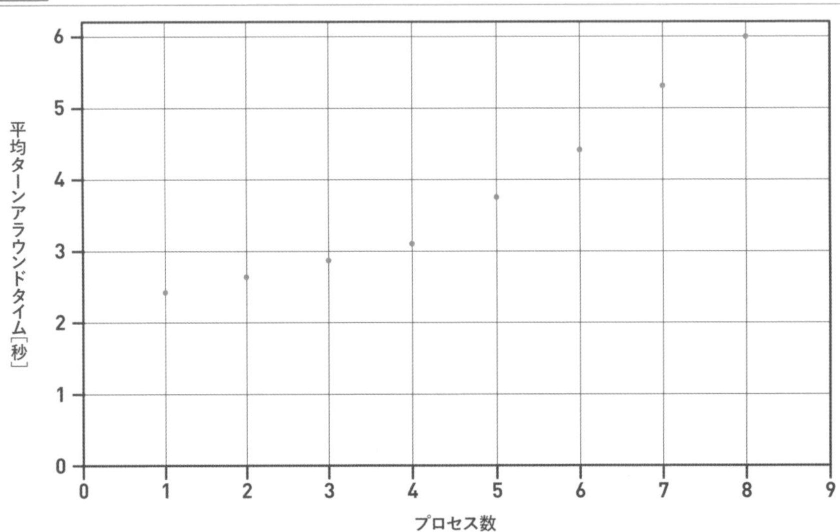

*1 出力がonならば、SMTが有効。ファイルが存在しなければ、CPUがSMTをそもそもサポートしていない。

図03-15 全論理CPUを使えて、かつ、最大プロセス数8の場合のスループット

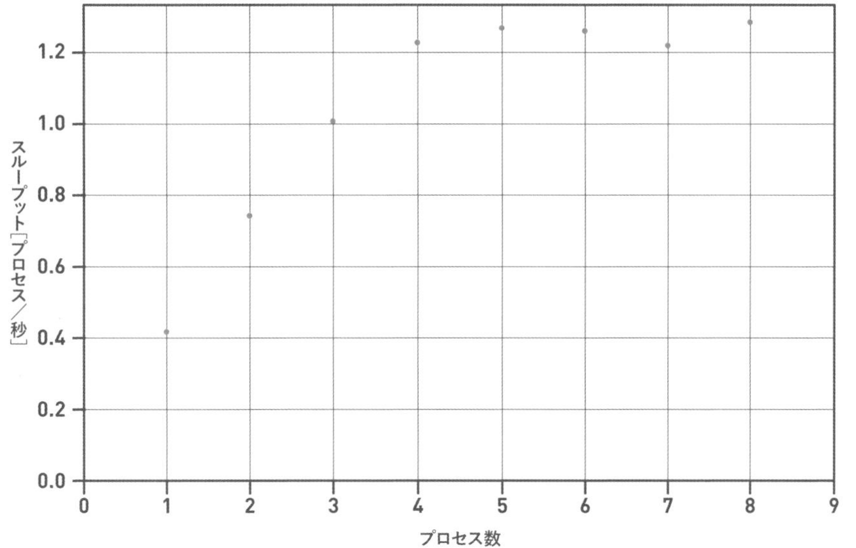

図03-14を見ると、プロセス数が論理CPU数（ここでは4）に等しくなるまでは、平均ターンアラウンドタイムはゆるやかに長くなっていく程度ですが、その後は一気に長くなってしまうことが分かります。

続いて図03-15を見てみましょう。並列度は論理CPU数に等しくなるまでは向上しますが、その後は頭打ちになることが分かります。これより、次のようなことが言えます。

- 論理CPUをたくさん積んでいるマシンがあったとしても、そこに十分な数のプロセスを実行させてはじめてスループットが向上する
- むやみにプロセス数を増やしてもスループットは上がらない

実験前にSMTが有効だった場合は、以下のように再度有効化しておきましょう。

```
# echo on >/sys/devices/system/cpu/smt/control
```

プログラムの並列実行の重要性

プログラムの並列実行の重要性は年々高まっています。なぜかというとCPUの性能向上のアプローチが変わってきたからです。

かつてはCPUが新しくなるたびに論理CPUごとの性能（これをシングルスレッド性能と呼びます）の劇的な向上が期待できました。この場合は、プログラムを一切変更しなくても処理速度がどんどん上がっていました。しかし、ここ十数年の間に状況は変わりました。さまざまな事情によってシングルスレッド性能の向上が難しくなってきたのです。これによって、あるCPUの世代が1つ変わっても、シングルスレッド性能はかつてほど向上しなくなってきました。その代わりにCPUコアの数の増加などによってCPUのトータル性能を上げる方向に向かいました。

カーネルもこのような時代の流れに沿って、コア数が増えた場合のスケーラビリティを向上させてきました。時代が変われば常識も変わり、常識に合わせてソフトウェアも変わるのです。

第4章

メモリ管理システム

Linuxはシステムに搭載されている全メモリを、カーネルのメモリ管理システムと呼ばれる機能によって管理しています（図04-01）。メモリは各プロセスが使うのはもちろん、カーネル自身も使います。

図04-01 全メモリをカーネルが管理している

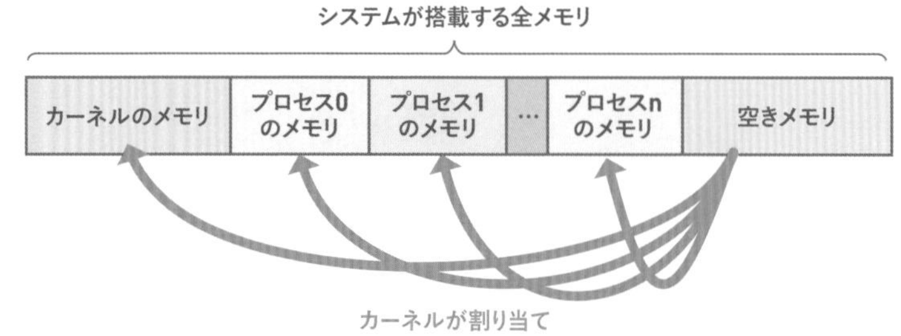

本章ではこのメモリ管理システムについて説明します。

メモリ関連情報の取得

「システムが搭載するメモリの量」と「使用中のメモリの量」は、freeコマンドによって得られます（表04-01）。

```
$ free
              total        used        free      shared  buff/cache   available
Mem:       15359352      448804     9627684        1552     5282864    14579968
Swap:             0           0           0
```

表04-01 freeコマンドで得られる情報

フィールド名	意味
total	システムに搭載されている全メモリの量。上記例では14GiB強。
free	見かけ上の空きメモリ（詳細はavailableフィールドの説明を参照）。
buff/cache	バッファキャッシュ、およびページキャッシュ（それぞれ第8章で説明）が利用するメモリ。システムの空きメモリ（freeフィールドの値）が減少してきたら、カーネルによって解放される。
available	実質的な空きメモリ。freeフィールドの値に、空きメモリが足りなくなってきたら解放できるカーネル内メモリ領域(例えばページキャッシュ)のサイズを足したもの。
used	システムが使用中のメモリ（total - free）からbuff/cacheを引いたもの。

これを図示すると図04-02のようになります。

図04-02 freeコマンドのフィールドの意味

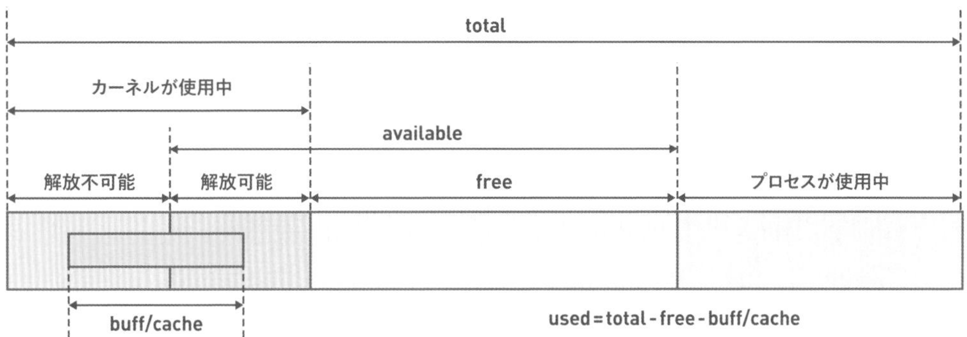

このうちusedとbuff/cacheについて、もう少し深堀りしてみましょう。

used

usedの値は、プロセスが使うメモリとカーネルが使うメモリの両方を含みます。ここではカーネルが使うメモリについての話は割愛して、プロセスが使うメモリだけに注目します。

usedの値は、プロセスのメモリ使用量に従って増えます。その一方で、プロセスが終了すると、カーネルは当該プロセスのメモリをすべて解放します。これを次のような動作をするmemuse.pyプログラム（リスト04-01）を使って確認してみましょう。

❶ freeコマンドを実行して結果を表示
❷ 適当な量のメモリを獲得
❸ freeコマンドを実行して結果を表示

リスト04-01 memuse.py

```
#!/usr/bin/python3

import subprocess

# 適当な量のデータを作成してメモリを獲得します。
# メモリ容量が少ないシステムではプログラムがメモリ不足で失敗する可能性があります。
# その場合はsizeの値を小さくして再実行してください。
size = 10000000

print("メモリ獲得前のシステム全体のメモリ使用量を表示します。")
subprocess.run("free")

array = [0]*size
```

```
print("メモリ獲得後のシステム全体のメモリ空き容量を表示します。")
subprocess.run("free")
```

では実行してみます。

```
$ ./memuse.py
メモリ獲得前のシステム全体のメモリ使用量を表示します。
              total        used        free      shared  buff/cache   available
Mem:       15359352      515724     9482612        1552     5361016    14513048
Swap:             0           0           0
メモリ獲得後のシステム全体のメモリ空き容量を表示します。
              total        used        free      shared  buff/cache   available
Mem:       15359352      594088     9404248        1552     5361016    14434684
Swap:             0           0           0
```

メモリ獲得後は、usedの値が80MiB弱（≒(594088-515724)/1024）増加しました。システムのメモリ量は、memuse.py以外のプログラムによって変動しますので、ここでは具体的なデータサイズは重要ではありません。プログラム実行中にメモリ獲得をすると、システム全体のメモリ使用量が大きくなるということだけ分かれば大丈夫です。

memuse.pyの実行直後に再びfreeコマンドを実行してみましょう。

```
$ free
              total        used        free      shared  buff/cache   available
Mem:       15359352      512968     9485368        1552     5361016    14515804
Swap:             0           0           0
```

usedの値は、実行前とほぼ同じ値に戻ったことが分かります。確かにデータを使うプロセスが終了したら、そのメモリは解放されることが分かりました。

buff/cache

buff/cacheの値は、第8章で述べるページキャッシュおよびバッファキャッシュに使われるメモリの量を表します。ページキャッシュとバッファキャッシュは、アクセス速度が遅いストレージデバイス上にあるファイルのデータを、アクセス速度が速いメモリ上に一時的に保持することによって、見かけ上のアクセス速度を上げるためのカーネルの機能です。ここでは「ストレージデバイス上にあるファイルのデータを読み出すと、メモリ上にデータをキャッシュしておく（貯めておく）」ということを覚えていただければ結構です。

以下のような動作をするbuff-cache.shプログラム（リスト04-02）を作って、ページキャッシュができる前後でbuff/cacheの値がどう変化するかを見てみましょう。

❶ freeコマンドを実行
❷ サイズが1GiBのファイルを作る
❸ freeコマンドを実行
❹ ファイルを削除
❺ freeコマンドを実行

リスト04-02 buff-cache.sh

```
#!/bin/bash

echo "ファイル作成前のシステム全体のメモリ使用量を表示します。"
free

echo "1GBのファイルを新規作成します。これによってカーネルはメモリ上に1GBのページキャッシュ領域を獲得します。"
dd if=/dev/zero of=testfile bs=1M count=1K

echo "ページキャッシュ獲得後のシステム全体のメモリ使用量を表示します。"
free

echo "ファイル削除後、つまりページキャッシュ削除後のシステム全体のメモリ使用量を表示します。"
rm testfile
free
```

```
$ ./buff-cache.sh
ファイル作成前のシステム全体のメモリ使用量を表示します。

              total        used        free      shared  buff/cache   available
Mem:       15359352      458672     9617128        1552     5283552    14570100
Swap:             0           0           0

1GiBのファイルを新規作成します。これによってカーネルはメモリ上に1GiBのページキャッシュ領域を獲得します。

1024+0 records in
1024+0 records out
1073741824 bytes (1.1 GB, 1.0 GiB) copied, 0.383913 s, 2.8 GB/s

ページキャッシュ獲得後のシステム全体のメモリ使用量を表示します。

              total        used        free      shared  buff/cache   available
Mem:       15359352      459264     8565984        1552     6334104    14569452
Swap:             0           0           0

ファイル削除後、つまりページキャッシュ削除後のシステム全体のメモリ使用量を表示します。

              total        used        free      shared  buff/cache   available
Mem:       15359352      459052     9616148        1552     5284152    14569664
```

```
Swap:             0          0          0
```

期待通り、ファイル作成前後でbuff/cacheの値が1GiBほど増えていること、さらにファイルを削除したら値が元に戻ることが分かります。

sarコマンドによるメモリ関連情報の取得

`sar -r`コマンドを使うと、第2引数で指定した間隔（ここでは1秒間隔）でメモリに関する統計情報を得られます。では5秒間にわたって、1秒ずつメモリに関するデータを採取してみましょう。

```
$ sar -r 1 5
Linux 5.4.0-74-generic (coffee)        2021年12月04日  _x86_64_        (8 CPU)
09時02分40秒 kbmemfree   kbavail kbmemused  %memused kbbuffers  kbcached  kbcommit   %commit  kbacti
ve   kbinact   kbdirty
09時02分41秒   9617224  14570084    284636      1.85      2016   4995716   1390324      9.05
3692984   1473164        0
09時02分42秒   9617224  14570084    284636      1.85      2016   4995716   1390324      9.05
3692984   1473164        0
09時02分43秒   9617224  14570084    284636      1.85      2016   4995716   1390324      9.05
3692984   1473164        0
09時02分44秒   9617224  14570084    284636      1.85      2016   4995716   1390324      9.05
3692984   1473164        0
09時02分45秒   9617224  14570084    284636      1.85      2016   4995716   1390324      9.05
3692984   1473164        0
Average:      9617224  14570084    284636      1.85      2016   4995716   1390324      9.05
3692984   1473164        0
$
```

freeコマンドと`sar -r`コマンドの対応を表04-02に示しました。

表04-02 freeコマンドとsar -rコマンドの対応

freeコマンドのフィールド	sar -rコマンドのフィールド
total	(該当なし)
free	kbmemfree
buff/cache	kbbuffers + kbcached
available	(該当なし)

sarコマンドは、freeコマンドに比べると1行に情報がまとまっているので、継続的に情報を採取するようなときに使い勝手がいいです。

メモリの回収処理

システムの負荷が高まってくると、図04-03のようにfreeメモリが少なくなってきます。

図04-03 freeメモリの減少

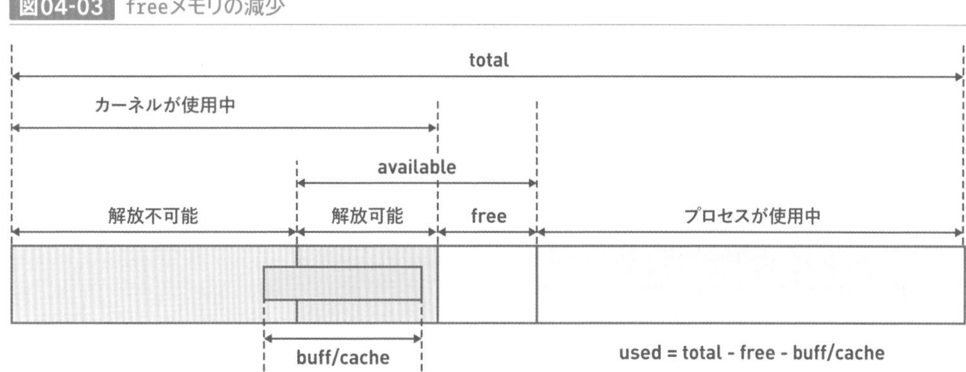

カーネルのメモリ管理システムはこのようなときに、図04-04のように回収可能なメモリ領域を解放[*1]して、freeの値を増やそうとします。

図04-04 メモリの解放

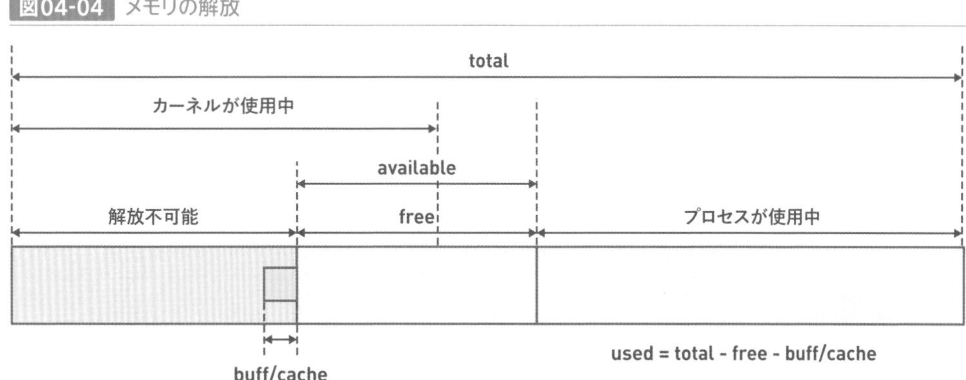

回収可能なメモリにはどんなものがあるのかというと、例えば、ディスクからデータを読み出してからまだ変更していないページキャッシュがこれに該当します。このようなページキャッシュは、同じデータがディスク上に存在するので回収しても構わないのです。詳細は第８章において説明します。

＊1 ここでは簡単のため、回収可能なメモリを一度にすべて解放しているように書いていますが、実際の回収の仕組みはもっと複雑です。

プロセスの削除によるメモリの強制回収

回収可能なメモリを回収してもメモリ不足が解消されない場合、システムは何をするにもメモリが足りずに身動きが取れない「Out Of Memory」(OOM) という状態になります (図04-05)。

図04-05 Out Of Memory

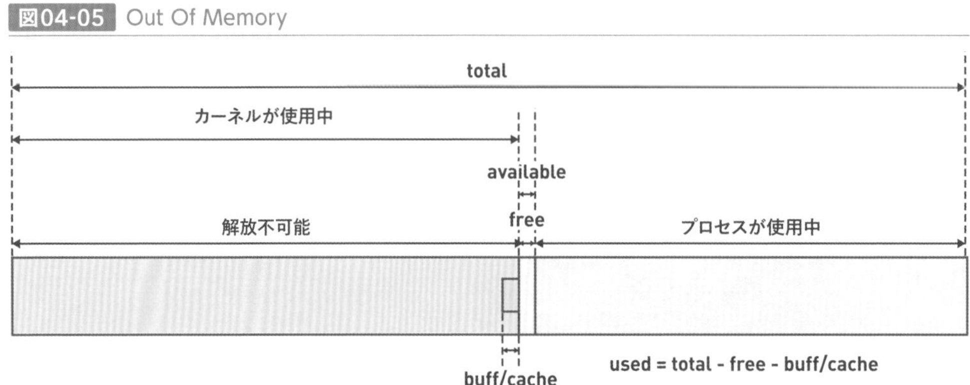

メモリ管理システムには、このようなときに適当なプロセスを強制終了させることによって空きメモリを作る「OOM killer」という恐るべき機能があります (図04-06)。

図04-06 OOM killerによるプロセス強制終了

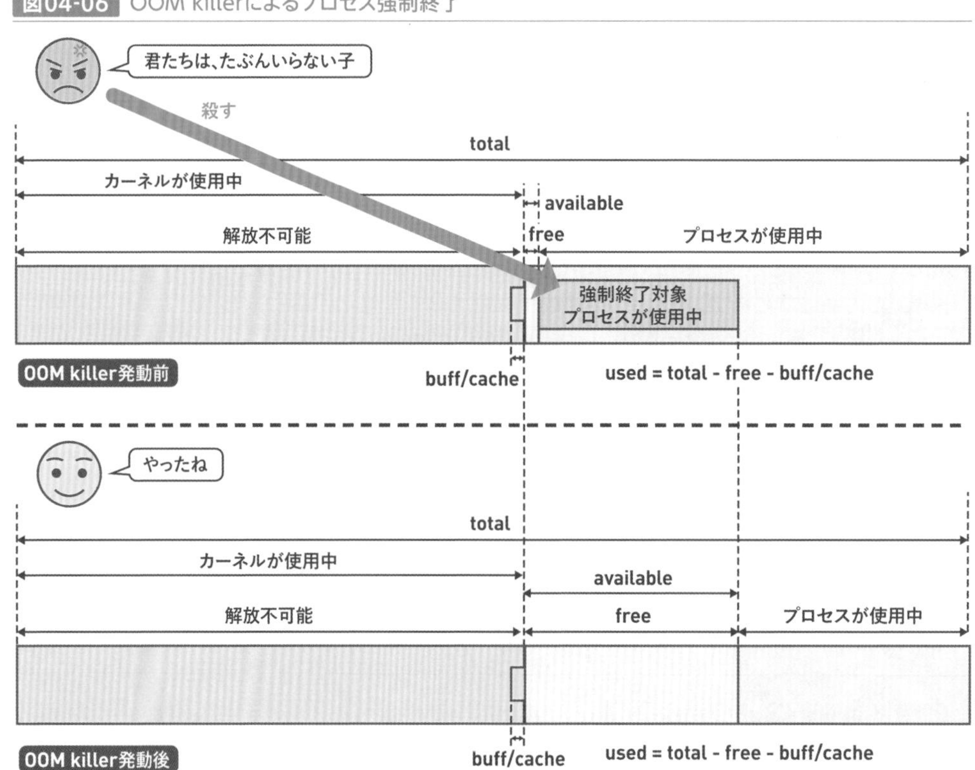

OOM killerが動作すると、dmesgコマンドから得られるカーネルログに以下のような出力が得られます。

```
[XXX] oom-kill:constraint=CONSTRAINT_NONE,nodemask=(null),...
```

皆さんも、たくさんのプロセスを動かしているようなときに、プロセスが何の前触れもなく終了した経験が一度ならずあると思います。そのようなときはdmesgコマンドの出力を見て、OOM killerが動作したかどうかを確認してみると良いでしょう。OOM killerが発動するようなシステムは、一般にメモリが足りていないといえます。同時に動かすプロセスの数を減らすなどしてメモリ使用量を減らすか、あるいはメモリを増設する必要があります。

メモリ量は十分あるはずなのにOOM killerが発動するような場合は、いずれかのプロセス、あるいはカーネルがメモリリーク[*2]を起こしているかもしれません。プロセスのメモリ使用量を定期的に監視しておくと、システムへの負荷が上がっていないのに時間の経過に伴って使用メモリ量が増えている怪しいプロセスが検出しやすくなります。

一番簡単な監視方法としてはpsコマンドがあります。例えば`ps aux`で表示される各プロセスの情報のうち、RSSフィールドはプロセスが使っているメモリ量を示します。

```
$ ps aux
USER       PID %CPU %MEM    VSZ   RSS TTY      STAT START   TIME COMMAND
...
sat      16962  0.0  0.0  12752  3536 ?        Ss   06:55   0:00 bash
...
```

メモリリークを起こしているプロセスが何かは分かっているもののバグを特定できないような場合は、そのプロセスを定期的に再起動して問題を回避するという荒業もよく使われます。

OOM killerについてさらに知りたい方は、「LinuxにおけるOOM発生時の挙動[*3]」という記事をご覧ください。

仮想記憶

本節では、Linuxのメモリ管理において理解が欠かせない仮想記憶という機能について説明します。仮想記憶はハードウェアとソフトウェア（カーネル）の連携によって実現しています[*4]。

＊2　解放すべきメモリを解放せずに確保したままになっているというバグ。
＊3　https://zenn.dev/satoru_takeuchi/articles/bdbdeceea00a2888c580
＊4　一部組み込みシステムでは仮想記憶を使っていないこともあります。

仮想記憶は非常に複雑な機能なので、次のように段階を踏んで説明します。

❶ 仮想記憶が無いときの課題
❷ 仮想記憶の機能
❸ 仮想記憶による課題の解決

仮想記憶がない時の課題

仮想記憶が無いときのメモリ管理には、分かりやすいところでは以下のような課題があります。

- メモリの断片化
- マルチプロセスの実現が困難
- 不正な領域へのアクセス

以下、それぞれについて説明します。

メモリの断片化

プロセスが生成された後に、メモリの獲得、解放を繰り返すと、メモリの断片化という問題が発生します。例えば図04-07においては、メモリは合計300バイトも空いているのに、ばらばらの位置に100バイトずつ、3つの領域に分かれているため、100バイトより大きな領域の確保に失敗します。

図04-07 メモリの断片化

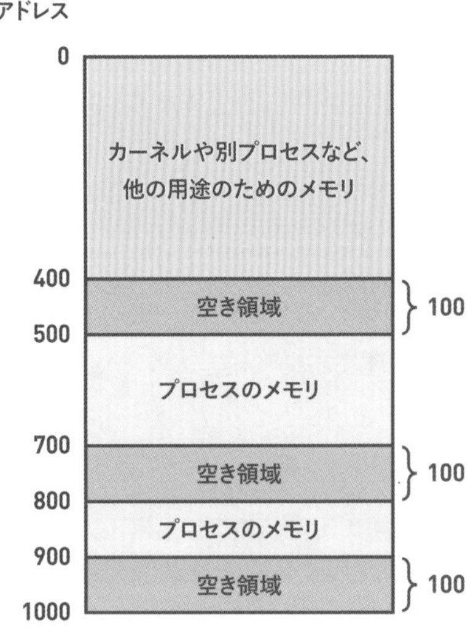

3つの領域を1組として扱えば大丈夫と思われるかもしれませんが、次のような理由によって、それはできません。

- プログラムは、メモリ獲得のたびに、得られたメモリが何個の領域にまたがっているかを意識して使わなければならないので非常に不便。
- サイズが100バイトより大きい「ひとかたまり」のデータ、例えば300バイトの配列を作る用途には使えない。

マルチプロセスの実現が困難

図04-08のように、プロセスAが起動して、そのコード領域がアドレス300から400[*5]に、データがアドレス400から500にマップされている状況を考えてみましょう。

図04-08 プロセスAが起動したときのメモリマップ

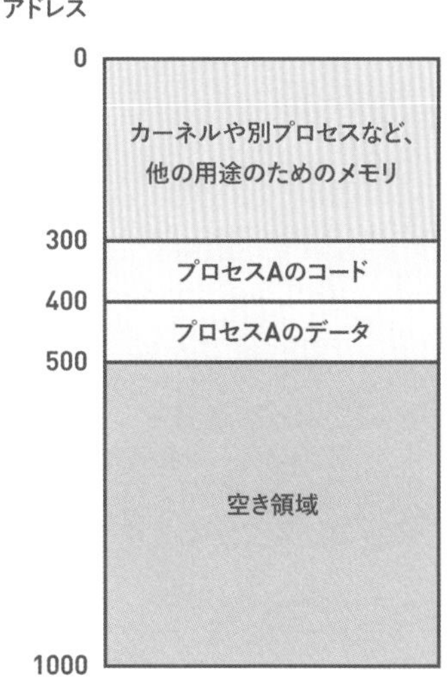

この後に、同じ実行ファイルを使って別のプロセスBを起動したとします。しかしこれは不可能です。なぜならこのプログラムは、アドレス300から500にマップされるのを前提としているのに対して、その領域はプロセスAにすでに使われているからです。無理矢理別の場所（たとえはアドレス500から700）にマップして動作を開始しても、命令とデータが指すメモリアドレスが想定と異なるので、正しく動作しません。

別のプログラムを実行する場合も同様です。あるプログラムAとBがあり、それぞれが同じメモリ領域にマップされることを期待している場合、AとBを同時に動かせません。

＊5　正確には300から399なのですが、本書では見やすさを重視して領域の範囲を指して「xからy」と書いた場合、x以上y未満の範囲を指すものとします。

結局のところ複数プログラムを動かそうとすると、ユーザが全プログラムの配置場所が重ならないように意識する必要があるのです。

不正な領域へのアクセス

カーネルやたくさんのプロセスがメモリ上に配置されている場合、あるプロセスがカーネルや他のプロセスに割り当てられたメモリのアドレスを指定すれば、それらの領域にアクセスできてしまいます（図04-09）。

図04-09 プロセスがどんなメモリにもアクセスできる場合

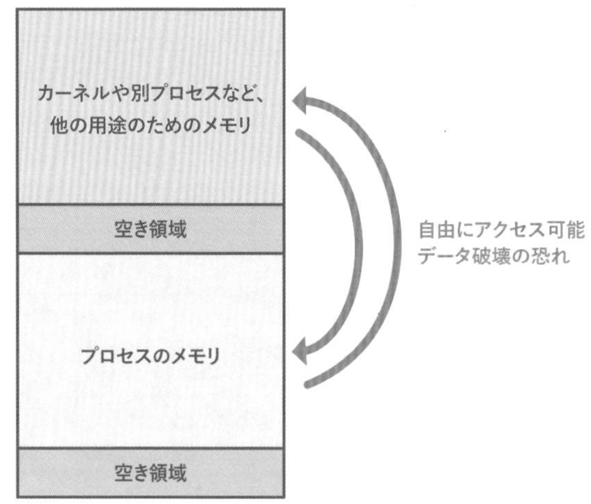

このためデータの漏洩や破壊のリスクがあります。

仮想記憶の機能

仮想記憶は、プロセスがメモリアクセスする際に、システムに搭載されているメモリに直接アクセスさせるのではなく、仮想アドレスというアドレスを用いて、間接的にアクセスさせるという機能です。

仮想アドレスに対して、システムに搭載されているメモリの実際のアドレスを「物理アドレス」と呼びます。また、アドレスによってアクセス可能な範囲を「アドレス空間」と呼びます（図04-10）。

図04-10 仮想記憶

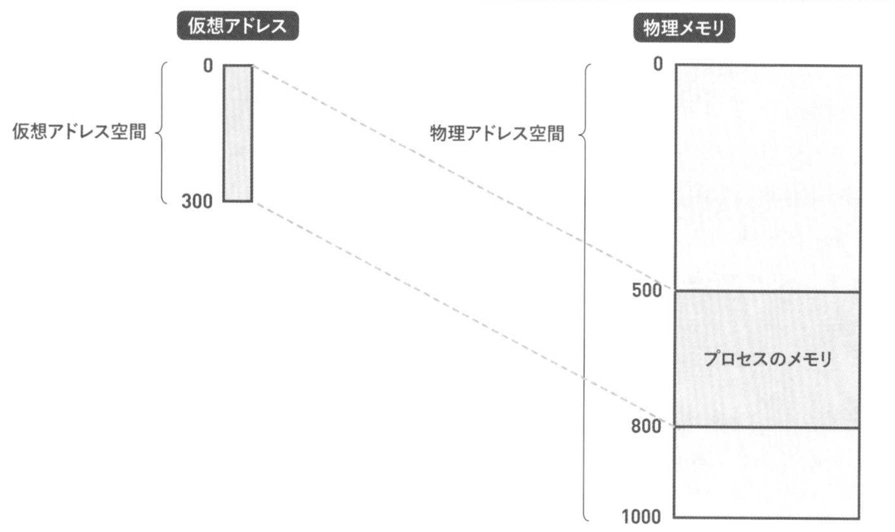

図04-10の状態で、例えばプロセスがアドレス100にアクセスすると、実際のメモリ上では、アドレス600に存在するデータにアクセスします（図04-11）。

図04-11 仮想アドレス経由のメモリアクセス

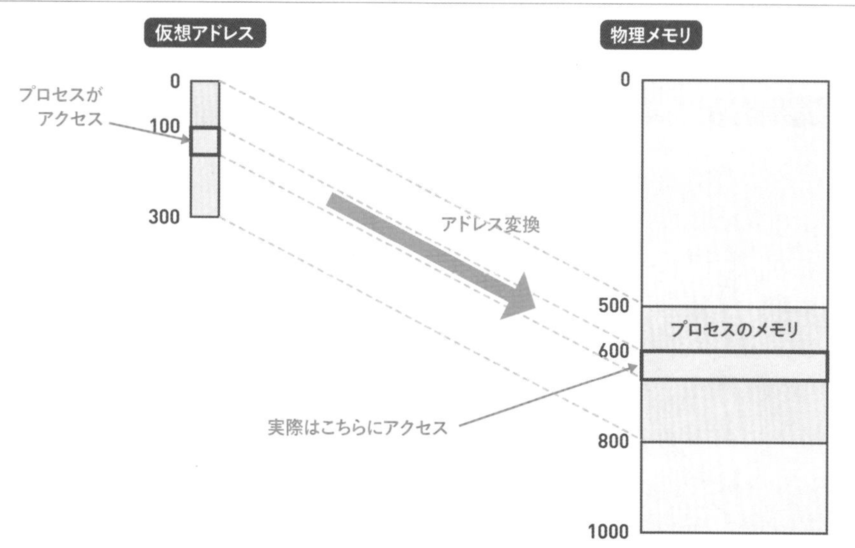

第2章において、`readelf`コマンドや`cat /proc/<pid>/maps`の出力に記載されていたアドレスは、実は、すべて仮想アドレスです。なお、プロセスから実際のメモリに直接アクセ

スする方法、言い換えると、物理アドレスを直接指定する方法はありません。

ページテーブル

仮想アドレスから物理アドレスへの変換には、カーネルのメモリ内に保存されている「ページテーブル」という表を用います。CPUはすべてのメモリをページという単位で区切って管理しており、アドレスはページ単位で変換されます。

ページテーブル中の1つのページに対応するデータを「ページテーブルエントリ」と呼びます。ページテーブルエントリには、仮想アドレスと物理アドレスの対応情報が入っています。

ページのサイズは、CPUアーキテクチャごとに決められています。x86_64アーキテクチャにおいては4KiBです。ただし、本書の説明においては、簡略化のためページサイズは100バイトとします。図04-12は、仮想アドレス0〜300が物理アドレス500〜800にマップされている様子を示しています。

図04-12 ページテーブル

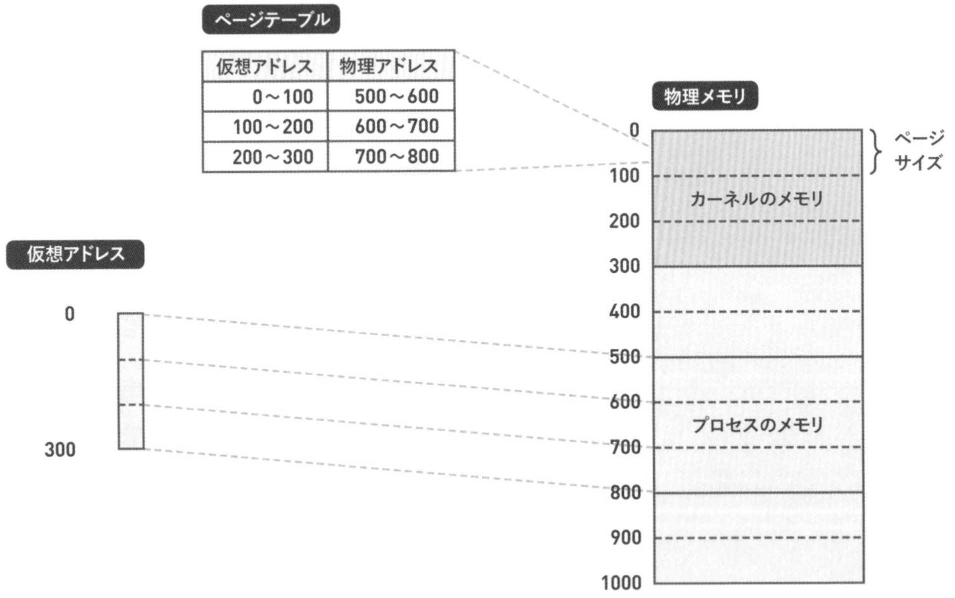

ページテーブルを作るのはカーネルです。第2章において、カーネルはプロセス生成時にプロセスのメモリを確保して、そこに実行ファイルの内容をコピーすると書きました。そのときに同時に、プロセス用のページテーブルも作るのです。ただしプロセスが仮想アドレスにアクセスした際に物理アドレスに変換するのは、CPUの仕事です。

仮想アドレス0から300にアクセスした場合はいいのですが、300以降の仮想アドレスにアクセスした場合はどうなるのでしょうか。

実は、仮想アドレス空間の大きさは固定で、かつページテーブルエントリには、ページに対応する物理メモリが存在するかどうかを示すデータがあります。例えば、仮想アドレス空間の大きさが500バイトだった場合、図04-13のようになります。

図04-13 ページテーブル（アドレス300 ～ 500には物理メモリ未割り当て）

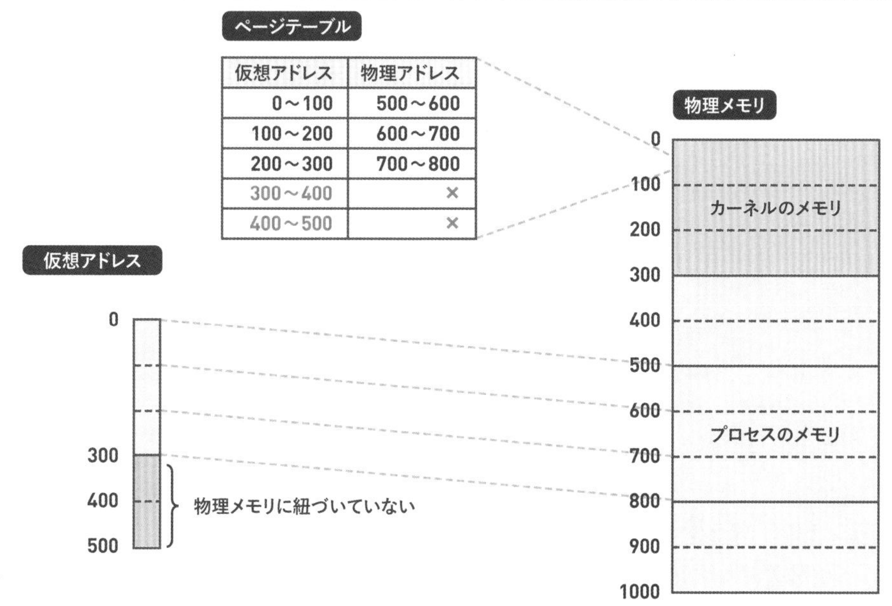

アドレス300～500にプロセスがアクセスすると、CPU上で「ページフォールト」という例外が発生します。例外とは、CPUの仕組みによって、実行中のコードに割り込んで別の処理を動かすための仕組みです。

このページフォールト例外によって、CPU上で実行中の命令が中断されて、カーネルのメモリに配置された「ページフォールトハンドラ」という処理が実行されます。例えば図04-13の状態から、アドレス300にアクセスした場合は図04-14のようになります。

図04-14 ページフォールトの発生

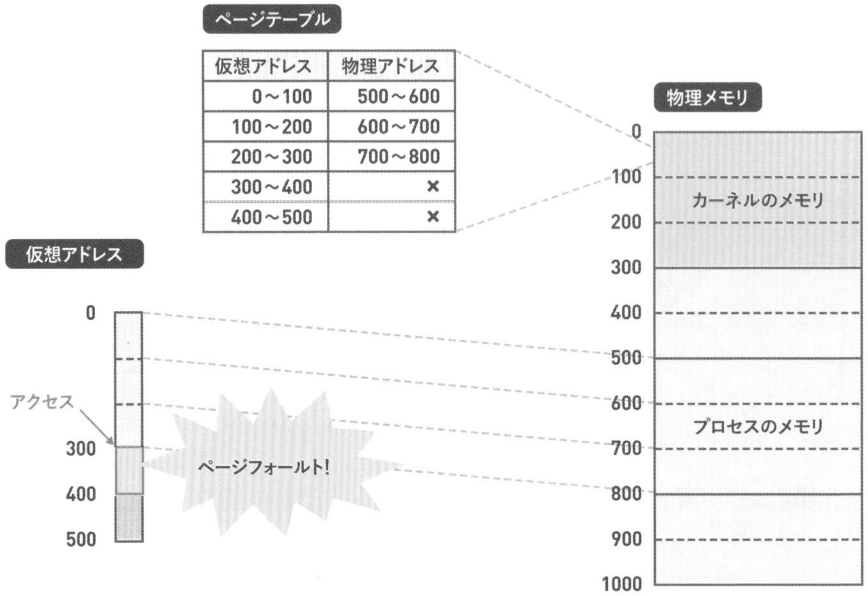
ページテーブル
仮想アドレス
物理アドレス
0～100
500～600
100～200
600～700
200～300
700～800
300～400
×
400～500
×
物理メモリ
0
100
200
300
400
500
600
700
800
900
1000
カーネルのメモリ
プロセスのメモリ
仮想アドレス
0
アクセス
300
400
500
ページフォールト!

カーネルは、ページフォールトハンドラにおいて、プロセスによるそのメモリアクセスが不正なものであることを検出します。この後はSIGSEGVというシグナルをプロセスに送信します。SIGSEGVを受信したプロセスは、通常は強制終了させられます。

不正なアドレスにアクセスするsegvというプログラム（リスト04-03）を実行してみましょう。このプログラムは以下のような動作をします。

❶ 不正なアドレスにアクセスする前に「不正メモリアクセス前」というメッセージを表示する。
❷ 必ずアクセスが失敗する「nil」というアドレスに適当な値（ここでは「0」）を書き込む。
❸ 不正なアドレスにアクセスした後に「不正メモリアクセス後」というメッセージを表示する。

リスト04-03 segv.go

```
package main

import "fmt"

func main() {
    // nilはかならずアクセスに失敗してページフォールトが発生する特殊なメモリアクセス
```

```
    var p *int = nil
    fmt.Println("不正メモリアクセス前")
    *p = 0
    fmt.Println("不正メモリアクセス後")
}
```

このプログラムをビルドして実行してみましょう。

```
$ go build segv.go
$ ./segv
不正メモリアクセス前
panic: runtime error: invalid memory address or nil pointer dereference
[signal SIGSEGV: segmentation violation code=0x1 addr=0x0 pc=0x4976db]
goroutine 1 [running]:
main.main()
 /home/sat/src/st-book-kernel-in-practice/04-memory-management-1/src/segv.go:9 +0x7b
```

「不正メモリアクセス前」という文字列を出力した後、「不正メモリアクセス後」という文字列を出力する前に、難しそうなメッセージを出して終了してしまいました。不正なアドレスにアクセスした直後にSIGSEGVシグナルを受信して、かつ、このシグナルに対処しなかったために異常終了したというわけです。

参考までに同じことをC言語で実装したプログラム（リスト04-04）の実行結果は次のようになります。

```
$ make segv-c
cc     segv-c.c   -o segv-c
$ ./segv-c
Segmentation fault
```

リスト04-04 segv-c.c

```
#include <stdlib.h>

int main(void) {
    int *p = NULL;
    *p = 0;
}
```

皆さんは少なからずこの忌々しいメッセージとともにプログラムが強制終了されたことがあるのではないでしょうか。

C言語やGo言語などの、メモリアドレスを直接扱える言語で作られたプログラムにおいては、SIGSEGVによるプログラムの強制終了はよくある話です。

一方、Pythonなどのメモリアドレスを直接扱えない言語で作られたプログラムにおいては、通常この問題は発生しません。ただしプログラミング言語処理系やC言語などで書かれたライブラリにバグがある場合は、依然としてSIGSEGVが発生する可能性があります。

仮想記憶による課題の解決

前節において述べた仮想記憶の機能によって、それより前に述べたさまざまな課題をどのように解決しているかを見てみましょう。

メモリの断片化

プロセスのページテーブルをうまく設定すれば、物理メモリ上では断片化している領域を、プロセスの仮想アドレス空間上では大きな1つの領域として見せられます。これによって断片化の問題が解消されます（図04-15）。

図04-15 メモリの断片化の防止

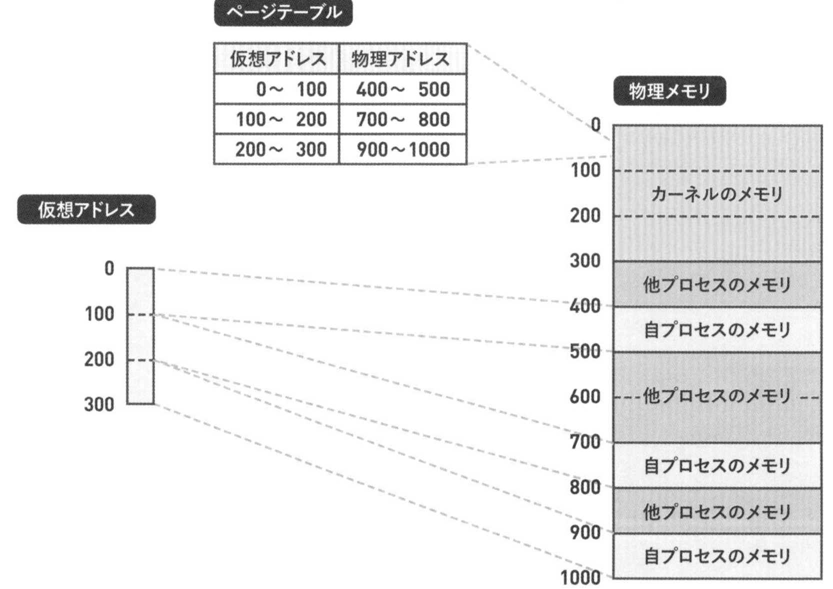

マルチプロセスの実現が困難

仮想アドレス空間は、プロセスごとに作られます。このため、マルチプロセス環境において各プログラムは、他のプログラムとのアドレスの重複を避けられます（図04-16）。

図04-16 プロセスごとに独立した仮想アドレス空間

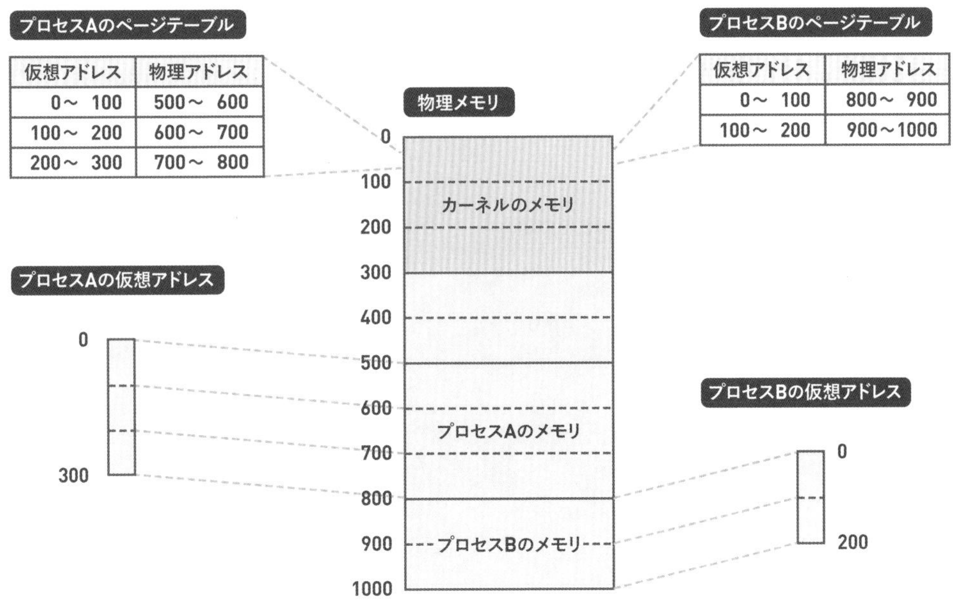

不正な領域へのアクセス

プロセスごとに仮想アドレス空間があるということは、他のプロセスのメモリにはそもそもアクセスできないということです。このため、あるプロセスから別プロセスへの不正アクセスができなくなります（図04-17）。

図04-17 他のプロセスのメモリへのアクセス防止

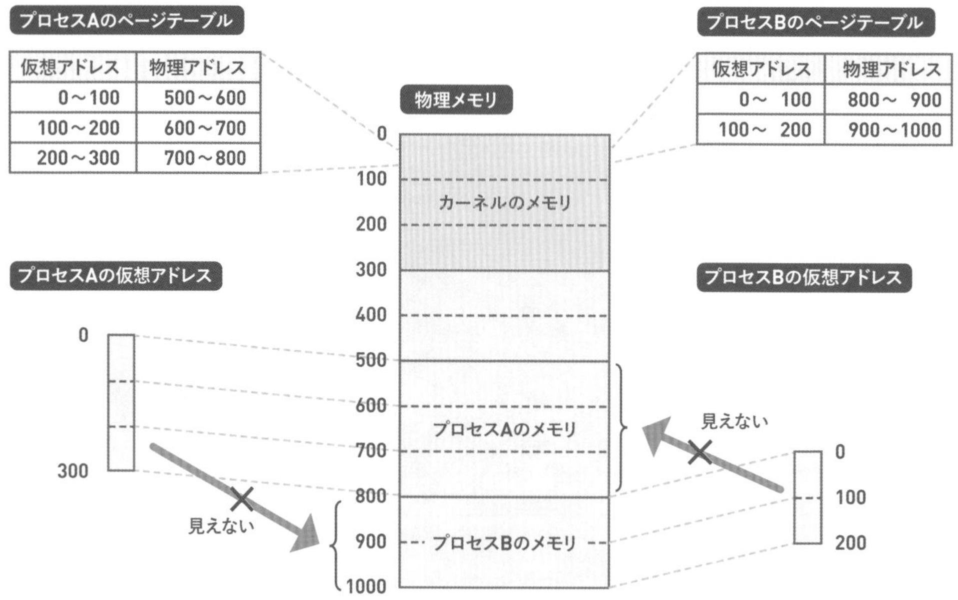

カーネルのメモリも、通常プロセスの仮想アドレス空間にマップされていないため、不正アクセスはできません。

プロセスへの新規メモリの割り当て

カーネルからプロセスに新規メモリを割り当る機能は、直感的には次のようなシステムコールによって実現できそうです。

❶ プロセスは、システムコールの呼び出しによって「XXバイトのメモリが欲しい」とカーネルに依頼する。
❷ カーネルは、システムの空きメモリからXXバイトの領域を獲得する。
❸ 獲得したメモリ領域をプロセスの仮想アドレス空間にマップする。
❹ 上記仮想アドレス空間の先頭アドレスをプロセスに返す。

しかし、メモリは獲得してすぐに使うわけではなく、獲得したかなり後になってから使うケースも多いため、Linuxにおいてはメモリ獲得は以下２つの手順に分かれています。

❶ メモリ領域の割り当て：仮想アドレス空間に新規にアクセス可能なメモリ領域をマッ

プする。

❷ メモリの割り当て：上記メモリ領域に物理メモリを割り当てる。

以下それぞれの手順について説明します。

メモリ領域の割り当て：mmap()システムコール

動作中のプロセスに新規メモリ領域を割り当てるには`mmap()`というシステムコールを使います[*6]。`mmap()`システムコールには、メモリ領域のサイズを指定する引数があります。このシステムコールが呼ばれるとカーネルのメモリ管理システムはプロセスのページテーブ

＊6　`brk()`というシステムコールも使いますが、こちらについては割愛します。

Meltdown脆弱性の恐怖

実はLinuxが登場してから2018年までは、デフォルトではカーネルのメモリはプロセスの仮想アドレス空間にマップされていました。理由は、カーネルの実装がシンプルになることや性能向上が見込めることなどです。しかし、2018年に世間を震撼させたハードウェア脆弱性「Meltdown」の対策のために、デフォルトではカーネルのメモリはプロセスのアドレス空間にマップされなくなりました。

仮想アドレス空間にマップされたカーネルメモリは、プロセスがユーザ空間で動作しているときはアクセスできず、システムコール発行などをきっかけとしてカーネル空間で動作しているときのみアクセスできるようにハードウェア的に保護されていました。しかしMeltdown脆弱性は、この保護を突き破ってカーネルメモリを読み出せるという強烈なものでした。このため、前述の利点をすべて投げ打ってまで脆弱性への対策が施されたのです。

Meltdown脆弱性は本書の扱う範囲を超えているのですが、興味がある方は、以下のような資料を参照してみてください。

- 図解でわかるSpectreとMeltdown
  https://speakerdeck.com/sat/tu-jie-dewakaruspectretomeltdown
- Reading privileged memory with a side-channel
  https://googleprojectzero.blogspot.com/2018/01/reading-privileged-memory-with-side.html
- Meltdown: Reading Kernel Memory from User Space
  https://meltdownattack.com/meltdown.pdf

ルを書き換えて、要求されたサイズの領域[*7]をページテーブルに追加でマップした上で、マップされた領域の先頭アドレスをプロセスに返します。

以下のような動作をするmmapプログラム（リスト04-05）を使って、仮想アドレス空間へ新規メモリ領域をマップする様子を確認してみましょう。

❶ プロセスのメモリマップ情報（/proc/<pid>/maps/ の出力）を表示する。
❷ mmap() システムコールによって1GiBのメモリを要求する。
❸ 再度メモリマップ情報を表示する。

リスト04-05 mmap.go

```
package main

import (
    "fmt"
    "log"
    "os"
    "os/exec"
    "strconv"
    "syscall"
)

const (
    ALLOC_SIZE = 1024 * 1024 * 1024
)

func main() {
    pid := os.Getpid()
    fmt.Println("*** 新規メモリ領域獲得前のメモリマップ ***")
    command := exec.Command("cat", "/proc/"+strconv.Itoa(pid)+"/maps")
    command.Stdout = os.Stdout
    err := command.Run()
    if err != nil {
            log.Fatal("catの実行に失敗しました")
    }

    // mmap()システムコールの呼び出しによって1GBのメモリ領域を獲得
    data, err := syscall.Mmap(-1, 0, ALLOC_SIZE, syscall.PROT_READ|syscall.PROT_WRITE, syscall.MAP_AN
ON|syscall.MAP_PRIVATE)
    if err != nil {
            log.Fatal("mmap()に失敗しました")
    }
```

＊7　要求されたサイズより大きなこともあります。例えばx86_64アーキテクチャにおいては、ページサイズは4KiBなので、それ未満のサイズを要求されるとページサイズの倍数に切り上げられます。

```
    fmt.Println("")
    fmt.Printf("*** 新規メモリ領域: アドレス = %p, サイズ = 0x%x ***\n",
            &data[0], ALLOC_SIZE)
    fmt.Println("")

    fmt.Println("*** 新規メモリ領域獲得後のメモリマップ ***")
    command = exec.Command("cat", "/proc/"+strconv.Itoa(pid)+"/maps")
    command.Stdout = os.Stdout
    err = command.Run()
    if err != nil {
            log.Fatal("catの実行に失敗しました")
    }
}
```

ここで1点補足しておくと、mmap()システムコールとGo言語のmmap()関数の引数は若干違っています。例えば前者では、要求するメモリのサイズは第2引数で指定しますが、後者では第3引数で指定します。どちらの場合もたくさんの引数がありますが、ここではメモリ領域のサイズを指定する引数だけ気にしていればよいです。

では実行してみましょう。

```
$ go build mmap.go
$ ./mmap
*** 新規メモリ領域獲得前のメモリマップ ***
...
7fd00aa94000-7fd00cd45000 rw-p 00000000 00:00 0    ←❶
...
*** 新規メモリ領域: アドレス = 0x7fcfcaa94000, サイズ = 0x40000000 ***
*** 新規メモリ領域獲得後のメモリマップ ***
...
7fcfcaa94000-7fd00cd45000 rw-p 00000000 00:00 0    ←❷
...
```

/proc/<pid>/mapsの出力結果は、各行が個々のメモリ領域に対応しており、かつ、第1フィールドがメモリ領域を指します。新規メモリ獲得前の❶の場合は、メモリアドレス0x7fd00aa94000から0x7fd00cd45000までの領域を指します。

新規メモリ領域獲得後には、領域❶が領域❷に拡張されました。新規に増えた領域のサイズは0x7fd00aa94000 - 0x7fcfcaa94000 = 1GiBだと分かります。

なお、皆さんの環境でこのプログラムを動かすと、おそらく新規メモリ領域の開始アドレス、および終了アドレスは上記の例と異なるはずですが、これは毎回変わる値なので気にしなくて構いません。いずれにせよ、両者の差分は上で計算したように、1GiBになるはずです。

メモリの割り当て：デマンドページング

mmap()システムコールの呼び出し直後、新規メモリ領域に対応する物理メモリはまだ存在しません。そのかわり、新規獲得領域の中の各ページに最初にアクセスしたときに物理メモリを割り当てるのです。この仕組みをデマンドページングと呼びます。デマンドページングを実現するために、メモリ管理システムは、ページごとに「ページに対応する物理メモリが割り当て済か」という状態を持っています。

mmap()システムコールによって1ページのメモリを新規獲得した場合を例に、デマンドページングの仕組みを説明します。このとき、mmap()システムコール発行直後はページテーブルエントリは作りますが、当該ページに物理メモリは割り当てません（図04-18）。

図04-18 新規メモリ領域獲得直後

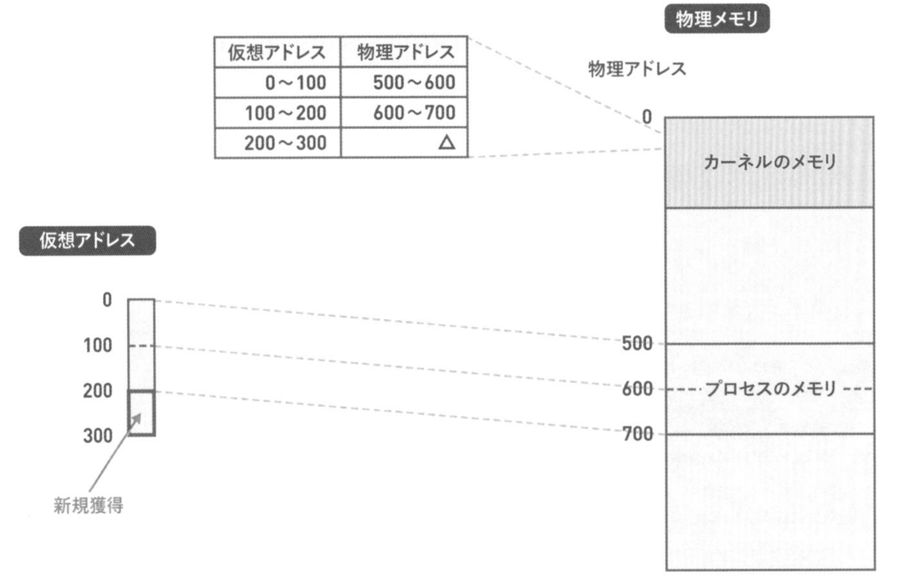

仮想アドレス	物理アドレス
0～100	500～600
100～200	600～700
200～300	△

この後に当該ページにアクセスすると、次のような流れでメモリを獲得します（図04-19）。

❶ プロセスがページにアクセス。

❷ ページフォールト発生。

❸ カーネルのページフォールトハンドラが動作して、ページに対応する物理メモリを割り当てる。

図04-19 物理メモリの割り当て

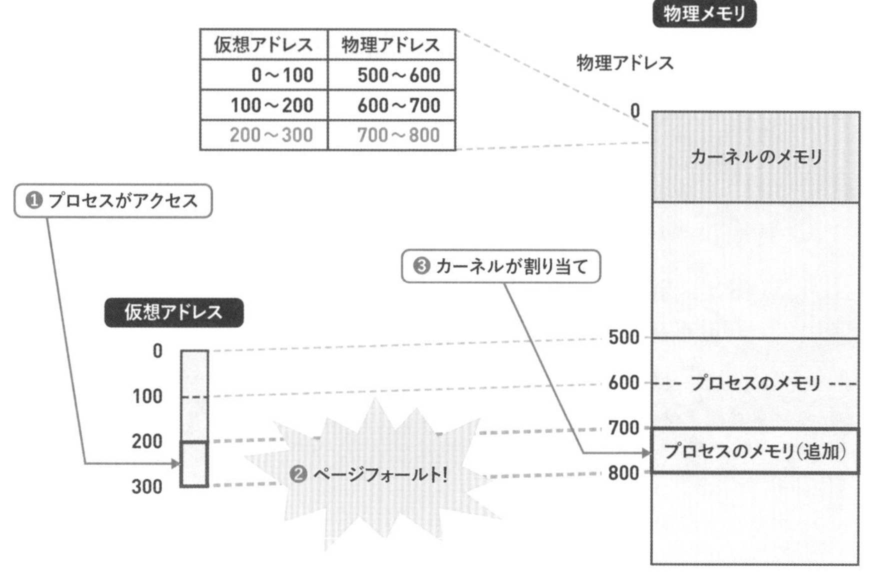

ページフォールトハンドラは、ページテーブルエントリが存在しないページにアクセスした場合はプロセスにSIGSEGVを送る一方で、ページテーブルエントリが存在するものの、対応する物理メモリが割り当てられていない場合は新規メモリを割り当てる、というように処理を分岐させているのです。

デマンドページングが発生する様子をdemand-paging.pyプログラム(リスト04-06)によって確認します。このプログラムは次のような動作をします。

❶ 新規メモリ領域獲得前であることを示すメッセージを出力し、Enterキーの入力を待つ。
❷ 100MiBのメモリ領域を獲得する。
❸ 新規メモリ獲得後であることを示すメッセージを出力し、Enterキーの入力を待つ。
❹ 新規獲得したメモリ領域の先頭から末尾まで1ページずつアクセスし、10MiBアクセスするごとに進捗を出力する。
❺ 全メモリ領域へのアクセスを終えると、それを示すメッセージを出力し、Enterキーの入力を待つ。入力されたら終了。

リスト04-06 demand-paging.py

```
#!/usr/bin/python3
```

```
import mmap
import time
import datetime

ALLOC_SIZE  = 100 * 1024 * 1024
ACCESS_UNIT = 10 * 1024 * 1024
PAGE_SIZE   = 4096

def show_message(msg):
    print("{}: {}".format(datetime.datetime.now().strftime("%H:%M:%S"), msg))

show_message("新規メモリ領域獲得前。Enterキーを押すと100MiBの新規メモリ領域を獲得します: ")
input()

# mmap()システムコールの呼び出しによって100MiBのメモリ領域を獲得
memregion = mmap.mmap(-1, ALLOC_SIZE, flags=mmap.MAP_PRIVATE)
show_message("新規メモリ領域を獲得しました。Enterキーを押すと1秒に10MiBづつ、合計100MiBの新規メモリ領域
にアクセスします: ")
input()

for i in range(0, ALLOC_SIZE, PAGE_SIZE):
    memregion[i] = 0
    if i%ACCESS_UNIT == 0 and i != 0:
            show_message("{} MiBアクセスしました".format(i//(1024*1024)))
            time.sleep(1)

show_message("新規獲得したメモリ領域のすべてのアクセスしました。Enterキーを押すと終了します: ")
input()
```

メッセージの先頭にはそれぞれ現在時刻を表示します。実行結果は次のようになります。

```
$ ./demand-paging.py
18:54:42: 新規メモリ領域獲得前。Enterキーを押すと100MiBの新規メモリ領域を獲得します:
18:54:43: 新規メモリ領域を獲得しました。Enterキーを押すと1秒に10MiBずつ、合計100MiBの新規メモリ領域にアク
セスします:
18:54:45: 10 MiBアクセスしました
18:54:46: 20 MiBアクセスしました
...
18:54:53: 90 MiBアクセスしました
18:54:54: 新規獲得したメモリ領域のすべてのアクセスしました。Enterキーを押すと終了します:
```

このプログラムを、システムのさまざまなメモリ関連統計情報を採取しつつ動かしてみて、どのような変化が起きるのか見てみましょう。

システム全体のメモリ使用量の変化を確認

まずは`sar -r`を使って、demand-paging.py実行中の、システム全体のメモリ使用量の変化を見てみましょう。

demand-paging.pyの実行結果は次の通りです。

```
$ ./demand-paging.py
18:56:01: 新規メモリ領域獲得前。Enterキーを押すと100MiBの新規メモリ領域を獲得します:
18:56:02: 新規メモリ領域を獲得しました。Enterキーを押すと1秒に10MiBずつ、合計100MiBの新規メモリ領域にアクセスします:
18:56:04: 10 MiBアクセスしました
18:56:05: 20 MiBアクセスしました
...
18:56:12: 90 MiBアクセスしました
18:56:13: 新規獲得したメモリ領域のすべてのアクセスしました。Enterキーを押すと終了します:
```

そのときに採取していた`sar -r 1`コマンドの実行結果は以下の通りです。出力結果内に、そのときdemand-paging.pyではどういうことをしていたかを書いています。

```
$ sar -r 1
Linux 5.4.0-74-generic (coffee)         2021年12月06日  _x86_64_        (8 CPU)
18時55分56秒 kbmemfree   kbavail kbmemused  %memused kbbuffers  kbcached  kbcommit   %commit  kbactive   kbinact   kbdirty
...
18時56分00秒   9529604  14559320    287832      1.87      2016   5065008   1352132      8.80   3743128   1496484       128
18時56分01秒   9529604  14559320    287832      1.87      2016   5065008   1446568      9.42   3743388   1496484       128
18時56分02秒   9529840  14559556    287588      1.87      2016   5065008   1446568      9.42   3743564   1496484       128   ←❶ 新規メモリ領域獲得前
18時56分03秒   9529840  14559556    287588      1.87      2016   5065008   1551468     10.10   3743564   1496484       128   ←❷ 新規メモリ領域獲得後
18時56分04秒   9529840  14559556    287588      1.87      2016   5065008   1551468     10.10   3743564   1496484       128
...
18時56分13秒   9437860  14467576    379568      2.47      2016   5065008   1551468     10.10   3836052   1496228         0
18時56分14秒   9427780  14457496    389648      2.54      2016   5065008   1551468     10.10   3846192   1496228         0   ←❸ メモリアクセス完了
18時56分15秒   9529840  14559556    287588      1.87      2016   5065008   1347676      8.77   3743344   1496228         0   ←❹ プロセス終了
18時56分16秒   9529840  14559556    287588      1.87      2016   5065008   1347676      8.77   3743344   1496228         0
```

この結果、次のことが分かりました。

❶-❷ メモリ領域を獲得しても、その領域にアクセスしなければメモリ使用量(kbmemusedフィールドの値)は変化しない*8。

❷-❸ メモリアクセスが始まってからは、秒間10MiB程度、メモリ使用量が増加する。

❸-❹ プロセスが終了すると、メモリ使用量はプロセス開始前の状態に戻る。

システム全体のページフォールト発生の様子を確認

`sar -B`コマンドによって、システム全体のページフォールト発生回数を確認できます。今度は`sar -B 1`を別端末で実行しながらdemand-paging.pyの実行をしてみましょう。

demand-paging.pyの実行結果は次の通りです。

```
$ ./demand-paging.py
20:46:43: 新規メモリ領域獲得前。Enterキーを押すと100MiBの新規メモリ領域を獲得します：
20:46:45: 新規メモリ領域を獲得しました。Enterキーを押すと1秒に10MiBずつ、合計100MiBの新規メモリ領域にアクセスします：
20:46:47: 10 MiBアクセスしました
...
20:46:55: 90 MiBアクセスしました
20:46:56: 新規獲得したメモリ領域のすべてのアクセスしました。Enterキーを押すと終了します：
```

```
$ sar -B 1
Linux 5.4.0-74-generic (coffee)         2021年12月06日  _x86_64_        (8 CPU)
20時46分41秒  pgpgin/s pgpgout/s   fault/s  majflt/s  pgfree/s pgscank/s pgscand/s pgsteal/s    %vmeff
20時46分42秒      0.00      0.00      4.95      0.00      0.99      0.00      0.00      0.00      0.00
20時46分43秒      0.00      4.00    237.00      0.00     48.00      0.00      0.00      0.00      0.00
20時46分44秒      0.00      0.00      0.00      0.00      0.00      0.00      0.00      0.00      0.00    ← ❶ メモリ領域獲得前
20時46分45秒      0.00      0.00      4.00      0.00      1.00      0.00      0.00      0.00      0.00
20時46分46秒      0.00      0.00      0.00      0.00      1.00      0.00      0.00      0.00      0.00    ← ❷ メモリ領域獲得後
20時46分47秒      0.00      0.00   2563.00      0.00      0.00      0.00      0.00      0.00      0.00
20時46分48秒      0.00      0.00   2567.00      0.00      2.00      0.00      0.00      0.00      0.00
...
20時46分56秒      0.00      0.00   2560.00      0.00      0.00      0.00      0.00      0.00      0.00
20時46分57秒      0.00      0.00   2560.00      0.00      2.00      0.00      0.00      0.00      0.00    ← ❸ メモリアクセス完了
```

*8 demand-paging.pyコマンド実行中に、他のプロセスの影響により、この値が変化することもあります。

```
20時46分58秒      0.00      0.00     43.00      0.00  25826.00      0.00      0.00      0.00
0.00 ●───── ❹ プロセス終了
20時46分59秒      0.00      0.00      0.00      0.00      4.00      0.00      0.00      0.00
0.00
^C
Average:         0.00      0.22   1438.03      0.00   1437.81      0.00      0.00      0.00
0.00
```

プログラムが獲得したメモリ領域にアクセスしたときだけ、1秒当たりのページフォールトの数を示すfault/sフィールドの値が増えることが分かります。

demand-pagingプロセス単体の情報

今度はシステム全体ではなく、demand-paging.pyプロセスそのものの情報を確認しましょう。ここでは獲得済のメモリ領域の量、獲得済みの物理メモリの量、およびプロセス生成時からのページフォールトの総数を確認します。

これらの値は、`ps -o vsz rss maj_flt min_flt`コマンドによって得られます。ページフォールトの数はmaj_flt（メジャーフォールト）、min_flt（マイナーフォールト）の2つに分かれているのですが、これら2つの値の違いについては、第8章において説明します。今は2つの値の和がページフォールトの総数だと分かっていればOKです。

情報採取のためにcapture.shプログラム（リスト04-07）を使います。

リスト04-07 capture.sh

```
#!/bin/bash

<<COMMENT
demand-paging.pyプロセスについて1秒間に1回メモリに関する情報を出力します。
各行の先頭には情報を採取した時刻を表示します。その後に続くフィールドの意味は以下の通りです。
    第1フィールド: 獲得済メモリ領域のサイズ
    第2フィールド: 獲得済物理メモリのサイズ
    第3フィールド: メジャーフォールトの数
    第4フィールド: マイナーフォールトの数
COMMENT

PID=$(pgrep -f "demand-paging\.py")

if [ -z "${PID}" ]; then
    echo "demand-paging.pyプロセスが存在しませんので$0より先に起動してください。" >&2
    exit 1
fi

while true; do
    DATE=$(date | tr -d '\n')
```

```
    # -hはヘッダを出力しないためのオプションです。
    INFO=$(ps -h -o vsz,rss,maj_flt,min_flt -p ${PID})
    if [ $? -ne 0 ]; then
        echo "$DATE: demand-paging.pyプロセスは終了しました。" >&2
        exit 1
    fi
    echo "${DATE}: ${INFO}"
    sleep 1
done
```

capture.shプログラムは、demand-paging.pyプロセスについて、1秒間に1回メモリに関する情報を出力します。各行の先頭には、情報を採取した時刻を表示します。その後に続くフィールドの意味は表04-03の通りです。

表04-03 capture.shプログラムの実行結果のフィールド

フィールド	意味
第1フィールド	獲得済メモリ領域のサイズ
第2フィールド	獲得済物理メモリのサイズ
第3フィールド	メジャーフォールトの数
第4フィールド	マイナーフォールトの数

capture.shプログラムはdemand-paging.pyプログラムの後に起動する必要があります。それぞれの実行結果は以下の通りです。

```
$ ./demand-paging.py
21:16:53: 新規メモリ領域獲得前。Enterキーを押すと100MiBの新規メモリ領域を獲得します：
21:17:01: 新規メモリ領域を獲得しました。Enterキーを押すと1秒に10MiBずつ、合計100MiBの新規メモリ領域にアクセスします：
21:17:04: 10 MiBアクセスしました
...
21:17:12: 90 MiBアクセスしました
21:17:13: 新規獲得したメモリ領域のすべてのアクセスしました。Enterキーを押すと終了します：
```

```
$ ./capture.sh
2021年 12月  6日 月曜日 21:16:57 JST: 102804  1320     0   201   ❶ メモリ領域獲得前
2021年 12月  6日 月曜日 21:16:58 JST: 102804  1320     0   201
2021年 12月  6日 月曜日 21:16:59 JST: 102804  1320     0   201
2021年 12月  6日 月曜日 21:17:00 JST: 102804  1320     0   201
2021年 12月  6日 月曜日 21:17:01 JST: 205204  1320     0   205   ❷ メモリ領域獲得後
2021年 12月  6日 月曜日 21:17:02 JST: 205204  1320     0   205
2021年 12月  6日 月曜日 21:17:03 JST: 205204  1320     0   205
2021年 12月  6日 月曜日 21:17:04 JST: 205204 11932     0  2768
2021年 12月  6日 月曜日 21:17:05 JST: 205204 22288     0  5335
...
```

```
2021年 12月  6日 月曜日 21:17:13 JST: 205204 104128      0  25815
2021年 12月  6日 月曜日 21:17:14 JST: 205204 104128      0  25815  ●―― ❸ メモリアクセス完了
2021年 12月  6日 月曜日 21:17:15 JST: demand-paging.pyプロセスは終了しました。
```


この実行結果によって次のようなことが分かります。

❶-❷ メモリ領域を獲得してからアクセスするまでは、仮想メモリの使用量が約100MiB増えるが、物理メモリ使用量は増えない。

❷-❸ メモリアクセス中にページフォールトの数が増えている。それに加えてメモリアクセス完了後の物理メモリ使用量は、メモリ獲得前より約100MiB多い。

プログラミング言語処理系のメモリ管理 Column

皆さんがプログラムのソースコードにおいてデータを定義すると、データに対応するメモリを割り当てる必要があります。しかしながらプログラミング言語処理系は、データ定義のたびにmmap()システムコールを呼び出しているわけではありません。

通常は、mmap()システムコールによって、ある程度大きな領域をプログラム開始時に獲得しておき、データ定義のたびにこの領域からメモリを小分けして割り当て、領域を使い切るとまたmmap()を呼び出して追加のメモリ領域を確保する……というような作りになっています。

ページテーブルの階層化

ページテーブルは、どれくらいの量のメモリを消費するのでしょうか。x86_64アーキテクチャにおいて、仮想アドレス空間の大きさは128TiBで、1ページの大きさは4KiB、ページテーブルエントリのサイズは8バイトです。ということは、単純に計算するとプロセス1つ当たりのページテーブルに256GiB（＝8バイト×128TiB/4KiB）という巨大なメモリが必要なことが分かります。例えば、筆者のシステムが搭載しているメモリは16GiBなため、プロセスを1つも生成できないことになってしまいます。これはどういうことでしょうか？

実はページテーブルはフラットな構造ではなく、メモリ使用量を削減するために階層化されているのです。まずは1ページが100バイト、仮想アドレス空間が1600バイトという単純な例から考えてみましょう。

プロセスが物理メモリを400バイトしか使ってない場合、フラットなページテーブルは図

04-20のようになります。

図04-20 フラットなページテーブル

仮想アドレス	物理アドレス
0～ 100	300～ 400
100～ 200	400～ 500
200～ 300	500～ 600
300～ 400	600～ 700
400～ 500	×
500～ 600	×
600～ 700	×
700～ 800	×
800～ 900	×
900～1000	×
1000～1100	×
1100～1200	×
1200～1300	×
1300～1400	×
1400～1500	×
1500～1600	×

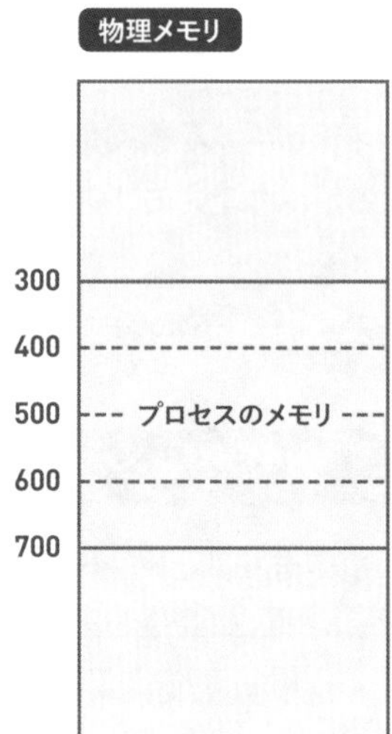

これに対して階層型ページテーブルの場合、例えば、4ページを1つのまとまりとした2段構造では図04-21のようになります。

図04-21 階層型ページテーブル

仮想アドレス	下位のページテーブル
0～ 400	→
400～ 800	×
800～1200	×
1200～1600	×

仮想アドレス	物理アドレス
0～ 100	300～ 400
100～ 200	400～ 500
200～ 300	500～ 600
300～ 400	600～ 700

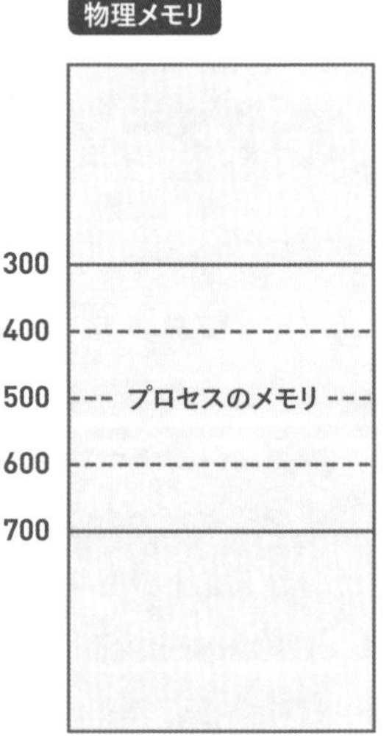

この場合、ページテーブルエントリ数が「16」から「8」に減っていることが分かります。使用する仮想メモリ量が大きくなってくると、図04-22のようにページテーブルの使用量が

増えていきます。

図04-22 使用する仮想メモリ量が大きくなると、ページテーブルの使用量も増える

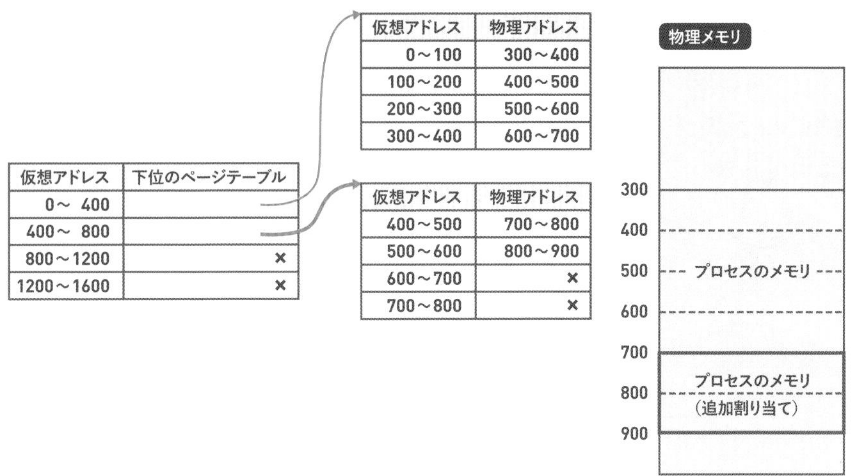

仮想メモリ量がある程度多くなると、階層型ページテーブルのほうが、フラットなページテーブルよりもメモリ使用量が大きくなります。しかし、そのようなことは稀なので、全プロセスのページテーブルに必要な合計メモリの量は、フラットなページテーブルよりも階層型ページテーブルのほうが小さくなることがほとんどです。

現実のハードウェアでいうと、x86_64アーキテクチャはページテーブルが4段構造になっています。これによってページテーブルに必要なメモリ量を大幅に削減しています。

ただし本書では引き続き、簡単のため、ページテーブルの図を描く際は、今後もこれまでと同様フラットな表記にします。

システムが使用している物理メモリのうち、ページテーブルとして使用しているメモリは、`sar -r ALL`コマンドのkbpgtblフィールドから得られます。

```
$ sar -r ALL 1
Linux 5.4.0-74-generic (coffee)        2021年12月06日  _x86_64_        (8 CPU)
22時21分30秒 kbmemfree  ……    kbpgtbl  ……
22時21分31秒   9525948  ……       3868  ……
22時21分32秒   9525940  ……       3896  ……
...
```

ヒュージページ

前節において述べたように、プロセスが確保したメモリ量が増えてくると、当該プロセス

のページテーブルに使用する物理メモリ量が増えていきます。この問題を解決するために、Linuxには「ヒュージページ」という仕組みがあります。

ヒュージページは、その名の通り、通常より大きなサイズのページです。これによってプロセスのページテーブルに必要なメモリ量を減らせます。

具体的にどのようにするかを、1ページ100バイトで400バイトを**ひとまとまり**にした、2段構造のページテーブルを例に説明します。図04-23は、このような条件において、全ページに物理メモリが割り当てられている様子を示しています。

図04-23 全ページに物理メモリが割り当てられている状態

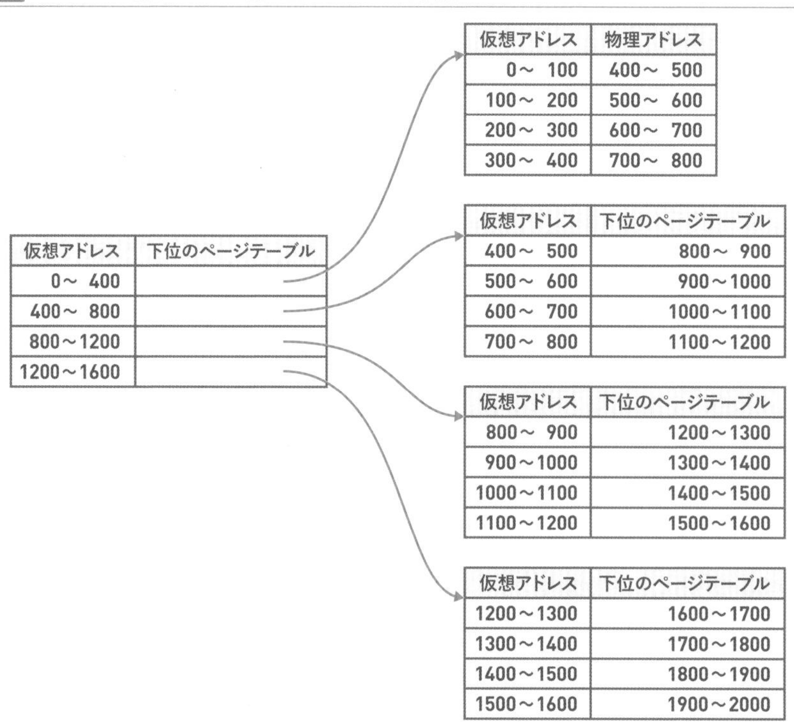

仮想アドレス	下位のページテーブル
0～ 400	
400～ 800	
800～1200	
1200～1600	

仮想アドレス	物理アドレス
0～ 100	400～ 500
100～ 200	500～ 600
200～ 300	600～ 700
300～ 400	700～ 800

仮想アドレス	下位のページテーブル
400～ 500	800～ 900
500～ 600	900～1000
600～ 700	1000～1100
700～ 800	1100～1200

仮想アドレス	下位のページテーブル
800～ 900	1200～1300
900～1000	1300～1400
1000～1100	1400～1500
1100～1200	1500～1600

仮想アドレス	下位のページテーブル
1200～1300	1600～1700
1300～1400	1700～1800
1400～1500	1800～1900
1500～1600	1900～2000

これを1ページ当たりのサイズが400バイトのヒュージページに置き換えると、ページテーブルの階層を1段飛ばして、図04-24のようになります。

図04-24 ヒュージページに置き換えたページテーブル

仮想アドレス	物理ページ
0～ 400	400～ 800
400～ 800	800～1200
800～1200	1200～1600
1200～1600	1600～2000

ページテーブルエントリの数は20個から4個に減りました。これによってページテーブルのためのメモリ使用量を削減できます。これに加えてfork()関数時にページテーブルをコピーするコストが低下するため、fork()関数の高速化も期待できます。

ヒュージページはmmap()関数のflags引数にMAP_HUGETLBフラグを与えるなどすれば獲得できます。

データベースや仮想マシンマネージャなど、仮想メモリを大量に使うソフトウェアには、ヒュージページを使う設定が用意されていることがあるので、必要に応じて使用を検討してみてください。

トランスペアレントヒュージページ

ヒュージページはメモリ獲得時にわざわざ「ヒュージページが欲しい」と要求しなければならないのでプログラマとしては面倒です。この問題を解決するために、Linuxには「トランスペアレントヒュージページ」という機能があります。

これは仮想アドレス空間内の連続する複数の4KiBページが所定の条件を満たせば、それらをまとめて自動的にヒュージページにしてくれるというものです。

トランスペアレントヒュージページは、一見いいことばかりに見えますが、複数のページをまとめてヒュージページにする処理、および、前述の条件を満たさなくなったときにヒュージページを4KiBページに再分解する処理によって、局所的に性能が劣化する場合があります。このため、トランスペアレントヒュージページは、機能を有効にするかどうかをシステム管理者が選べるようになっています。

トランスペアレントヒュージページの設定は/sys/kernel/mm/transparent_hugepage/enabledというファイルを見れば分かります。このファイルには3つの値を設定できます。

- always：システムに存在するプロセスの全メモリについて有効。
- madvise：madvise()というシステムコールに、MADV_HUGEPAGEというフラグを設定することによって、明に指定したメモリ領域についてのみ有効。
- never：無効

Ubuntu 20.04においてはデフォルトでmadviseになっています。

```
$ cat /sys/kernel/mm/transparent_hugepage/enabled
always [madvise] never
```

第5章

プロセス管理（応用編）

本章では、第４章で説明した仮想記憶の知識が無い状態では理解が難しかったプロセス管理の諸機能、およびその関連機能について説明します。

プロセス作成処理の高速化

Linuxでは、仮想記憶の機能を応用して、プロセス作成処理を高速化しています。以下fork()関数、execve()関数それぞれについて説明します。

fork()関数の高速化：コピーオンライト

fork()関数発行時には、親プロセスのメモリを子プロセスにすべてコピーするのではなく、ページテーブルだけをコピーします。ページテーブルエントリ内には、ページへの書き込み権限を示すフィールドがあるのですが、このとき、親も子も、全ページの書き込み権限を無効化します（図05-01）。

図05-01 fork()関数発行直後の状態

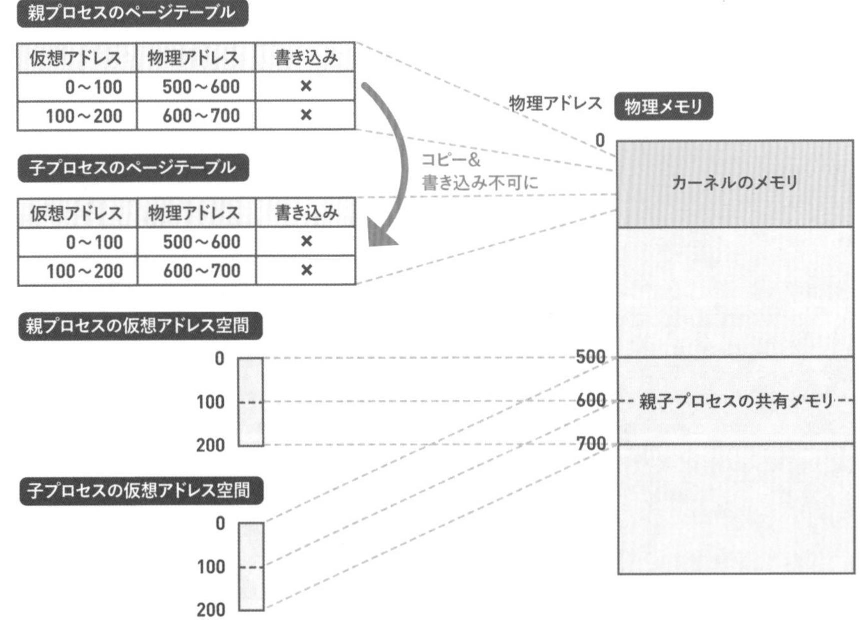

この後にメモリを読むと、親子ともに共有された物理ページにアクセスできます。一方、

親子のいずれかがデータを更新しようとすると、ページの共有を解除して、それぞれのプロセスは専用のページを持つことになります。子プロセスがページのデータを更新したとすると、次のようになります（図05-02）。

❶ 書き込み権限がないので、CPU上でページフォールトが発生。
❷ CPUがカーネルモードに遷移して、カーネルのページフォールトハンドラが動き出す。
❸ ページフォールトハンドラは、アクセスされたページを別の物理メモリ上にコピーする。
❹ 親子プロセス共に、子プロセスが変更しようとしたページに対応するページテーブルエントリを書き換える。親プロセスのエントリは、書き込み権限を有効化する。子プロセスのエントリは、処理❸のコピー先の領域を参照する。

図05-02 コピーオンライト処理

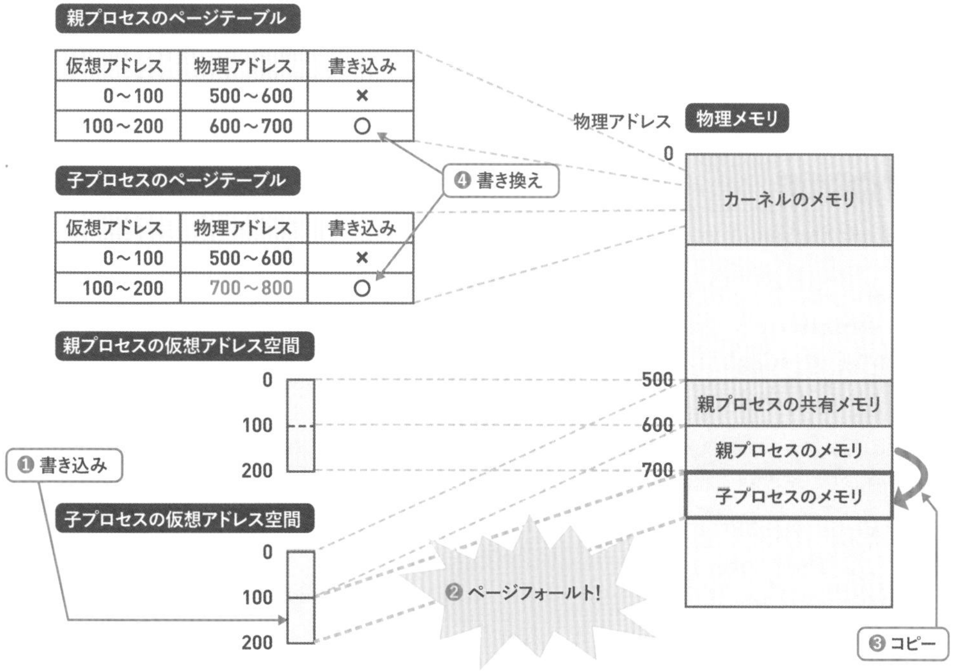
親プロセスのページテーブル
仮想アドレス
物理アドレス
書き込み
0～100
500～600
×
100～200
600～700
○
子プロセスのページテーブル
仮想アドレス
物理アドレス
書き込み
0～100
500～600
×
100～200
700～800
○
❹ 書き換え
物理アドレス
物理メモリ
0
カーネルのメモリ
500
親プロセスの共有メモリ
600
親プロセスのメモリ
700
子プロセスのメモリ
親プロセスの仮想アドレス空間
0
100
200
❶ 書き込み
子プロセスの仮想アドレス空間
0
100
200
❷ ページフォールト!
❸ コピー

fork()関数の発行時ではなく、その後に発生する各ページへの初回書き込み時にデータをコピーするため、この仕組みを「コピーオンライト」と呼びます。英語表記の「Copy on Write」の頭文字をとって「CoW」とも呼ばれます。

コピーオンライトのおかげで、プロセスがfork()関数を発行する時にメモリをフルコピーしなくて済むため、fork()関数が高速化できますし、かつ、メモリ使用量を減らせます。また、プロセスが生成された後も、それぞれのメモリが全メモリにwriteするということは極めて稀なので、システム全体のメモリ使用量も減らせます。

この後、ページフォールトから復帰した子プロセスは、データを書き換えます。その後の同じページへのアクセスは、親子共に専用のメモリが割り当てられているので、ページフォールトが発生することなく書き換えられます。

コピーオンライトが発生する様子を、以下のような処理をするcow.pyプログラム（リスト05-01）によって確認してみましょう。

❶ 100MiBのメモリ領域を獲得して、すべてのページにデータを書き込む。
❷ システム全体の物理メモリ使用量に加えて、プロセスの物理メモリ使用量、メジャーフォールトの回数、およびマイナーフォールトの回数を出力[*1]。
❸ fork()関数を発行する。
❹ 子プロセスの終了を待つ。子プロセスは以下のような動作をする。
　(1) 子プロセスについて❷と同じ情報を出力。
　(2) ❶において獲得した領域のすべてのページにアクセス。
　(3) 子プロセスについて❷と同じ情報を出力。

リスト05-01 cow.py

```
#!/usr/bin/python3

import os
import subprocess
import sys
import mmap

ALLOC_SIZE = 100 * 1024 * 1024
PAGE_SIZE  = 4096

def access(data):
    for i in range(0, ALLOC_SIZE, PAGE_SIZE):
            data[i] = 0

def show_meminfo(msg, process):
    print(msg)
    print("freeコマンドの実行結果:")
    subprocess.run("free")
    print("{}のメモリ関連情報".format(process))
    subprocess.run(["ps", "-orss,maj_flt,min_flt", str(os.getpid())])
    print()
```

＊1　メジャーフォールト、マイナーフォールトについては第8章で説明します。

```
data = mmap.mmap(-1, ALLOC_SIZE, flags=mmap.MAP_PRIVATE)
access(data)
show_meminfo("*** 子プロセス生成前 ***", "親プロセス")

pid = os.fork()
if pid < 0:
    print("fork()に失敗しました", file=os.stderr)
elif pid == 0:
    show_meminfo("*** 子プロセス生成直後 ***", "子プロセス")
    access(data)
    show_meminfo("*** 子プロセスによるメモリアクセス後 ***", "子プロセス")
    sys.exit(0)

os.wait()
```

確認項目は次の通りです。

- fork()関数の実行後、書き込みが行われるまで、メモリ領域は、親プロセスと子プロセスとで共有されている。
- メモリ領域への書き込み後は、システムのメモリ使用量が100MiB増える。かつ、ページフォールトが発生する。

では実行してみましょう。

```
$ ./cow.py
*** 子プロセス生成前 ***
freeコマンドの実行結果:
              total        used        free      shared  buff/cache   available
Mem:       15359352      562592     9227052        1552     5569708    14466180
Swap:             0           0           0
親プロセスのメモリ関連情報
  RSS  MAJFL  MINFL
112532     0  27097
*** 子プロセス生成直後 ***
freeコマンドの実行結果:
              total        used        free      shared  buff/cache   available
Mem:       15359352      563460     9226184        1552     5569708    14465312
Swap:             0           0           0
子プロセスのメモリ関連情報
  RSS  MAJFL  MINFL
110048     0    627
*** 子プロセスによるメモリアクセス後 ***
freeコマンドの実行結果:
              total        used        free      shared  buff/cache   available
Mem:       15359352      666204     9123440        1552     5569708    14362568
Swap:             0           0           0
```

```
子プロセスのメモリ関連情報
  RSS  MAJFL  MINFL
110128      0  26667
```

この結果から、次のようなことが分かります。

- 子プロセス生成前から生成直後では、システム全体のメモリ使用量は1MiB弱ほどしか増えていない[*2]。
- 子プロセスによるメモリアクセス後に、システムのメモリ使用量が約100MiB増える。

見かけ上は、親子プロセス共に独立したデータを持っているように見えるのに、裏側では最初の書き込みまではメモリを節約できているというわけです。まるで魔法のようですね。

もうひとつ重要な点として、子プロセスのRSSフィールドの値が、生成直後とメモリアクセス後で、あまり変わっていないことです。

実は、RSSの値は、プロセスが物理メモリを他のプロセスと共有しているか否かは気にしないのです。単に各プロセスのページテーブルの中で、物理メモリが割り当てられているメモリ領域の合計をRSSとして報告します。従って、親プロセスと共有しているページに書き込んでコピーオンライトが発生しても、ページに割り当てられる物理メモリが変わるだけで、物理メモリが未割当状態から割り当て済状態になるわけではないので、RSSの量は変わりません。

このような事情によって、psコマンドによって得られる全プロセスのRSSの値を合計すると、全物理メモリ量を超えることもあります。

execve()関数の高速化:デマンドページング再び

第4章で説明したデマンドページングは、プロセスに新規メモリ領域を割り当てたときだけでなく、execve()関数発行直後にも当てはまります。execve()関数発行直後は、プロセス用の物理メモリはまだ割り当てられていません(図05-03)。

*2 これはページテーブルのコピーなどによります。

図05-03 execve()関数発行直後

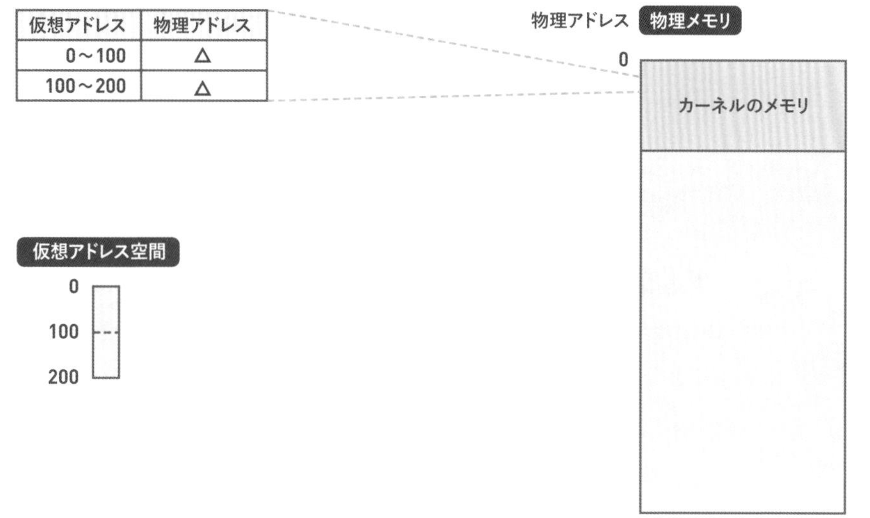

この後に、プログラムがエントリポイントから実行を開始する際に、エントリポイントに対応するページが存在しないため、ページフォールトが発生します(図05-04)。

図05-04 エントリポイントへのアクセス時のページフォールト

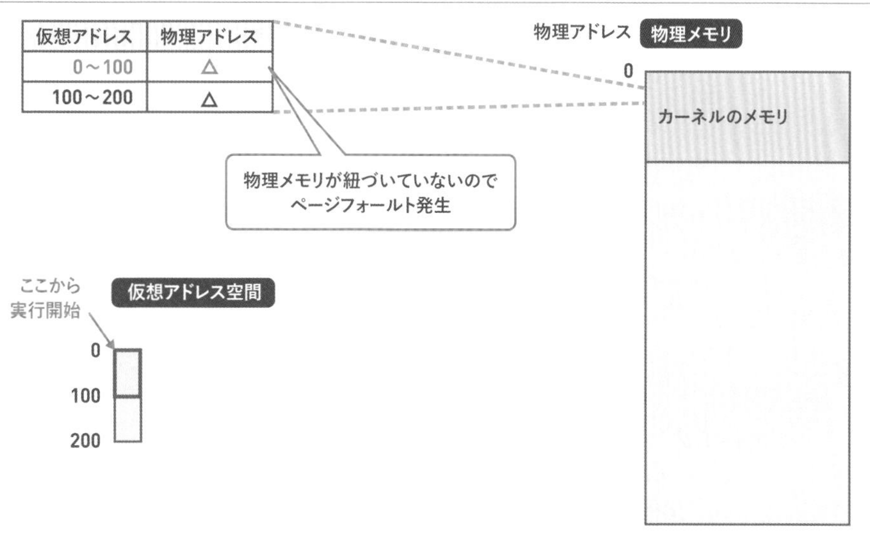

その結果、プロセスに物理メモリが割り当てられます(図05-05)。

図05-05 エントリポイントを含むページへの物理メモリを割り当て

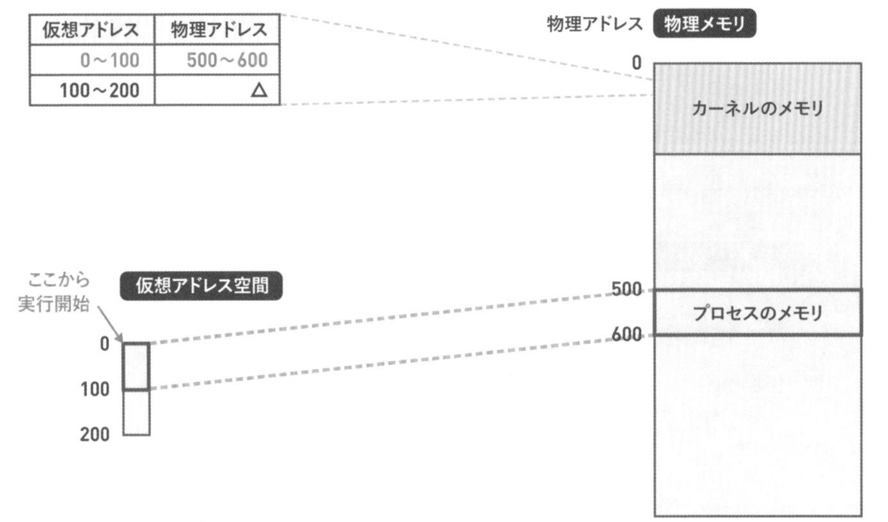

この後、別のページにアクセスするごとに、それぞれ上記と同じ流れで物理メモリが割り当てられていきます（図05-06）。

図05-06 さらなるメモリアクセス

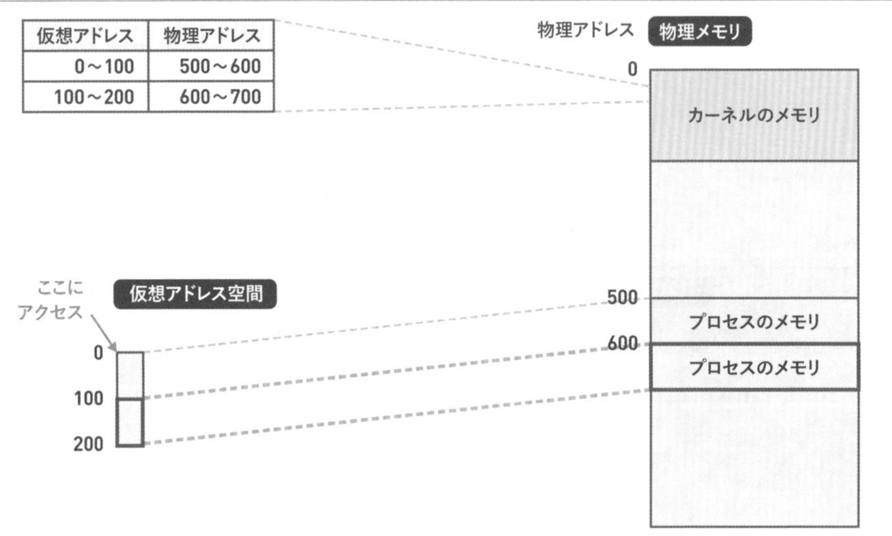

プロセス間通信

複数のプログラムを協調動作させるときには、各プロセスがデータを共有したり、あるいはお互いの処理のタイミングを合わせる（同期させる）必要があります。このためにOSが提供する機能のことを「プロセス間通信」と呼びます。

Linuxは、目的別にたくさんのプロセス間通信の手段を提供していますが、そのすべてを紹介するのは現実的ではないため、本節では分かりやすいものをいくつか紹介します。

共有メモリ

次のような処理をするプログラムを考えてみましょう。

❶ 1000という整数データを作ってデータの値を出力する。
❷ 子プロセスを作る。
❸ 親プロセスは、子プロセスの終了を待つ。子プロセスは❶で作ったデータの値を2倍にしてから終了する。
❹ 親プロセスは、データの値を出力する。

これを素直に実装したnon-shared-memory.pyプログラム（リスト05-02）を実行してみましょう。

リスト05-02 non-shared-memory.py

```
#!/usr/bin/python3

import os
import sys

data = 1000

print("子プロセス生成前のデータの値: {}".format(data))
pid = os.fork()
if pid < 0:
    print("fork()に失敗しました", file=os.stderr)
elif pid == 0:
    data *= 2
    sys.exit(0)

os.wait()
print("子プロセス終了後のデータの値: {}".format(data))
```

```
$ ./non-shared-memory.py
子プロセス生成前のデータの値: 1000
子プロセス終了後のデータの値: 1000
```

うまくいきませんでした。なぜかというとfork()関数発行後の親子プロセスはデータを共有しておらず、片方のデータを更新しても、もう片方のプロセスのデータには影響しないからです。コピーオンライト機能によって、fork()関数発行直後は物理メモリを共有しているのですが、write時には別の物理メモリが割り当てられます。

共有メモリという方法を使えば、複数のプロセスに同じメモリ領域をマップすることができます（図05-07）。ここでは、mmap()システムコールを使った共有メモリについて扱います。

図05-07 共有メモリ

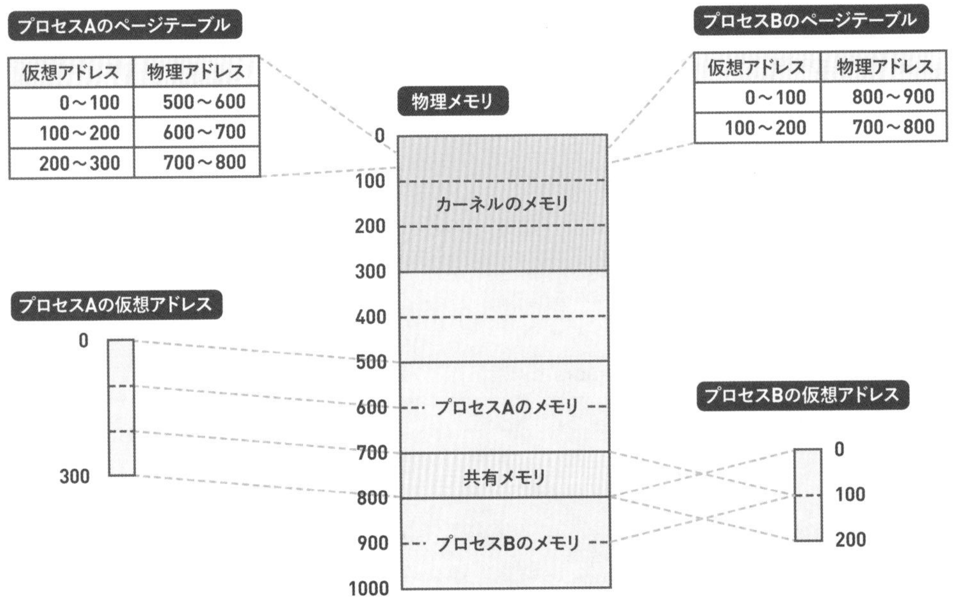

本節で作ろうとしたものを共有メモリによって実現するのが、以下のような動きをするshared-memory.pyプログラム（リスト05-03）です。

❶ 1000という整数データを作ってデータの値を出力する。

❷ 共有メモリ領域を作って、❶のデータの値を領域先頭に格納する。

❸ 子プロセスを作る。

❹ 親プロセスは、子プロセスの終了を待つ。子プロセスは❷で作ったデータの値を読み

出して２倍してから共有メモリ領域に再び書き戻す。その後、子プロセスは終了する。
❺ 親プロセスはデータの値を出力する。

リスト05-03 shared-memory.py

```
#!/usr/bin/python3

import os
import sys
import mmap
from sys import byteorder

PAGE_SIZE = 4096

data = 1000
print("子プロセス生成前のデータの値: {}".format(data))
shared_memory = mmap.mmap(-1, PAGE_SIZE, flags=mmap.MAP_SHARED)

shared_memory[0:8] = data.to_bytes(8, byteorder)

pid = os.fork()
if pid < 0:
    print("fork()に失敗しました", file=os.stderr)
elif pid == 0:
    data = int.from_bytes(shared_memory[0:8], byteorder)
    data *= 2
    shared_memory[0:8] = data.to_bytes(8, byteorder)
    sys.exit(0)

os.wait()
data = int.from_bytes(shared_memory[0:8], byteorder)
print("子プロセス終了後のデータの値: {}".format(data))
```

```
$ ./shared-memory.py
子プロセス生成前のデータの値: 1000
子プロセス終了後のデータの値: 2000
```

今度はうまくいきました。

シグナル

第２章において説明したシグナルも、プロセス間通信の１つです。第２章においてはSIGINTやSIGTERM、SIGKILLのような用途が決まっているものを紹介しました。

その一方で、POSIXではSIGUSR1とSIGUSR2という、プログラマが自由に用途を決めていいシグナルがあります。これらのシグナルを使って、２つのプロセスが互いにシグナルを送り合って進捗を確認しながら処理を進める、といったことができるようになります。ただしシグナルは非常に原始的な仕組みであり、送信先に「シグナルが届いた」という情報しか送れず、データの受け渡しには別の方法を使わなければいけないなど制約が多いです。このため、シグナルであまり凝ったことはしません。

余談というか雑談レベルの話なのですが、ddコマンドには、SIGUSR1を送ると進捗状況を表示するというマニアックな機能があります。

```
$ dd if=/dev/zero of=test bs=1 count=1G &
[1] 2992194
$ DDPID=$!
$ kill -SIGUSR1 $DDPID
8067496+0 records in
8067496+0 records out
$ 8067496 bytes (8.1 MB, 7.7 MiB) copied, 15.3716 s, 525 kB/s
kill -SIGUSR1 $DDPID
9231512+0 records in
9231511+0 records out
9231511 bytes (9.2 MB, 8.8 MiB) copied, 18.2359 s, 506 kB/s
$ kill $DDPID
```

パイプ

複数のプロセスは、パイプと呼ばれるものを介して通信することができます。パイプのもっとも身近な使用例は、bashなどのシェルにおいて|という文字で複数のプログラムをつなぐことでしょう。

例えば、bashにおいてfreeコマンドの実行結果からtotalの値だけを抜き出したいときは、`free | awk '(NR==2){print $2}'`というコマンドを実行します。こうするとbashは、freeとawkをパイプでつないで、freeコマンドの出力をawkコマンドの入力として与えます。

単にfreeコマンドを実行した場合は以下のような出力になります（第4章より抜粋）。

```
$ free
              total        used        free      shared  buff/cache   available
Mem:       15359352      448804     9627684        1552     5282864    14579968
Swap:             0           0           0
```

totalの値は、最初の行を1行目とすると、2行目の第2フィールドにあります。パイプでつないだawkコマンドのスクリプト部分（`'(NR==2){print $2}'`）は、まさにこのフィールドの値だけ出力してくれるのです。

```
$ free | awk '(NR==2){print $2}'
15359352
```

パイプは他にも双方向通信ができたり、ファイルを介してプロセスをつないだりといったさまざまなことができます。

ソケット

Linuxでは、複数のプロセスを「ソケット」と呼ばれるもので繋いで通信することができます。ソケットは非常に広く使われていて、かつ、重要なのですが、本書の中で短くエッセンスを紹介するのが不可能なので、ごくごく短い紹介にとどめます。

ソケットには大きく分けて２つあります。１つ目はUNIXドメインソケットです。このソケットは１つのマシン上のプロセスのみを通信させる方法です。２つ目は、TCPソケット、UDPソケットです。こちらはインターネットプロトコルスイートあるいはTCP/IPと呼ばれるプロトコル（規約）に従って、複数のプロセスを通信させます。UNIXドメインソケットに比べると一般に低速ですが、別マシン上のプロセスとも通信できるのが大きな利点です。これらのソケットはインターネットにおいて広く使われています。

排他制御

システムに存在するリソースには、同時にアクセスしてはいけないものが多々あります。身近な例を挙げると、Ubuntuのパッケージ管理システムのデータベースがあります。このデータベースは、aptコマンドによって更新されるのですが、同時に２つ以上のaptが動作できたとすると、データベースが破壊されてシステムが危機的状況に陥ります。このような問題を避けるために、あるリソースに同時に１つの処理しかアクセスできなくする排他制御という仕組みがあります。

排他制御は直感的ではなく非常に理解が難しいのですが、ここでは比較的理解が簡単なファイルロックという仕組みを使って説明します。説明には、あるファイルの中身を読み出して、その中に書いてある数字に１を加えて終了するinc.shという単純なプログラム（リスト05-04）を使います。

初期状態として、countというファイルがあって、その中には0が書き込まれているものとします。

リスト05-04 inc.sh

```
#!/bin/bash

TMP=$(cat count)
echo $((TMP + 1)) >count
```

```
$ cat count
0
```

この状態でinc.shプログラムを呼び出した後に、countファイルの中身を確認してみましょう。

```
$ ./inc.sh
$ cat count
1
```

当たり前といえば当たり前なのですが、countファイルの中身は0から1つ増えて、1になりました。ではcountファイルの中身をもう一度0に戻してからinc.shプログラムを1000回実行してみます。

```
$ echo 0 > count
$ for ((i=0;i<1000;i++)) ; do ./inc.sh ; done
$ cat count
1000
```

期待通り、countファイルの中身は1000になりました。

ここからが本題です。inc.shプログラムを`./inc.sh &`のように並列実行するとどうなるか、試してみましょう。

```
$ echo 0 > count
$ for ((i=0;i<1000;i++)) ; do ./inc.sh & done; wait
...
$ cat count
18
```

期待値は1000なのですが、結果は全然違って18になってしまいました[*3]。これは複数のinc.shプログラムが並列実行しているために、次のようなことが起こり得るからです。

❶ inc.shプログラムAが、countファイルから0を読み出す。

❷ inc.shプログラムBが、countファイルから0を読み出す。

＊3　この結果は実行するたびに異なる値になる可能性があり、かつ、環境によっても実行結果が変わります。

❸ inc.shプログラムAが、countファイルに1を書き込む。
❹ inc.shプログラムBが、countファイルに1を書き込む。

これは単なる実験プログラムなのでびっくりするだけでいいのですが、これと同じ問題が銀行のシステムの皆さんの預金額を扱う処理で発生したらと思うと背筋が冷えますね。

このような問題を避けるために、countの値を読み出して1を足して、その値をcountファイルにまた書き戻すという一連の処理を、同時に1つのinc.shプログラムからしか実行できないようにする必要があります。これを実現するのが排他制御です。

ここで用語を2つ定義しておきます。

- クリティカルセクション：同時に実行されると困る一連の処理のこと。inc.shプログラムの場合は「countの値を読み出して1を足して、その値をcountファイルにまた書き戻す」処理が該当。
- アトミック処理：システムの外から見て1つの処理に見える一連の処理のこと。例えば、inc.shプログラムのクリティカルセクションがアトミック処理になっていると、❶と❸の間❷は割り込めない。

inc.shプログラムにおいて排他制御を実現するために、lockというファイルの存在有無によって、すでにいずれかの処理がクリティカルセクションに入っているか否かを表現してみるとどうでしょうか。これを実装したのがinc-wrong-lock.shプログラム（リスト05-05）です。

リスト05-05 inc-wrong-lock.sh

```
#!/bin/bash

while : ; do
  if [ ! -e lock ] ; then
    break
  fi
done
touch lock
TMP=$(cat count)
echo $((TMP + 1)) >count
rm -f lock
```

見ての通り、もともとinc.shプログラムでやっていた処理の前にlockファイルの有無を確認しています。それが存在していない場合のみlockファイルを作ってクリティカルセクションに入り、処理が終わったらlockファイルを消して終了します。なんとなくうまくいきそうに見えますね。では実行してみます。

```
$ echo 0 >count
$ rm lock
$ for ((i=0;i<1000;i++)) ; do ./inc-wrong-lock.sh & done; for ((i=0;i<1000;i++)); do wait; done
...
$ cat count
14
```

プログラムの名前からなんとなく想像されていたと思いますが、全然だめでした。なぜでしょうか。

inc-wrong-lock.shプログラムがうまく動作しなかった理由は、次のようなことが起きうるからです。

❶ inc-wrong-lock.shプログラムAが、lockファイルがないことを確認して先に進む。
❷ inc-wrong-lock.shプログラムBが、lockファイルがないことを確認して先に進む。
❸ inc-wrong-lock.shプログラムAが、countファイルから0を読み出す。
❹ inc-wrong-lock.shプログラムBが、countファイルから0を読み出す。
❺ 以下、inc.shプログラムと同様。

この問題を避けるためには、lockファイルの存在を確認して、存在しなかった場合はファイルを作って先に進むという一連の処理をアトミック処理にする必要があります。なんだか堂々巡りをしているようですが、まさにこれと同じようなことを実現するのがファイルロックです。

ファイルロックはflock()やfcntl()といったシステムコールを使って、あるファイルについてロック／アンロックという状態を変更します。具体的には以下の処理をアトミックに実行します。

❶ ファイルがロックされているかどうかを確認する。
❷ ロックされていればシステムコールを失敗させる。
❸ ロックされていなければロックしてシステムコールを成功させる。

ここではシステムコールの使い方については説明しませんが、気になる方は`man 2 flock`を見たり、`man 2 fcntl`のF_SETLK、F_GETLKの説明を見たりしてください。

ファイルロックの仕組みはflockというコマンドによって、シェルスクリプトからも使えるようになっています。使い方は簡単で、以下inc-lock.shプログラム（リスト05-06）のように、第1引数に指定したファイルをロックした状態で、第2引数に指定したプログラムを実行してくれます。

リスト05-06 inc-lock.sh

```
#!/bin/bash

flock lock ./inc.sh
```

ではinc-lock.shプログラムを並列に1000個実行してみましょう。

```
$ echo 0 >count
$ touch lock
$ for ((i=0;i<1000;i++)) do ./inc-lock.sh & done; for ((i=0;i<1000;i++)); do wait; done
...
$ cat count
1000
$
```

ついにうまくいきました。

排他制御は前述の通り非常に複雑なのですが、本節の内容を繰り返し読んだり、ご自身で実行の流れを書いてみたりすれば、そのうち理解できるようになるはずです。どうにもならないと思ったら、いったんこの節の存在を忘れて、リフレッシュしてからまた読み直してください。分からないところを飛ばすのは別に悪いことではありません。

排他制御の堂々巡り

排他制御の節において、排他制御の仕組みを実現する方法の1つにファイルロックがある話をしました。ではファイルロックはどのように実装されているのでしょうか。実はこれは、通常C言語のような高級言語のレベルではなく、機械語のレイヤで実現します。

ロックを実装するために、リスト05-07のような仮想的なアセンブリ言語の命令列を書いたとします。

リスト05-07 ロックの実装（仮想的なアセンブリ言語による）

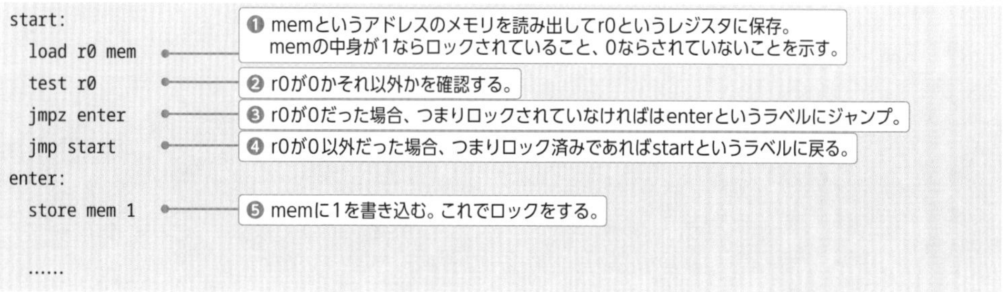

```
<クリティカルセクション>
……

store mem 0
```

❻ memに0を書き込んでアンロック。

ここまでやれば大丈夫かというとそうではありません。2つの処理が❶を同時に実行した場合、どちらの処理もクリティカルセクションに入っていいと判断してしまいます。このようなことが発生する理由は、❶～❺の処理がアトミックになっていないからです。

この問題を解決するために、多くのCPUアーキテクチャにおいて、❶～❺に相当する処理をアトミックに実行する命令が用意されています。興味のある方は「compare and exchange」「compare and swap」などのキーワードで検索してみてください。

高級言語のレベルで排他制御を実現する方法もありますが、上述のCPUの命令よりも時間がかかる、メモリをより多く消費するなどの問題があります。興味のある方は「ピーターソンのアルゴリズム」で検索してみてください。

マルチプロセスとマルチスレッド

第1章において述べたCPUのマルチコア化の流れによって、プログラムの並列動作の重要性が高まっています。プログラムを並列動作させる方法は2つあります。1つはまったく別のことをする複数のプログラムを同時に動かすこと。もう1つは、ある目的を持った1つのプログラムを複数の流れに分割して実行することです。

本記事では「ある目的を持った1つのプログラムを複数の流れに分割して実行する」方法について述べます。この方法には大きく分けてマルチプロセスとマルチスレッドの2種類があります。

マルチプロセスはすでに説明した`fork()`関数や`execve()`関数を使って必要なだけプロセスを生成して、その後にそれぞれがプロセス間通信機能によってやりとりしながら処理します。その一方でマルチスレッドはプロセス内に複数の流れを作ります(図05-08)。

図05-08 プロセスとスレッドの生成

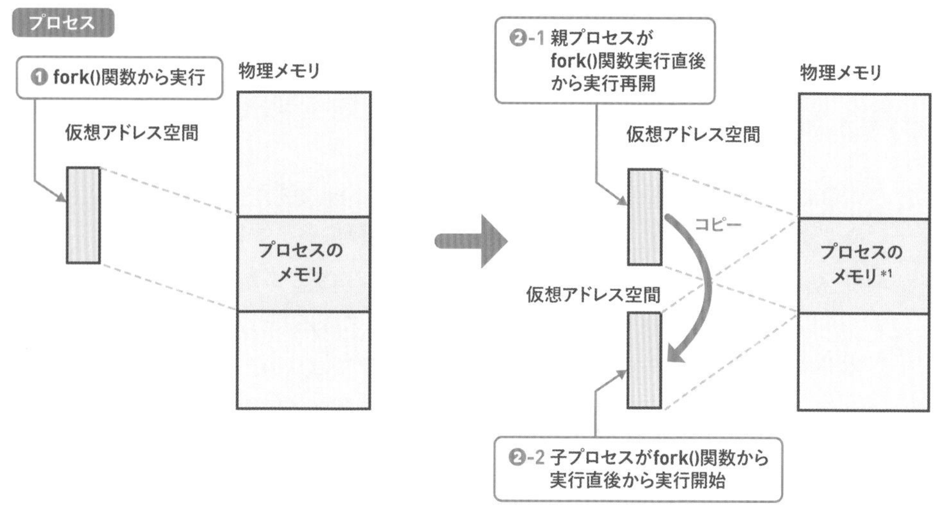

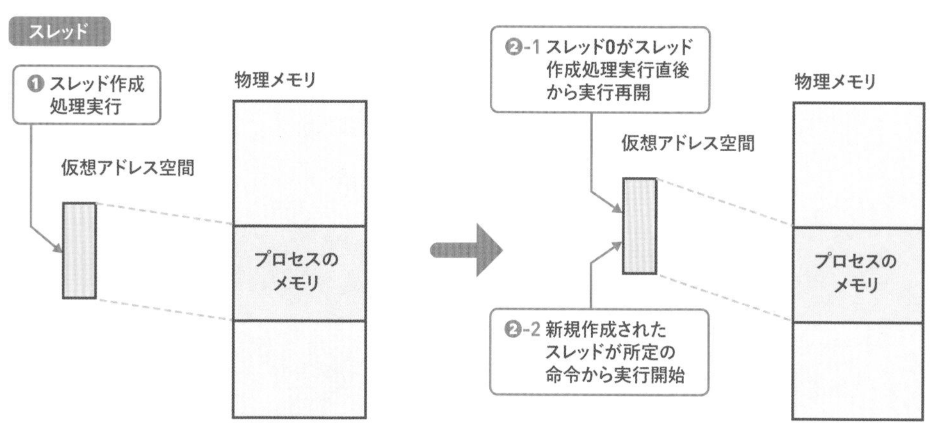

1つのスレッドしか持たないプログラムをシングルスレッドプログラム、2つ以上のスレッドを持つプログラムをマルチスレッドプログラムと呼びます。

スレッド機能を提供する方法は多々あります。例えばPOSIXは「POSIXスレッド」というスレッド操作用のAPIを提供しています。Linuxでもlibcなどを介してPOSIXスレッドを扱えます。

あるプログラムを複数の流れで実現する場合、マルチプロセスと比較してマルチスレッドは次のような長所があります。

- ページテーブルのコピーが不要なため、生成時間が短い。

- さまざまなリソースを同じプロセス内の全スレッド間で共有するため、メモリをはじめとしたリソース消費量が少ない。
- 全スレッド間でメモリを共有するため、見かけ上の協調動作がしやすい。

その一方で次のような短所もあります。

- 1つのスレッドの障害が全スレッドに影響する。例えば1つのスレッドが不正なアドレスを参照して異常終了すると、プロセス全体が異常終了する。
- 各スレッドが呼び出す処理が、マルチスレッドプログラムから呼び出してよい（スレッドセーフ）かどうかを熟知しておく必要がある。例えば内部的にグローバル変数を排他制御なしにアクセスしている処理は、スレッドセーフではない。この場合は、同時に1つのスレッドからしか当該処理を呼ばないようにプログラマが制御しなければならない。

マルチスレッドプログラムを期待通りに作るのは大変なので、マルチスレッド化の恩恵を受けながら、プログラミングを簡単にするさまざまな方法が存在します。例えばGo言語においては`goroutine`[*4]という言語組み込み機能によってスレッドの扱いを簡単にしています。

＊4　https://go.dev/ref/spec#Go_statements

カーネルスレッドとユーザスレッド

Column 

スレッドの実現方法は、カーネル空間で実現するカーネルスレッドと、ユーザ空間で実現するユーザスレッドの2種類に大別できます[*a]。

まずはカーネルスレッドについて説明します。前置きをしておくと、あるプロセスが生成されたときは、カーネルは1つのカーネルスレッドを作ります。第3章においてプロセスのスケジューリングの話をしてきましたが、スケジューラによるスケジューリング対象になるのはプロセスそのものではなく、このカーネルスレッドです。

このプロセスからclone()システムコールを呼び出すと、カーネルは新規に生成するスレッドに対応する別のカーネルスレッドを作ります。このとき、プロセスの中のそれぞれのスレッドは、同時に別の論理CPU上で動かせます。

面白いことに、Linuxではプロセスを作成するとき、つまりfork()関数を呼び出すときも、スレッドを作成するときも、どちらもclone()システムコールを使います。

clone()システムコールは、生成元のカーネルスレッドと新規生成するカーネルスレッドの間で、どのようなリソースを共有するかを決められるようになっています。プロセス生成（fork()関数呼び出し）においては仮想アドレス空間を共有せず、スレッド生成においては仮想アドレス空間を共有します。

カーネルスレッドはps -eLFコマンドなどで一覧を見られます。

```
$ ps -eLF
UID          PID    PPID     LWP  C NLWP    SZ   RSS PSR STIME TTY          TIME
CMD
...
root         629       1     629  0    1  2092  5108   2  1月03 ?       00:00:00 /
usr/lib/bluetooth/bluetoothd
root         630       1     630  0    1  2668  3336   4  1月03 ?       00:00:00 /
usr/sbin/cron -f
message+     633       1     633  0    1  2216  5452   7  1月03 ?       00:00:00 /
usr/bin/dbus-daemon --system --address=systemd: --nofork --nopidfile --systemd-
activation --syslog-only
...
root         634       1     634  0    3 65835 20132   0  1月03 ?       00:00:00 /
usr/sbin/NetworkManager --no-daemon
root         634       1     690  0    3 65835 20132   3  1月03 ?       00:00:03 /
usr/sbin/NetworkManager --no-daemon
root         634       1     719  0    3 65835 20132   3  1月03 ?       00:00:00 /
usr/sbin/NetworkManager --no-daemon
root         638       1     638  0    2 20491  3628   2  1月03 ?       00:00:17 /
usr/sbin/irqbalance --foreground
...
```

＊a　両者のハイブリッドというややこしいものもありますが、本書では扱いません。

各フィールドのうち、初出のものを説明します。LWPはカーネルスレッドに振られたIDです。プロセス生成時にできたLWPのIDは、PIDと等しくなります。

上記の例では、PID=630のcronプログラムはシングルスレッドプログラムだと分かります。これに対してPID=634のNetworkManagerは、3つのカーネルスレッド（IDはそれぞれ634、690、719）を持つことが分かります。

clone()システムコールを使わず、ユーザ空間プログラム、典型的にはスレッドライブラリにおいて実現するのがユーザスレッドです。

次にどのような命令を実行するかといった情報は、スレッドライブラリの中に保存しています。あるスレッドがI/O発行などによって何らかの待ち状態が発生するときなどにスレッドライブラリが動作して、別スレッドに実行を切り替えます。プロセスの中にいくつユーザスレッドがあろうとも、カーネルから見ると1つのカーネルスレッドにしか見えないので、すべてのユーザスレッドは同じ論理CPU上でのみ実行できます。

カーネルスレッドとユーザスレッドの違いを、物理メモリ上のレイアウトという観点で見てみましょう。プロセスAがスレッド0とスレッド1という2つのスレッドを持つ場合は図05-09のようになります。

図05-09 カーネルスレッドとユーザスレッドの違い（物理メモリレイアウト）

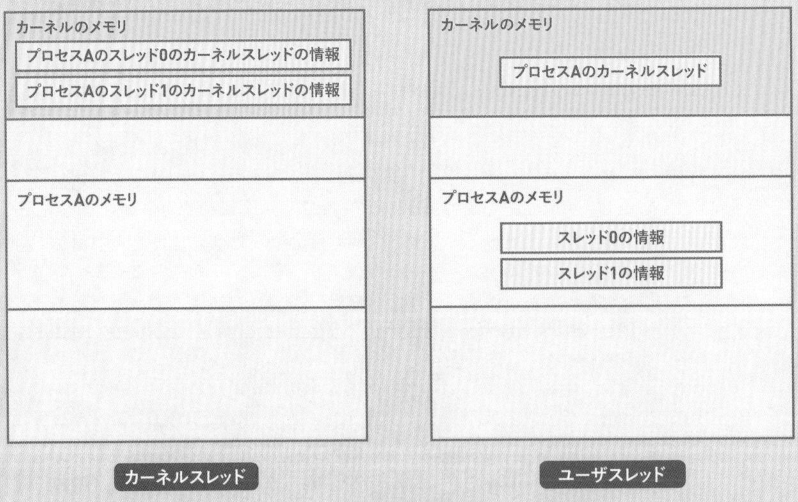

スレッドの情報は、カーネルスレッドの場合はカーネルが管理していること、ユーザスレッドの場合はプロセスが管理していることが分かります。

カーネルスレッドとユーザスレッドの違いを、プロセススケジューリングの観点でも見てみましょう。ある論理CPU上に実行可能状態のプロセスAが存在しており、かつ、同じ論理CPU上でシングルスレッドのプロセスBも実行可能状態になっている場合は

図05-10のようになります。

図05-10 カーネルスレッドとユーザスレッドの違い（プロセススケジューリング）

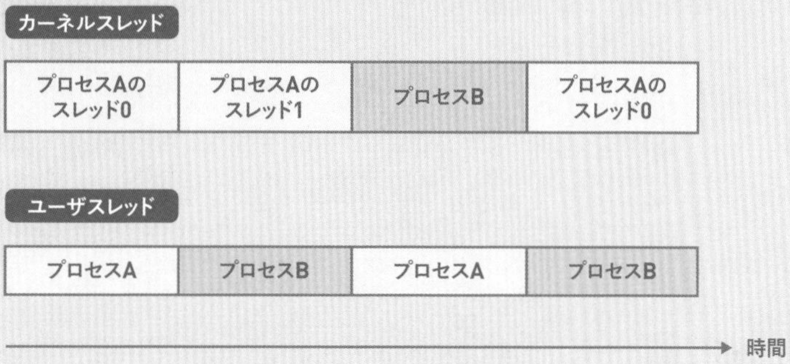

カーネルスレッド

プロセスAのスレッド0	プロセスAのスレッド1	プロセスB	プロセスAのスレッド0

ユーザスレッド

プロセスA	プロセスB	プロセスA	プロセスB

→ 時間

カーネルスレッドの場合は、プロセスAのスレッド0とスレッド1はプロセスBとまったく同様に扱われて、順番にCPUを使います。その一方でユーザスレッドの場合は、カーネルのスケジューリングという観点ではカーネルからはプロセスA内のスレッド0とスレッド1は区別できません。従って、プロセスAとBが順番にCPUを使います。プロセスAにCPUが回ってきたときに、どのようにスレッド0とスレッド1にCPUリソースを与えるかは、スレッドライブラリの責任です。

カーネルスレッドは、論理CPUが複数個あれば同時実行できるという強味がありますが、生成コスト、および、複数スレッド間の実行切り替えコストはユーザスレッドのほうが低いです。参考までに言うと、goroutineはユーザスレッドによって実現しています。

プロセスではなく、Linuxカーネルが自分自身でカーネルスレッドを作ることがあります。カーネルが作るカーネルスレッドは`ps aux`の実行結果で見えるようになっています。具体的には`[kthreadd]`や`[rcu_gp]`などのように、`COMMAND`フィールドの文字列が`[]`で囲まれているものが該当します。

カーネルが作るカーネルスレッドのツリー構造は、プロセスとは異なり`kthreadd`が根になります。Linuxカーネルは、実行を開始してから初期の段階で`PID=2`の`kthreadd`を起動して、その後、必要に応じて`kthreadd`が子カーネルスレッドを起動するようになっています。`kthreadd`と各種カーネルスレッドの関係は、`init`とシステムの他の全プロセスとの関係に似ています。

各カーネルスレッドがどういう役割を果たすかについては本書の範囲から外れるため割愛します。

第6章

デバイスアクセス

本章ではプロセスがデバイスにアクセスする方法について述べます。

第1章において述べたように、プロセスはデバイスに直接アクセスできません。理由は第1章の「カーネル」節で述べたように、以下の通りです。

- 複数のプログラムが同時にデバイスを操作すると、予期せぬ動作を引き起こしてしまう。
- 本来アクセスしてはいけないデータを破壊したり盗み見たりできてしまう。

その代わりに、カーネルにデバイスへのアクセスを代行してもらいます。具体的には以下のようなインターフェースを使います。

- デバイスファイルという特殊なファイルを操作する。
- ブロックデバイスのデバイス上に構築したファイルシステムを操作する。ファイルシステムについては第7章を参照。
- ネットワークインターフェースカード（NIC）[*1]は、速度などの問題でデバイスファイルを使わずに、ソケットという仕組みを使う。本書はネットワークについては扱わないため、この方法については説明しない。

本章では上記のうち、デバイスファイルを介したアクセスについて述べます。

デバイスファイル

デバイスファイルは、デバイスごとに存在します。例えばストレージデバイスであれば/dev/sdaや/dev/sdbなどがデバイスファイルです[*2]。

Linuxでは、プロセスがデバイスファイルを操作すると、カーネルの中のデバイスドライバというソフトウェアが、ユーザの代わりにデバイスにアクセスします（デバイスドライバについては後述します）。デバイス0とデバイス1に、それぞれ/dev/AAA、/dev/BBBというデバイスファイルが存在する場合は、図06-01のようになります。

＊1　TCPソケットやUDPソケットを使って他のマシンとプロセス間通信するのに使う。

＊2　より正確に言うと、ストレージデバイスをパーティションに区切っている場合は/dev/sda1、/dev/sda2のように、パーティションごとにもデバイスファイルが存在します。

図06-01 デバイスファイルによるデバイスの操作

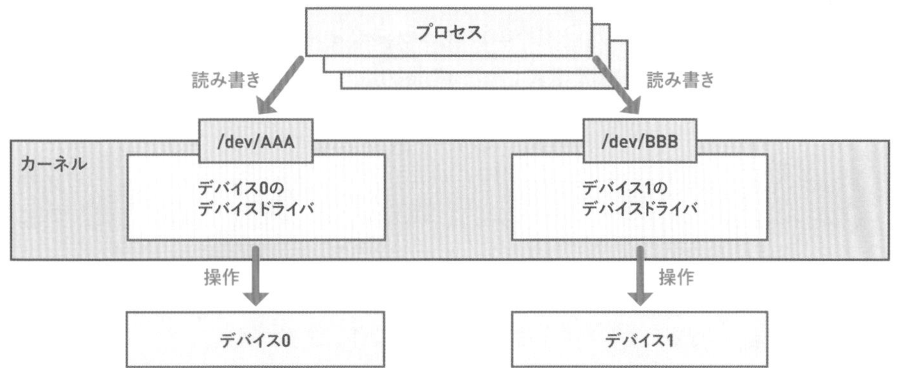

プロセスは、通常のファイルと同じようにデバイスファイルを操作できます。つまり`open()`や`read()`、`write()`などのシステムコールの発行によってそれぞれのデバイスにアクセスできます。デバイス固有の複雑な操作には、`ioctl()`というシステムコールを使います。デバイスファイルにアクセスできるのは、通常rootだけです。

デバイスファイルには、次のような情報が保存されています。

- ファイルの種類：キャラクタデバイスまたはブロックデバイス。それぞれの意味は後述。
- デバイスのメジャー番号、マイナー番号：メジャー番号とマイナー番号の組み合わせが同じであれば同じデバイスに対応しており、そうでなければ別のデバイスに対応していると覚えていればよい[*3]。

デバイスファイルは通常`/dev/`ディレクトリ以下に存在します。では`/dev/`ディレクトリ以下のデバイスファイルを列挙してみましょう。

```
$ ls -l /dev/
total 0
crw-rw-rw- 1 root tty       5,     0  3月  6 19:02 tty
...
brw-rw---- 1 root disk    259,     0  2月 27 09:39 nvme0n1
...
```

行頭の文字が「c」であればキャラクタデバイス、「b」であればブロックデバイスです。第5フィールドがメジャー番号、第6フィールドがマイナー番号です。`/dev/tty`はキャラクタデバイス、`/dev/nvme0n1`はブロックデバイスです。

*3　昔は、デバイスのメジャー番号はデバイスの種類を識別し、かつ、マイナー番号は同じ種類の複数のデバイスを識別するために使っていました。しかし現在はこの限りではありません。

キャラクタデバイス

キャラクタデバイスは、読み出しと書き込みはできますが、デバイス内でアクセスする場所を変更するシーク操作はできません。代表的なキャラクタデバイスには次のようなものがあります。

- 端末
- キーボード
- マウス

例えば端末のデバイスファイルは次のように操作します。

- `write()`システムコール：端末にデータを出力
- `read()`システムコール：端末からデータを入力

では端末デバイス用のデバイスファイルへのアクセスによって、端末デバイスを操作してみましょう。まずは現在のプロセスに対応する端末と、その端末に対応するデバイスファイルを探します。各プロセスに結び付けられている端末は`ps ax`の第2フィールドによって得られます。

```
$ ps ax | grep bash
 6417 pts/9    Ss     0:00 -bash
 6432 pts/9    S+     0:00 grep bash
$
```

この結果、手元のbashは`pts/9`という端末を使っていることが分かりました。`/dev/`以下の`pts/9`というファイルがこの端末に対応するデバイスファイルです。

このファイルに適当な文字列を書き込んでみましょう。

```
$ sudo su
# echo hello >/dev/pts/9
hello
#
```

端末デバイスに「hello」という文字列を書き込むと（正確には、デバイスファイルに`write()`システムコールを発行している）、端末上にこの文字列が出力されました。これは`echo hello`コマンドを実行した場合と同じ結果です。なぜかというと、echoコマンドは標準出力に「hello」を書き込んでいて、かつ、Linuxによって標準出力が端末に結び付けられているからです。

続いてシステムに存在する、現在操作中のもの**以外**の端末を操作してみましょう。まずは、先ほどの状態からもうひとつ端末を起動した後に`ps ax`コマンドを実行します。

```
$ ps ax | grep bash
 6417 pts/9    Ss+    0:00 -bash
 6648 pts/10   Ss     0:00 -bash
 6663 pts/10   S+     0:00 grep bash
$
```

2つ目の端末に対応するデバイスファイルの名前は/dev/pts/10だと分かりました。では、このファイルに文字列を書き込んでみましょう。

```
$ sudo su
# echo hello >/dev/pts/10
#
```

この後、2つ目の端末を見ると、この端末においては何もしていないのに、最初の端末からデバイスファイルに書き込んだ文字列が出力されていることが分かります。

```
$ hello
```

ブロックデバイス

ブロックデバイスは、ファイルの読み書き以外に、シークができます。代表的なブロックデバイスはHDDやSSDなどのストレージデバイスです。ブロックデバイスにデータを読み書きすることによって、通常のファイルのように、ストレージの所定の位置にあるデータにアクセスできます。

それではブロックデバイスファイルを介して、ブロックデバイスを操作してみましょう。第7章において説明するように、ユーザがブロックデバイスファイルを直接操作することは稀で、通常はファイルシステム経由でデータを読み書きします。しかし、この実験においては、ブロックデバイスファイル上に作成したext4ファイルシステムの内容を、ファイルシステムを介さずにブロックデバイスファイルの操作によって書き換えてしまいます。

まずは適当な空きパーティションを探します。空きパーティションがない場合は、後述のコラム「ループデバイス」で紹介するループデバイスを使ってください。この実験は、データが入ったパーティションに対して実行するとデータを破壊してしまうので、くれぐれもご注意ください。

続いて空きパーティション上にext4ファイルシステムを作ります。以下、/dev/sdc7が空きパーティションだとして話を進めます。

```
# mkfs.ext4 /dev/sdc7
...
#
```

作ったファイルシステムをマウントして、testfileという名前のファイルに「hello world」という文字列を書き込んでみましょう。

```
# mount /dev/sdc7 /mnt/
# echo "hello world" >/mnt/testfile
# ls /mnt/
lost+found  testfile  ←「lost+found」はext4の作成時に必ず作られるファイル
# cat /mnt/testfile
hello world
# umount /mnt
```

続いてデバイスファイルの中身を見ます。stringsコマンドを用いて、ファイルシステムのデータが入っている/dev/sdc7の中の文字列情報のみを抽出します。`strings -t x`コマンドにより、ファイル内の文字列データを1行に1つずつ、第1フィールドにファイルオフセット、第2フィールドに見つかった文字列という形式で表示できます。

```
# strings -t x /dev/sdc7
...
 f35020 lost+found
 f35034 testfile
...
803d000 hello world
10008020 lost+found
10008034 testfile
...
#
```

上記の出力から、/dev/sdc7の中に、次のような情報が確かに入っていることが分かりました。

- lost+foundディレクトリ、およびtestfileというファイル名
- 上記ファイルの内容である「hello world」という文字列

それぞれの文字列が2回出てくるのは、ext4においてはジャーナリングという機能によって、これらのデータを書き込む前にジャーナル領域という場所にも書き込むからです。ジャーナリングについては第7章において述べます。

今度はtestfileの中身を、ブロックデバイスから変更してみましょう。

```
$ echo "HELLO WORLD" >testfile-overwrite
# cat testfile-overwrite
HELLO WORLD
# dd if=testfile-overwrite of=/dev/sdc7 seek=$((0x803d000)) bs=1
                                        ←testfileの中身に相当する位置に「HELLO WORLD」という
文字列を書く
```

ファイルシステムを再度マウントして、testfileの中身を確かめてみましょう。

```
# mount /dev/sdc7 /mnt/
# ls /mnt/
lost+found  testfile
# cat /mnt/testfile
HELLO WORLD
#
```

期待通りtestfileの中身が変化していました。

ループデバイス

皆さんの環境で、前節の実験をしたくてもできない場合があります。例えば空いているデバイスやパーティションが無かったり、あるいはディスクの内容を破壊しかねない操作はしたくないなどの理由が考えられます。このような場合には、ループデバイスという機能が使えます。ループデバイスはファイルをデバイスファイルのように扱える機能です。

```
$ fallocate -l 1G loopdevice.img
$ sudo losetup -f loopdevice.img
$ losetup -l
NAME       SIZELIMIT OFFSET AUTOCLEAR RO BACK-FILE
DIO LOG-SEC
/dev/loop0         0      0         0  0 /home/sat/src/st-book-kernel-in-
practice/06-device-access/loopdevice.img   0     512
```

この操作によってloopdevice.imgファイルは/dev/loop0というループデバイスに

結び付けられました。この後/dev/loop0は通常のブロックデバイスと同じように扱えます。以下のようにファイルシステムも作れます。

```
$ sudo mkfs.ext4 /dev/loop0
...
$ mkdir mnt
$ sudo mount /dev/loop0 mnt
$ mount
..
/dev/loop0 on /home/sat/src/st-book-kernel-in-practice/06-device-access/mnt type
ext4 (rw,relatime)
```

この後、mnt以下でファイル操作すると、loopdevice.imgの中にあるファイルシステムのデータが書き換わります。

実験の後はファイルを消しておきましょう。

```
$ sudo umount mnt
$ rm loopdevice.img
```

なお単にループデバイスをファイルシステムとして使いたいだけであれば、以下のようにいくつかの手順を省略できます。

```
$ fallocate -l 1G loopdevice.img
$ mkfs.ext4 loopdevice.img
$ sudo mount loopdevice.img mnt
$ mount
...
/home/sat/src/st-book-kernel-in-practice/06-device-access/loopdevice.img on /home/
sat/src/st-book-kernel-in-practice/06-device-access/mnt type ext4 (rw,relatime)
```

こちらも用が済んだので後片づけをしておきましょう。

```
$ sudo umount mnt
$ sudo losetup -d /dev/loop0
$ rm loopdevice.img
```

デバイスドライバ

本節では、プロセスがデバイスファイルにアクセスした際に動作する、デバイスドライバというカーネル機能について説明します。

デバイスを直接操作するためには、各デバイスに内蔵されているレジスタという領域を読み書きします。具体的にどのようなレジスタがあるのか、どのレジスタにアクセスするとどのような操作をするのかは、各デバイスの仕様によって異なります。デバイスのレジスタは、CPUのレジスタと名前は同じですが別物です。

プロセスから見ると、デバイス操作は次のようになります（図06-02）。

❶ プロセスがデバイスファイルを介して、デバイスドライバに対してデバイスを操作してほしいという依頼をする。
❷ CPUがカーネルモードに切り替わり、デバイスドライバがレジスタを介してデバイスに要求を伝える。
❸ デバイスが要求に応じた処理をする。
❹ デバイスドライバが、デバイスの処理完了を検出して結果を受け取る。
❺ CPUがユーザモードに切り替わり、プロセスがデバイスドライバの処理完了を検出して結果を受け取る。

図06-02 レジスタを介したデバイス操作

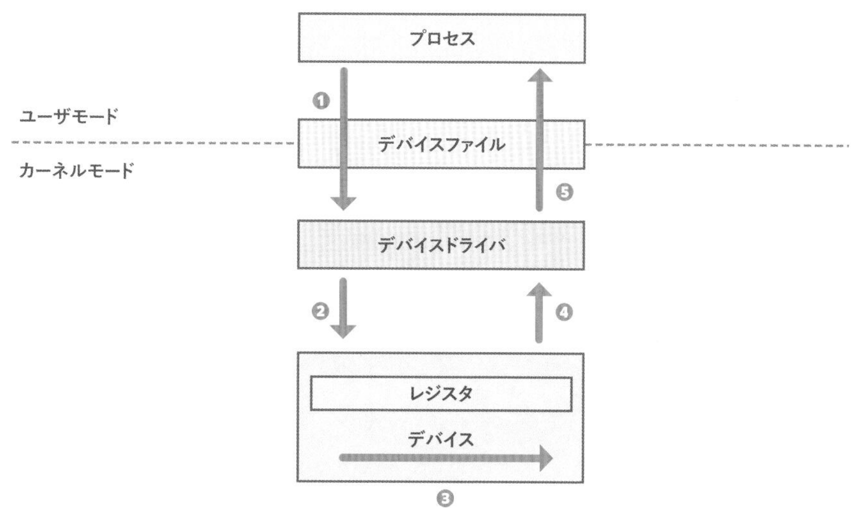

メモリマップトI/O（MMIO）

現代的なデバイスは、メモリマップトI/O（以下「MMIO」と表記）という仕組みによってデバイスのレジスタにアクセスします。

x86_64アーキテクチャにおいては、Linuxカーネルは自身の仮想アドレス空間に物理メモリをすべてマップしています。カーネルの仮想アドレス空間の範囲を0〜1000バイトとすると、例えば、図06-03のように、仮想アドレス空間の0〜500に物理メモリをマップします。

図06-03 カーネルの仮想アドレス空間

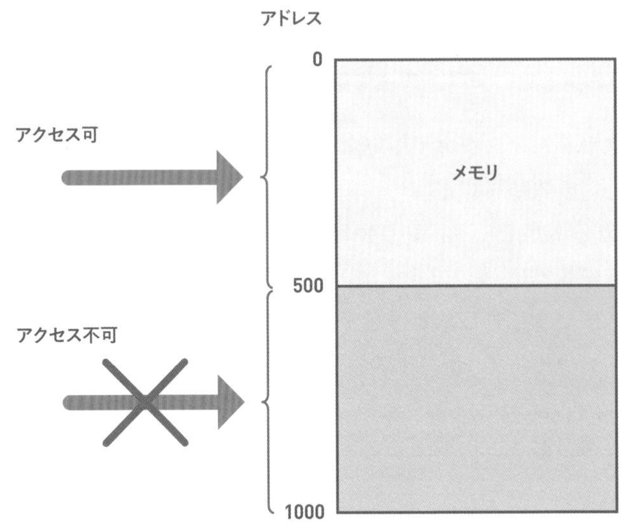

MMIOによってデバイスを操作する場合、アドレス空間上にメモリだけではなくレジスタもマップします。デバイス0〜2が存在するシステムの場合は、例えば図06-04のようになります。

図06-04 デバイスのレジスタをマップ

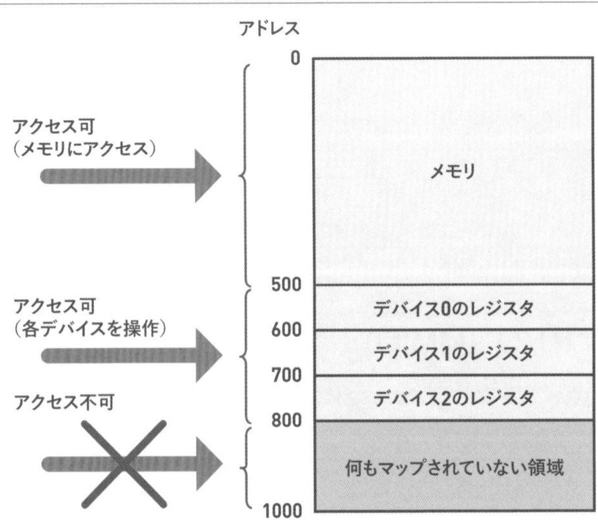

表06-01のような仕様の仮想的なストレージデバイスを例に、デバイス操作の流れを見ていきましょう。

表06-01 以降の説明で利用する仮想的なストレージデバイス

レジスタのオフセット	役割
0	読み書きに使うメモリ領域の開始アドレス
10	ストレージデバイス内の読み書きに使うデータ領域の開始アドレス
20	読み書きのサイズ
30	ここへの書き込みによって処理を要求する。0なら読み出し要求、1なら書き込み要求。
40	要求した処理が終わったかどうかを示すフラグ。処理を依頼した時点で0になり、処理が終わったら1になる。

ここで、メモリ領域100～200に、このストレージデバイス内のアドレス300～400の領域にあるデータを読み出したいとします。ストレージデバイスのレジスタがメモリアドレス500からマップされているとすると、読み出し要求までの流れは次のようになります（図06-05）。

❶ デバイスドライバが、ストレージデバイス上のどこのデータをメモリ上のどこに読み出すのかを指定。
  (1) メモリアドレス500（レジスタのオフセット0）に読み出し先アドレス100を書き込む。
  (2) メモリアドレス510（レジスタのオフセット10）にストレージデバイス内の読み出し元アドレス300を書き込む。
  (3) アドレス520（レジスタのオフセット20）に読み出しサイズ100を書き込む。

❷ デバイスドライバが、メモリアドレス530（レジスタのオフセット30）に読み出し要求を示す0を書き込む。

❸ デバイスがアドレスメモリ540（レジスタのオフセット40）に要求を処理中であることを示す0を書き込む。

図06-05 ストレージデバイスからの読み出しの流れ

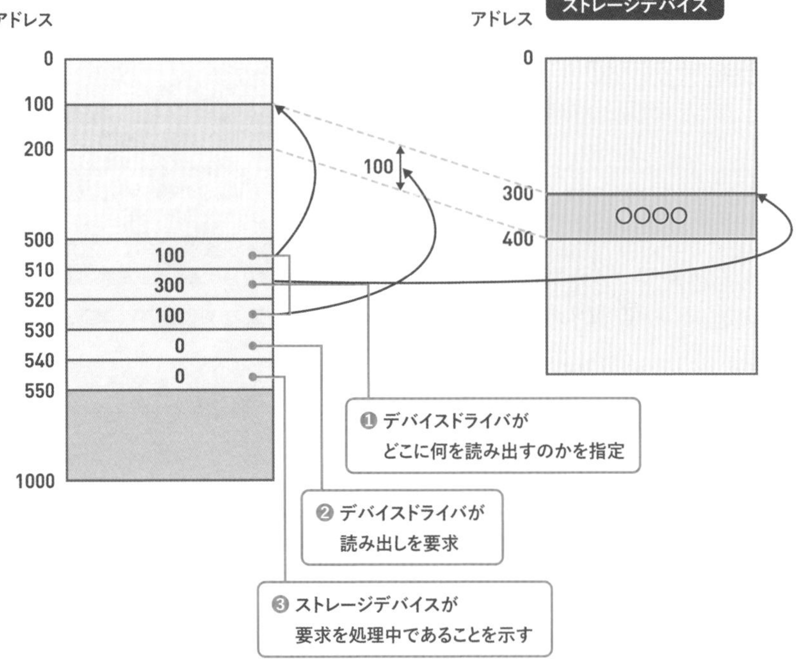

この後の流れは次の通りです（図06-06）。

❶ デバイスがデバイスのアドレス300～400の領域にあるデータをメモリアドレス100以降に転送する。

❷ デバイスが要求された処理の完了を示すためにメモリアドレス540（レジスタのオフセット40）の値を1にする。

❸ デバイスドライバが要求した処理の完了を検出する。

図06-06 ストレージデバイスからの読み出し後

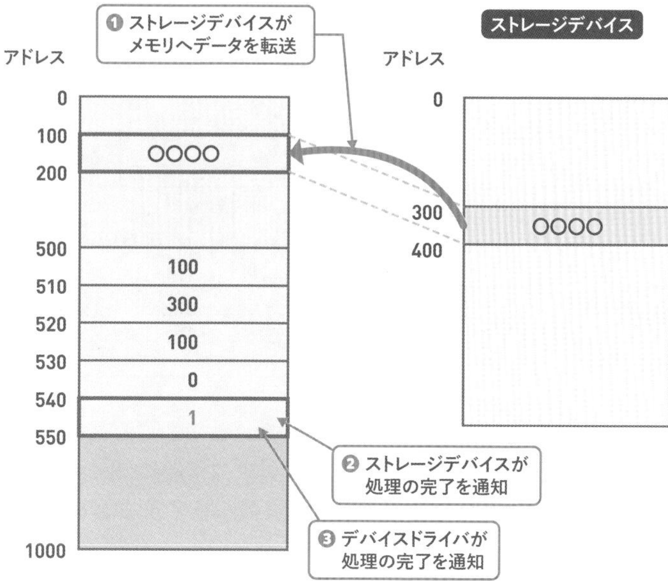

❸において、処理の完了を検出するには「ポーリング」あるいは「割り込み」という2つの方法のうちのいずれかを使います。

ポーリング

ポーリングは、デバイスドライバが能動的にデバイスの処理が完了したかどうかを確認します。デバイスは、デバイスドライバから依頼された処理が完了すると、自身の処理完了通知用レジスタの値を変化させます。デバイスドライバはその値を定期的に読み出すことによって、処理の完了を検出します。皆さんがスマホ上でチャットアプリを実行していて、会話相手に質問をした場合に例えると、ポーリングは皆さん自身が定期的に返事が来ているかアプリを確認するのに相当します。

最も単純なポーリングの場合、デバイスドライバはデバイスに処理を依頼してから処理が完了するまで、前記レジスタを読み出し続けます。2つのプロセスp0、p1が存在している状況で、p0がデバイスドライバに処理を依頼して、かつ、デバイスドライバが定期的に起動してデバイスの処理完了を待つ場合の流れは図06-07のようになります。

図06-07 単純なポーリング

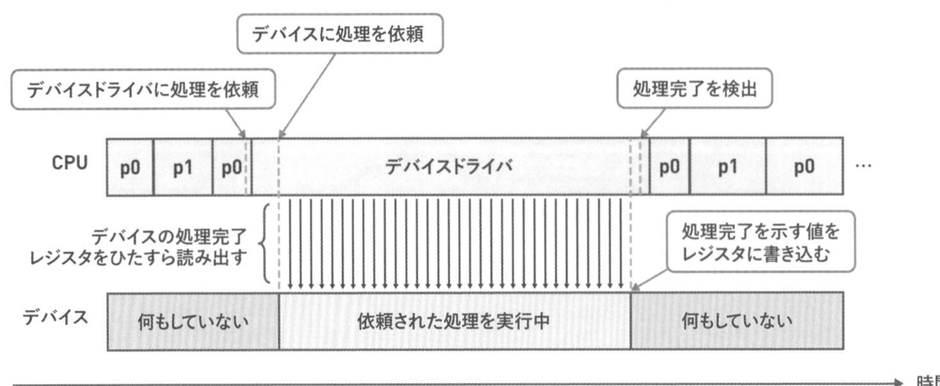

この場合、デバイスの処理が完了してデバイスドライバが完了を検出するまで、CPUはほかのことができません。p0は、デバイスへの依頼が終了するまで先に進んでも意味がないので、動けないのはしょうがないとしても[*4]、デバイスの処理に関係ないp1も動けないのは、CPU資源の無駄に見えます。デバイスに処理を依頼してから完了までの所要時間はミリ秒、マイクロ秒単位が当たり前なのに対して、CPUの1命令を実行するのにかかる時間はナノ秒単位、あるいはもっと短い時間なのを考えると、無駄の大きさをある程度想像していただけるかと思います。

このような問題を避けるために、ポーリングにはひたすらデバイスの処理完了を待ち続けるのではなく、所定の間隔でレジスタの値を確認するというやり方もあります(図06-08)。

図06-08 複雑なポーリング

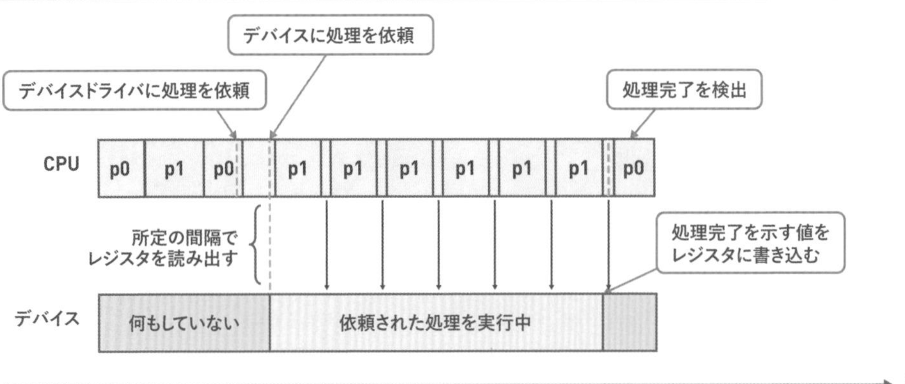

＊4 プロセスがカーネルに対して処理を依頼してから、処理の完了を待たずに先に進むというプログラミングモデルもありますが、ここでは省略します。

このような凝った作りにしたとしても、ポーリングはデバイスドライバを複雑にするという問題があります。例えば図06-08においては、デバイスに処理を依頼してから完了するまでp1を動かすとして、p1の要所要所にレジスタの値を読み出すコードを挿入する必要があります。また確認の間隔を長くするにしても、間隔の決め方が難しいです。間隔が長過ぎると処理の完了がユーザプロセスに伝わるのが遅れる一方、短過ぎると無駄が多くなります。

割り込み

割り込みは次のような流れでデバイスの完了を検出します。

❶ デバイスドライバがデバイスに処理を依頼する。この後CPUでは別の処理を動かせる。
❷ デバイスが処理を完了すると、割り込みという仕組みによってCPUに通知する。
❸ CPUは、あらかじめデバイスドライバが、割り込みコントローラというハードウェアに登録しておいた、割り込みハンドラという処理を呼び出す。
❹ 割り込みハンドラがデバイスの処理結果を受け取る。

ポーリングの場合と同じくチャットアプリで例えると、皆さんがチャットとは別のアプリを実行していても、返信があれば即座にアプリが皆さんに通知してくれるというやり方に相当します。

前節と同様に、2つのプロセスp0、p1が存在している状況で、p0がデバイスドライバに処理を依頼したとする場合を考えます（図06-09）。

図06-09 割り込み

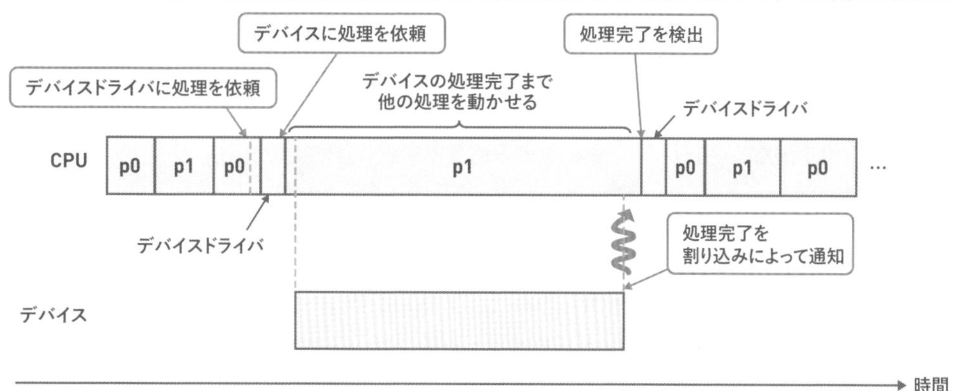

ここで重要なのは次のことです。

- デバイスの処理が完了するまで、CPUはほかの処理ができる。この例ではp1が動作する。
- デバイスの処理完了を即座に検出できる。この例では処理完了後にすぐp0が動作できる。
- 処理完了までに動作する処理（ここではp1）は、デバイスの処理について気にしなくてよい。

デバイス処理の完了を検出するためには、ポーリングよりも扱いやすい割り込みを使うことが多いです。

割り込みが発生する様子を実験によって確認してみましょう。ここではストレージデバイスに処理を依頼したときに、割り込みの数が増加する様子を確認します。システムが起動してから現在までの割り込みの数は`/proc/interrupts`というファイルを見れば分かります。筆者の環境では次のようになります。

```
$ cat /proc/interrupts
           CPU0       CPU1       CPU2       CPU3   ......
   0:        36          0          0          0          IR-IO-APIC    2-edge      timer
   1:         0          0          5          0          IR-IO-APIC    1-edge      i8042
   7:         0          0          0     100000          IR-IO-APIC    7-fasteoi   pinctrl_amd
......
```

筆者の環境では、出力が70行もありました。皆さんの環境でも似たり寄ったりかと思います。ではこの出力の意味を読み解いてみましょう。

割り込みコントローラは、複数の割り込み要因（Interrupt ReQuest、IRQ）を扱えるようになっており、要因ごとに異なる割り込みハンドラを登録できるようになっています。それぞれの要因はIRQ番号という番号を振って識別します。上記の出力においては、1つの行が1つのIRQ番号に相当します。おおよそ1つのデバイスに1つのIRQ番号が対応していると考えてください。

行内の重要なフィールドの意味は次の通りです。

- 第1フィールド：IRQ番号に相当する。数値ではない行があるが、ここでは気にしなくてよい。
- 第2〜9フィールド（論理CPUの数だけフィールドがある）：IRQ番号に対応する割り込みが各論理CPUにおいて発生した数。

皆さんの環境では、論理CPUの数が筆者の環境とは異なると思いますが、適宜読み替えてください。

カーネルの中で、所定の時間経過後に割り込みを上げるために使う、タイマー割り込みの発生回数を1秒ごとに出力してみましょう。この割り込みは1番目のフィールドの値が「LOC:」です。

```
$ while true ; do  grep Local /proc/interrupts ; sleep 1 ; done
 LOC:    21864665    18393529    28227980    84045773    23459541    19307390    25777844    19001056    Loc
al timer interrupts
 LOC:    21864669    18393529    28227983    84045788    23459557    19307390    25777852    19001077    Loc
al timer interrupts
...
 LOC:    21864735    18393584    28228116    84046062    23459767    19307398    25778080    19001404    Loc
al timer interrupts
```

だんだん増えていっているのが分かります。昔はこの割り込みは、全論理CPUについて1秒間に1000回というように定期的に発生していました。しかし、現在は上記のようにそうではなく、必要あるときのみタイマー割り込みを発生させています。これによって割り込みによって発生するCPUのモード遷移などによる性能劣化が減らせるとともに、論理CPUをアイドル状態にしておける状況が増えることによって消費電力の削減ができます。

あえてポーリングを使う場合

デバイスの処理が高速で、かつ処理が高頻度な場合は、例外的にポーリングを使うことがあります。なぜかというと、割り込みハンドラの呼び出しにも一定のオーバーヘッドがかかるものの、このような場合には割り込みハンドラを呼び出している間に、次の割り込みが次々と発生してしまうことによって、処理が追いつかなくなるからです。他にも、通常は割り込みを使うものの、割り込み頻度が高くなるとポーリングに切り替えるというデバイスドライバもあります。

デバイスレジスタをマップしたメモリ領域を、プロセスの仮想アドレス空間にマップして、プロセスからデバイスを操作する「user space io」(uio)という機能も存在します。uioを使えば、やろうと思えばPythonでもデバイスドライバが書けます。uioを使えばデバイスファイルへのアクセスのたびにCPUのモードが切り替わるのを回避できます。これによってデバイスアクセスの高速化が期待できます。

高速化を目的としたuioを使ったデバイスドライバは、ポーリングを使ってデバイスとやりとりしたり、デバイスドライバ用に専用の論理CPUを割り当てたり、さまざまな技法を駆使しています。興味のある方は「user space io」(uio)、「Data Plane Development Kit」(DPDK)、「Storage Performance Development Kit」(SPDK)などのキーワードで検索してみてください。

デバイスファイル名は変わりうる

マシンに同じタイプのデバイスを複数搭載している場合は、デバイスファイル名の扱いに注意する必要があります。ここではストレージデバイスの名前に絞って話をします。

複数のデバイスが接続されている場合、カーネルは、一定の規則に従って、それぞれ別の名前のデバイスファイル（より正確に言うとメジャー番号とマイナー番号の組）に対応付けます。SATAやSASなら/dev/sda、/dev/sdb、/dev/sdc……、NVMe SSDなら、/dev/nvme0n1、/dev/nvme1n1、/dev/nvme2n1……というように。注意点としては、この対応付けは起動するたびに変わりうるということです。

例えば、あるマシンにSATA接続の2つのストレージデバイスA、Bを接続している場合を考えます。このとき2つのうちどちらが/dev/sdaになって、どちらが/dev/sdbになるかはデバイスの認識順によって決まります。あるときのカーネルによるストレージデバイスの認識順がAが先、Bが後だったとすると、それぞれ/dev/sda、/dev/sdbという名前が付きます（図06-10）。

図06-10 ストレージデバイスA,Bの順番に認識

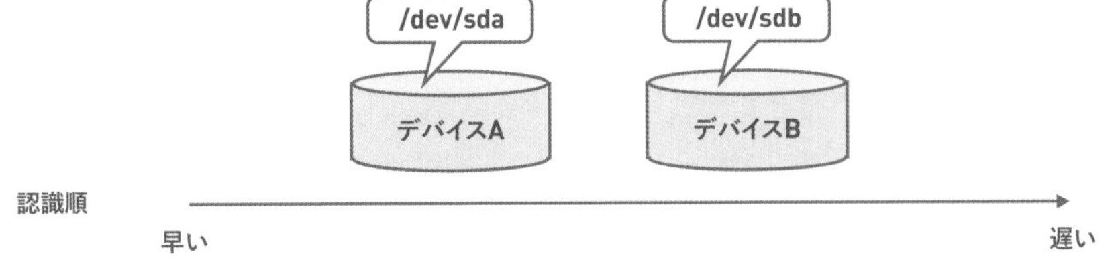

この後、再起動後になんらかの理由によってストレージデバイスの認識順が変わった場合は、両者のデバイス名が入れ替わります[*5]。その理由には例えば次のようなものがあります（図06-11）。

- 別のストレージデバイスの増設：例えば、ストレージデバイスCを足すと認識順がA→C→Bになって、Bの名前が/dev/sdbから/dev/sdcに変わる。
- ストレージデバイスの場所を入れ替える：例えば、AとBを挿す場所を入れ替えると、Aが/dev/sdbに、Bが/dev/sdaになる。

＊5 USB接続のような、システムの動作中に追加できるストレージデバイスの場合は、起動中に問題が発生するかもしれません。

- ストレージデバイスが壊れて認識されなくなる：例えば、Aが壊れてBが/dev/sdaとして認識される。

図06-11 さまざまな理由によるデバイス名の変化

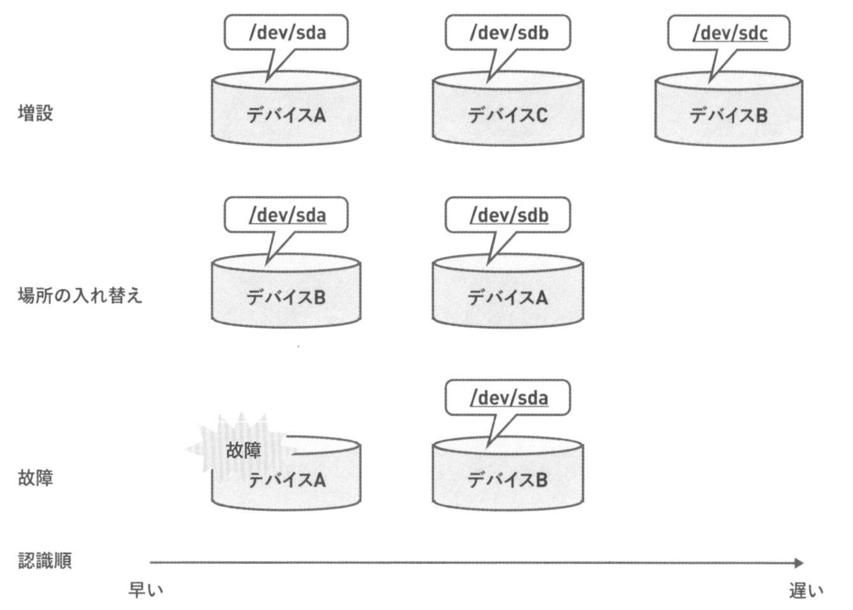

このように名前が変わってどうなるかというと、運が良ければブートしないくらいで済みますが、運が悪いとデータを破壊します。

例えば、上記の別のデバイスを増設した場合に、ディスクCにファイルシステムを作るつもりで`mkfs.ext4 /dev/sdc`を実行すると、既存のディスクB上にファイルシステムを作ろうとしてデータを破壊する恐れがあります[*6]。

このような問題は、systemdのudevというプログラムが作る「persistent device name」という名前を利用することによって避けられます。

udevは起動時などにデバイスを認識するたびに、マシンに搭載されているデバイスの構成が変化しても変わらない、あるいは変わりにくいデバイス名を/dev/disk以下に自動的に作ります。

persistent device nameには、例えば/dev/disk/by-path/ディレクトリ以下に存在す

＊6 mkfsは賢いので、ディスクBにファイルシステムが入っていると「既存ファイルシステムがあるから消せない」と言ってくれるのですが、慣れている人は`mkfs.ext4 -F /dev/sdc`（-Fオプションを付けると、既存ファイルシステムがあっても無視する）と実行して消しがちです。

る、ディスクが搭載されているバス上の位置などをもとに付けたデバイスファイルがあります。筆者の環境の/dev/sdaは以下に示すような別名を持っています。

```
$ ls -l /dev/sda
brw-rw---- 1 root disk 8, 0 Dec 24 18:34 /dev/sda
$ ls -l /dev/disk/by-path/acpi-VMBUS\:00-scsi-0\:0\:0\:0
lrwxrwxrwx 1 root root 9 Jan  4 11:05 /dev/disk/by-path/acpi-VMBUS:00-scsi-0:0:0:0 -> ../../sda
```

その他にも、ファイルシステムにラベルやUUIDを付けていれば、udevは対応するデバイスについて/dev/disk/by-label/ディレクトリ、/dev/disk/by-uuid/ディレクトリ以下にファイルを作ります。

より詳しく知りたい方は

- Arch wikiの"Persistent block device naming"のページ
  https://wiki.archlinux.org/title/persistent_block_device_naming

をご覧ください。

単に、マウントするファイルシステムを間違えたくないという話であれば、mountコマンドにおけるラベルやUUIDの指定によって問題発生を防げます。

例えば、筆者の環境では、システム起動時にマウントするファイルシステムを設定する/etc/fstabファイルには、/dev/sdaのようなカーネルが付けた名前ではなく、UUIDによってデバイスを指定するようになっています。

```
$ cat /etc/fstab
UUID=077f5c8f-a2f3-4b7f-be96-b7f2d31d07fe / ext4 defaults 0 0
UUID=C922-4DDC /boot/efi vfat defaults 0 0
```

このため、UUID=077f5c8f-a2f3-4b7f-be96-b7f2d31d07feに対応するデバイスをカーネルが/dev/sdaと名づけようと、/dev/sdbと名付けようと、問題なくマウントできます。

第7章

ファイルシステム

第6章において、各種デバイスはデバイスファイルを介してアクセスできると述べました。しかしストレージデバイスは、ほとんどの場合は、本章で述べるファイルシステムを介してアクセスします。

ファイルシステムが存在しない場合、データをディスク上のどの位置に保存するかを自分で決めなければなりません。そのときに他のデータを壊さないために、空き領域の管理もしなくてはいけません。さらにいったん書き込んだ後に読み出すために、どの位置にどれくらいのサイズどのようなデータが配置してあるかも覚えていなくてはなりません（図07-01）。

図07-01 全データの位置やサイズなどを覚えておく必要がある

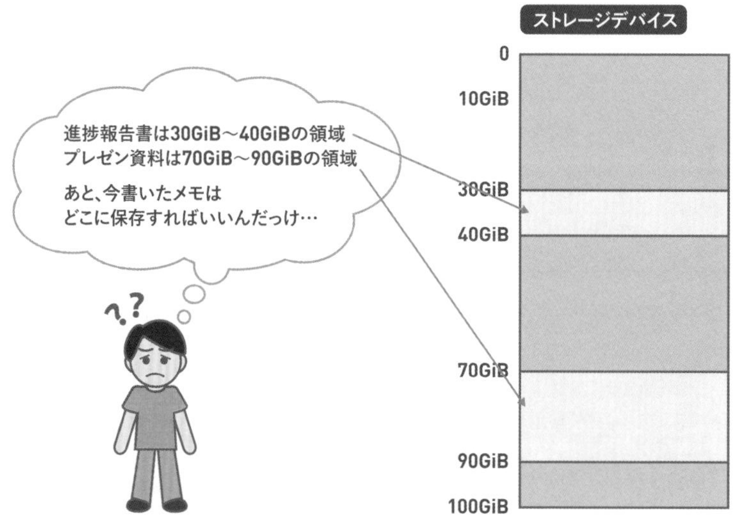

ファイルシステムは、このような管理を代行してくれます。ファイルシステムはユーザにとって意味のある一塊（ひとかたまり）のデータをファイルという単位で管理します。それぞれのデータがどこにあるかは、ユーザが管理しなくても、ストレージデバイス上の管理領域に保存しています（図07-02）。

図07-02 ファイルシステム

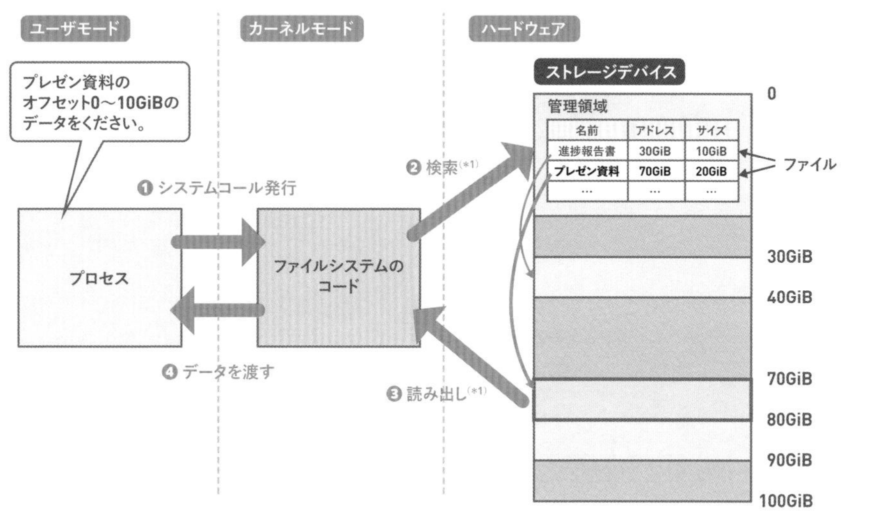

ややこしいですが、図07-02における「ファイル形式でデータを管理しているストレージ上の領域(管理領域を含む)」と、「そのストレージ領域を扱う処理(図中の「ファイルシステムのコード」)」のどちらも「ファイルシステム」と呼びます。

ストレージデバイスに、デバイスファイルを介してアクセスする場合と、ファイルシステムを介してアクセスする場合の違いを、図07-03に示します。

図07-03 デバイスファイルとファイルシステムによるストレージデバイスへのアクセス

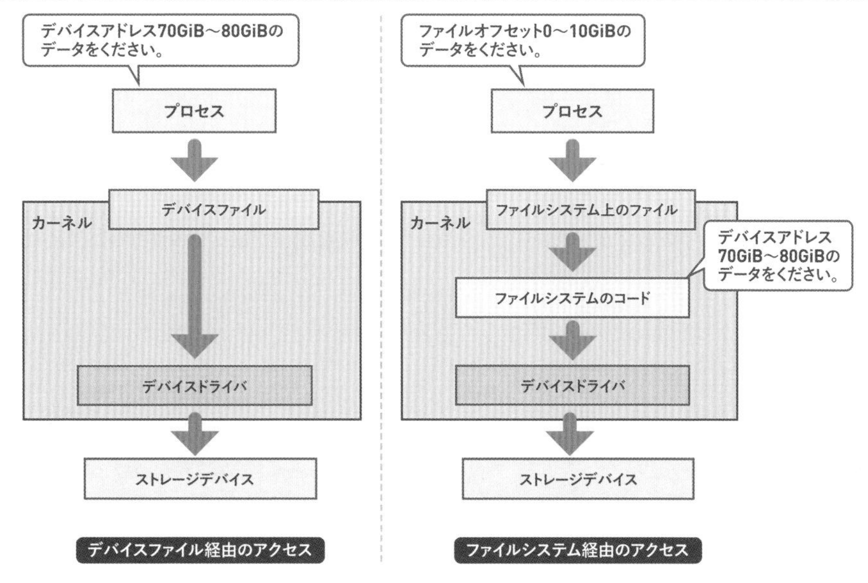

Linuxのファイルシステムは、各ファイルを「ディレクトリ」という特殊なファイルを使って分類できます。ディレクトリが異なれば同じファイル名を付けられます。また、ディレクトリの中にさらにディレクトリを作って木構造を作れます。これらは普段Linuxを使っている方にはお馴染みでしょう(図07-04)。

図07-04 ファイルシステムの木構造

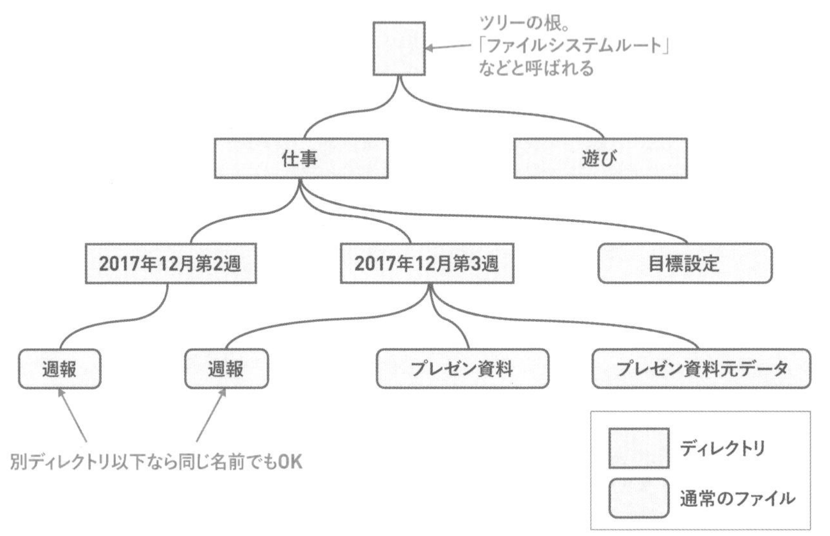

ファイルシステムには「データ」と「メタデータ」という2つの種類のデータがあります。データは、ユーザが作成した文書や画像、動画、プログラムなどです。これに対してメタデータは、ファイルを管理するためにファイルシステム上に存在する付加的な情報です。図07-02の中の管理領域のデータが相当します。メタデータには表07-01のようなものがあります。

表07-01 主なメタデータ

種類	内容
ファイルの名前	
ストレージデバイス上の位置やサイズ	
ファイルの種類	通常のファイルか、ディレクトリか、デバイスファイルか、など。
ファイルの時刻情報	作成した日時、最後にアクセスした日時、最後に内容を変更した日時。
ファイルの権限情報	どのユーザがファイルにアクセスできるか。
ディレクトリのデータ	ディレクトリの中にどのような名前のファイルが入っているか、など。

ファイルへのアクセス方法

ファイルシステムには、POSIXに定められた関数によってアクセスできます。

- ファイル操作
  - **作成、削除**：`creat()`、`unlink()`など
  - **開閉**：`open()`、`close()`など
  - **読み書き**：`read()`、`write()`、`mmap()`（後述）など
- ディレクトリ操作
  - **作成、削除**：`mkdir()`、`rmdir()`
  - **カレントディレクトリの変更**：`chdir()`
  - **開閉**：`opendir()`、`closedir()`
  - **読む**：`readdir()`など

これらの関数のおかげで、ユーザはファイルシステムへのアクセス時に、ファイルシステムの種類の違いを意識する必要がありません。ext4であろうとXFSであろうと、ファイルシステム上にファイルを作りたければ`creat()`関数を使えます。

皆さんが、bashなどのシェルを介してさまざまなプログラムからファイルシステムにアクセスすると、内部的にはこれらの関数を呼んでいます。

ファイルシステム操作用の関数を呼び出すと、次のような順番で処理が進みます。

❶ ファイルシステム操作用の関数が、内部的にファイルシステム操作をするシステムコールを呼ぶ。
❷ カーネル内の仮想ファイルシステム（Virtual Filesystem、VFS）という処理が動作し、そこから個々のファイルシステムの処理を呼ぶ。
❸ ファイルシステムの処理がデバイスドライバを呼ぶ。[*1]
❹ デバイスドライバがデバイスを操作する。

例えば、同じデバイスドライバで操作できるブロックデバイスA、B、そしてCがあるとして、それぞれの上にext4、XFS、Btrfsのファイルシステムが存在する場合、図07-05のようになります。

＊1　より正確に言うと、ファイルシステムの処理とデバイスドライバの間にはブロック層が入りますが、それについては第9章を参照。

図07-05 ファイルシステムのインターフェース

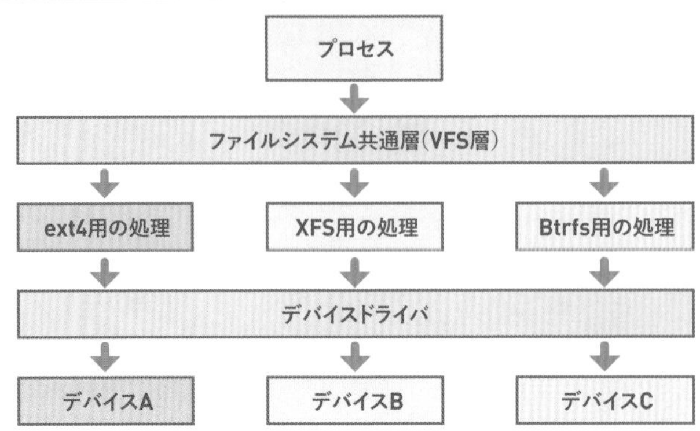

メモリマップトファイル

Linuxには、ファイルの領域を仮想アドレス空間上にマップする「メモリマップトファイル」という機能があります。mmap()関数を所定の方法で呼び出すことで、ファイルの内容をメモリに読み出して、その領域を仮想アドレス空間にマップできます（図07-06）。

図07-06 メモリマップトファイル

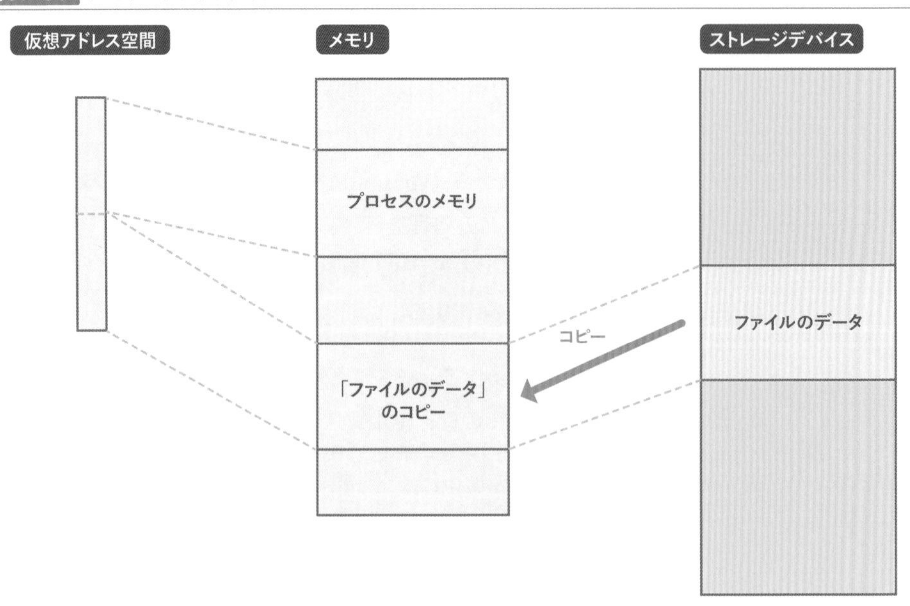

メモリマップしたファイルには、メモリと同じ方法でアクセスできます。データを変更した場合、のちほどストレージデバイス上のファイルに所定のタイミングで書き戻します（図07-07）。このタイミングについては第８章で述べます。

図07-07 アクセスした領域はファイルに書き戻される

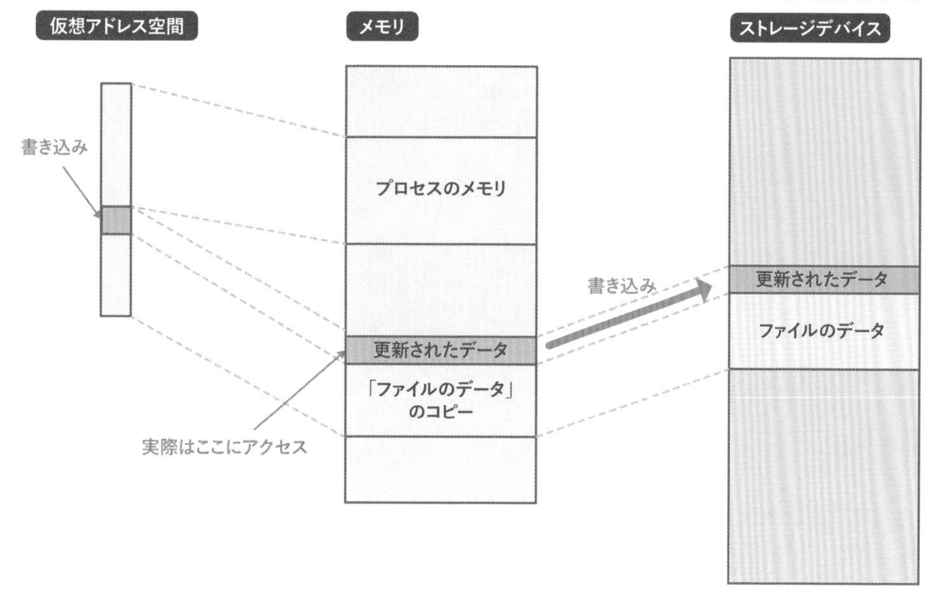

では、メモリマップトファイルを使ったファイルのデータ更新を実際にやってみましょう。まずは「hello」という文字列が入ったtestfileというファイルを作ります。

```
$ echo hello >testfile
$
```

この後に、以下のようなことをするfilemapプログラム（リスト07-01）を動かします。

❶ プロセスのメモリマップ状況（/proc/<pid>/mapsの出力）を表示。
❷ testfileファイルを開いてファイルをmmap()によってメモリ空間にマップ。
❸ プロセスのメモリマップ状況を再度表示。
❹ マップされた領域のデータをhelloからHELLOに書き換える。

リスト07-01 filemap.go

```
package main

import (
    "fmt"
```

```
	"log"
	"os"
	"os/exec"
	"strconv"
	"syscall"
)

func main() {
	pid := os.Getpid()
	fmt.Println("*** testfileのメモリマップ前のプロセスの仮想アドレス空間 ***")
	command := exec.Command("cat", "/proc/"+strconv.Itoa(pid)+"/maps")
	command.Stdout = os.Stdout
	err := command.Run()
	if err != nil {
		log.Fatal("catの実行に失敗しました")
	}

	file, err := os.OpenFile("testfile", os.O_RDWR, 0)
	if err != nil {
		log.Fatal("testfileを開けませんでした")
	}
	defer file.Close()

	// mmap()システムコールの呼び出しによって5バイトのメモリ領域を獲得
	data, err := syscall.Mmap(int(file.Fd()), 0, 5, syscall.PROT_READ|syscall.PROT_WRITE, syscall.MAP
_SHARED)
	if err != nil {
		log.Fatal("mmap()に失敗しました")
	}

	fmt.Println("")
	fmt.Printf("testfileをマップしたアドレス: %p\n", &data[0])
	fmt.Println("")

	fmt.Println("*** testfileのメモリマップ後のプロセスの仮想アドレス空間 ***")
	command = exec.Command("cat", "/proc/"+strconv.Itoa(pid)+"/maps")
	command.Stdout = os.Stdout
	err = command.Run()
	if err != nil {
		log.Fatal("catの実行に失敗しました")
	}

	// マップしたファイルの中身を書き換える
	replaceBytes := []byte("HELLO")
	for i, _ := range data {
		data[i] = replaceBytes[i]
	}
}
```

```
$ go build filemap.go
$ ./filemap
*** testfileのメモリマップ前のプロセスの仮想アドレス空間 ***
...
c000000000-c004000000 rw-p 00000000 00:00 0
7fbb1ad2d000-7fbb1d09e000 rw-p 00000000 00:00 0
...
testfileをマップしたアドレス: 0x7fbb1ad2c000    ←ⓐ
*** testfileのメモリマップ後のプロセスの仮想アドレス空間 ***
...
c000000000-c004000000 rw-p 00000000 00:00 0
7fbb1ad2c000-7fbb1ad2d000 rw-s 00000000 08:02 6031478                    .../testfile    ←ⓑ
7fbb1ad2d000-7fbb1d09e000 rw-p 00000000 00:00 0
...
$ cat testfile
HELLO    ←ⓒ
```

ⓐにおいて、mmap()関数が成功してtestfileファイルのデータの開始アドレスが0x7fbb1ad2c000だと分かります。ⓑでは、このアドレスから始まる領域が、実際にメモリマップされていることが分かります。最終的にⓒにおいて実際にファイルの内容を更新できていることが分かります。

一般的なファイルシステム

Linuxでは「ext4」「XFS」「Btrfs」といったファイルシステムがよく使われます。ものすごく雑に言うと、それぞれのファイルシステムには表07-02のような特徴があります。

表07-02 主なファイルシステム

ファイルシステム	特徴
ext4	過去Linuxでよく使われてきたext2、ext3からの移行が楽。
XFS	スケーラビリティに優れる。
Btrfs	機能が豊富。

それぞれ、ストレージデバイス上に作るデータ構造、およびそれを扱うための処理が異なります。このため以下のような違いが出てきます。

- ファイルシステムの最大サイズ
- ファイルの最大サイズ
- 最大ファイル数

- ファイル名の最大長
- 各処理の処理速度
- 標準によって定められていない追加機能の有無

すべての違いを網羅的に紹介するのは不可能なので、次節以降でこれらファイルシステムが持つ一般的な機能を紹介するとともに、それら機能の実現方法がファイルシステムによってどのように異なるのかについて述べます。

容量制限（クォータ）

システムを複数の用途で使っている場合、ある用途についてファイルシステムの容量を無制限に使えると、ほかの用途に使うための容量が足りなくなることがあります。特にシステム管理処理のための容量が足りなくなると、システム全体が正しく動作しなくなります。

この問題を避けるために、用途ごとに使用できるファイルシステムの容量を制限する機能があります。この機能は一般に「クォータ」（quota）と呼ばれます。例えば用途Aについてクォータによって制限を掛けた場合は図07-08のようになります。

図07-08 クォータ

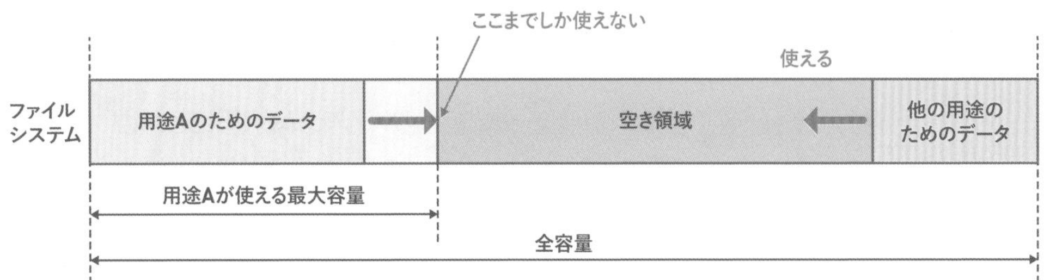

クォータには次のような種類があります。

- **ユーザクォータ**：ファイルの所有者となるユーザごとに容量を制限。例えば、一般ユーザのせいで/home/ディレクトリがいっぱいになるような事態を防ぐ。ext4とXFSはユーザクォータ機能を使える。
- **ディレクトリクォータ（あるいはプロジェクトクォータ）**：特定のディレクトリごとに容量を制限。例えば、あるプロジェクトのメンバが共有するディレクトリに容量制限をかける。ext4とXFSはディレクトリクォータ機能を使える。

- サブボリュームクォータ：ファイルシステム内のサブボリュームという単位ごとに容量を制限。おおむねディレクトリクォータと使い方は同じ。Btrfsはサブボリュームクォータ機能を使える。

特に業務システムにおいては、クォータの設定により、特定のユーザないしプログラムがストレージ容量を使い過ぎないように制御することがよくあります。

ファイルシステムの整合性保持

システムを運用していると、ファイルシステムの内容に不整合が生じることがあります。典型的な例が、ファイルシステムのデータをストレージに読み書きしている最中に、システムの電源が強制的に落ちるような場合です。

`root`の下に`foo`、`bar`という2つのディレクトリがあり、かつ、`foo`の下に`hoge`、`huga`というファイルが入っているファイルシステムを例に、ファイルシステムの不整合がどういうものかについて述べます。この状態から`bar`を`foo`配下に移動させるとすると、ファイルシステムは図07-09のような操作をします。

図07-09 ディレクトリ移動処理の流れ

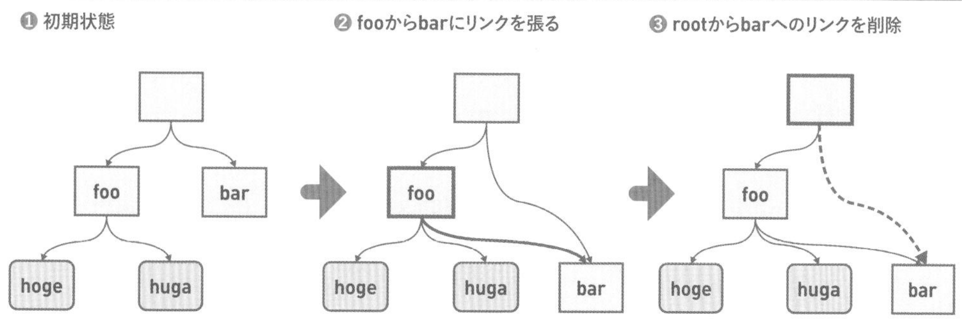

これら一連の処理は、プロセスから見ると1つにまとまった不可分の処理（アトミック）になっています。1回目の書き込み（`foo`ファイルのデータ更新）が終わった後、2回目の書き込み（`root`のデータ更新）の前に電源が落ちたりすると、図07-10のように、ファイルシステムが中途半端な、不整合な状態になり得ます。

図07-10 ファイルシステムの不整合

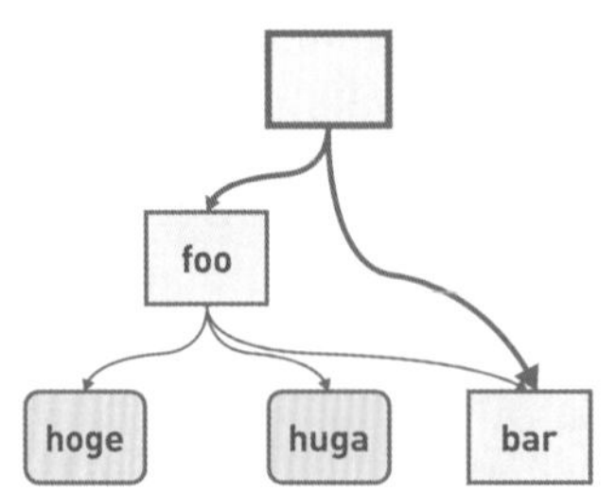

この後に、不整合をファイルシステムが検出すると、マウント時に検出した場合はファイルシステムをマウントできなくなったり、読み出し専用モードで再マウント（remount）されたり、システムがパニック（Windowsでいうところのブルースクリーン）したりします。

ファイルシステム不整合を防ぐ技術はいろいろありますが、広く使われているのは「ジャーナリング」と「コピーオンライト」という2つの方式です。ext4とXFSはジャーナリングによって、Btrfsはコピーオンライトによって、それぞれファイルシステム不整合を防ぎます。

ジャーナリングによる不整合の防止

ジャーナリングでは、ファイルシステム内にジャーナル領域という特殊なメタデータ領域を用意します。このときファイルシステムの更新は以下のようになります（図07-11）。

❶ 更新に必要なアトミックな処理の一覧を、いったんジャーナル領域に書き出す。この一覧をジャーナルログと呼ぶ。
❷ ジャーナル領域の内容に基づいて、実際にファイルシステムの内容を更新する。

図07-11 ジャーナリング方式における更新処理

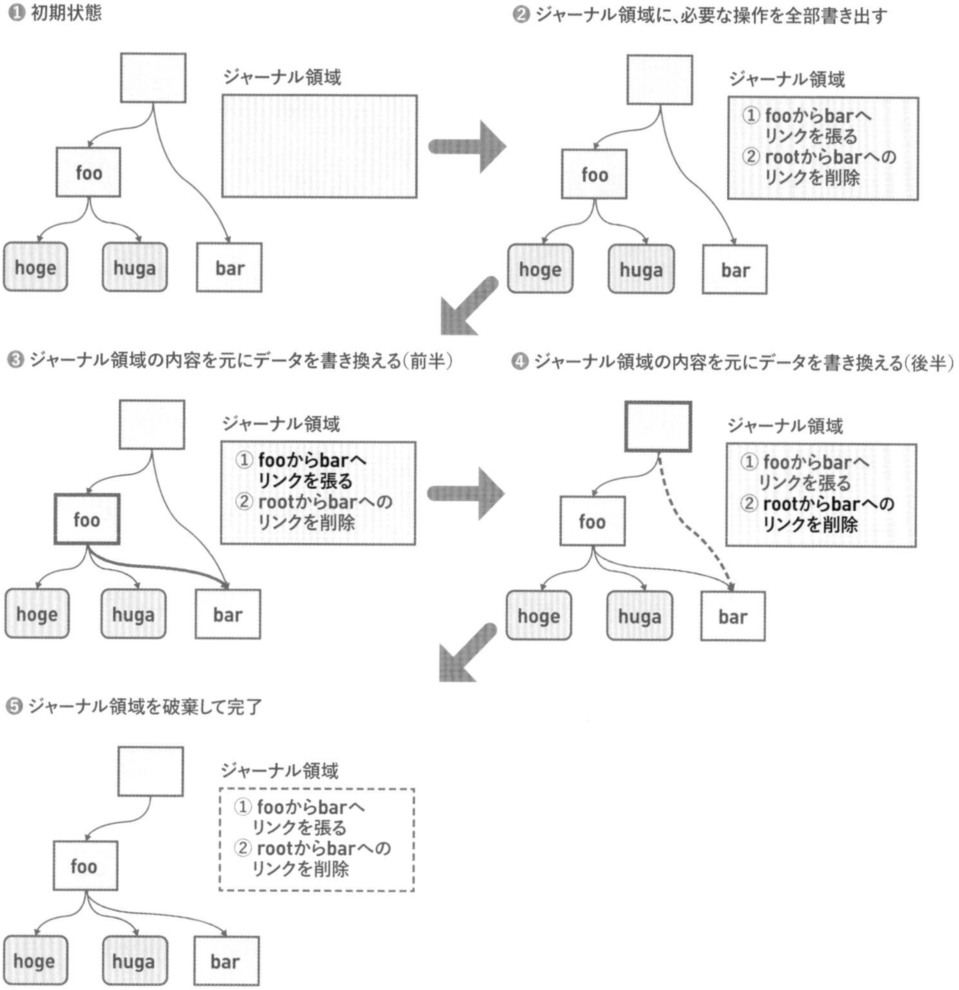

ジャーナルログの更新中（図07-11の手順❷）に強制電源断が発生した場合は、単にジャーナルログを捨てるだけで、実データは処理前の状態と変わりません（図07-12)。

図07-12 ジャーナリングによる不整合の防止 (1)

❷ ジャーナル領域に、必要な操作を全部書き出している途中で強制電源断
ジャーナル領域
強制電源断
foo
hoge
bar
❸ 再起動後にジャーナル領域を破棄して完了。操作前の整合性のとれた状態
ジャーナル領域
① fooからbarへリンクを張る
② rootからbarへのリンクを削除
foo
hoge
huga
bar

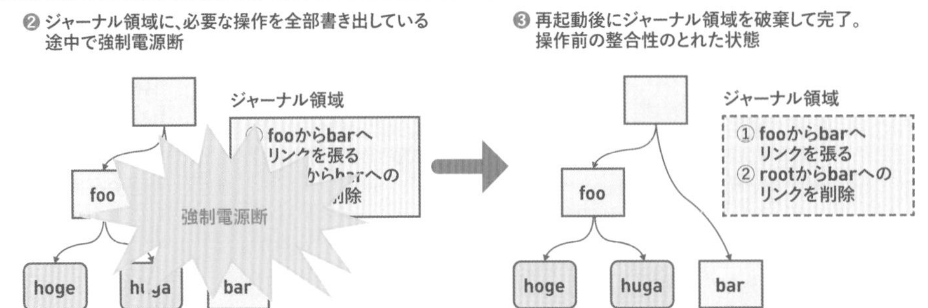

実データの更新中 (図07-11の手順❹) に強制電源断が発生した場合は、ジャーナルログの再生によって、処理を完了状態にします (図07-13)。

図07-13 ジャーナリングによる不整合の防止 (2)

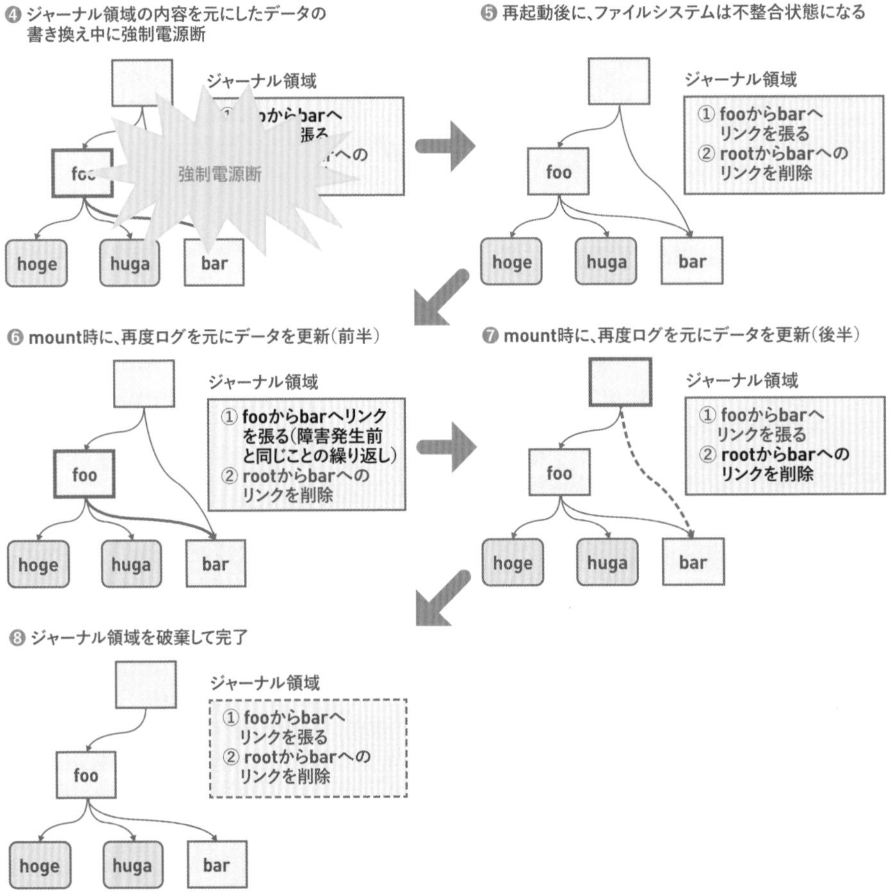

❹ ジャーナル領域の内容を元にしたデータの書き換え中に強制電源断
ジャーナル領域
強制電源断
hoge
huga
bar
❺ 再起動後に、ファイルシステムは不整合状態になる
ジャーナル領域
① fooからbarへリンクを張る
② rootからbarへのリンクを削除
foo
hoge
huga
bar
❻ mount時に、再度ログを元にデータを更新(前半)
ジャーナル領域
① fooからbarへリンクを張る(障害発生前と同じことの繰り返し)
② rootからbarへのリンクを削除
foo
hoge
huga
bar
❼ mount時に、再度ログを元にデータを更新(後半)
ジャーナル領域
① fooからbarへリンクを張る
② rootからbarへのリンクを削除
foo
hoge
huga
bar
❽ ジャーナル領域を破棄して完了
ジャーナル領域
① fooからbarへリンクを張る
② rootからbarへのリンクを削除
foo
hoge
huga
bar

コピーオンライトによる不整合の防止

コピーオンライトによる不整合防止の話をするためには、まずファイルシステムのデータ格納方法について説明しなければなりません。ext4やXFSなどは、いったんストレージデバイス上にファイルのデータを書き込んだら、その後ファイルを更新すると、ストレージデバイス上の同じ位置にデータを書き込みます（図07-14）。

図07-14 コピーオンライト方式ではない場合のファイル更新

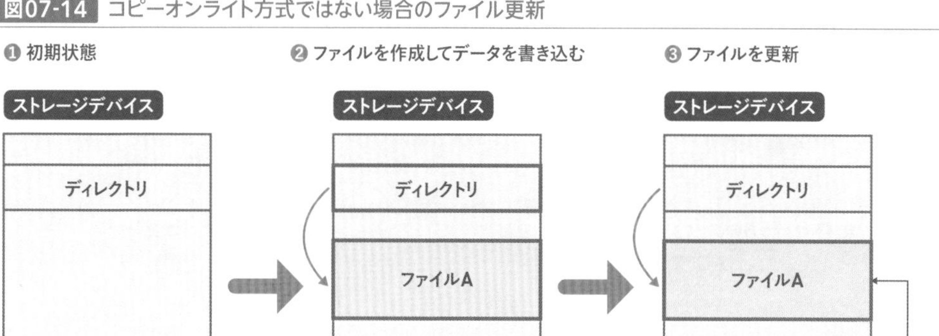

その一方で、Btrfsなどのコピーオンライト型のファイルシステムは、いったんファイルにデータを書き込んだ後は、更新するごとに別の場所にデータを書き込みます[*2]（図07-15）。

図07-15 コピーオンライト方式におけるファイル更新

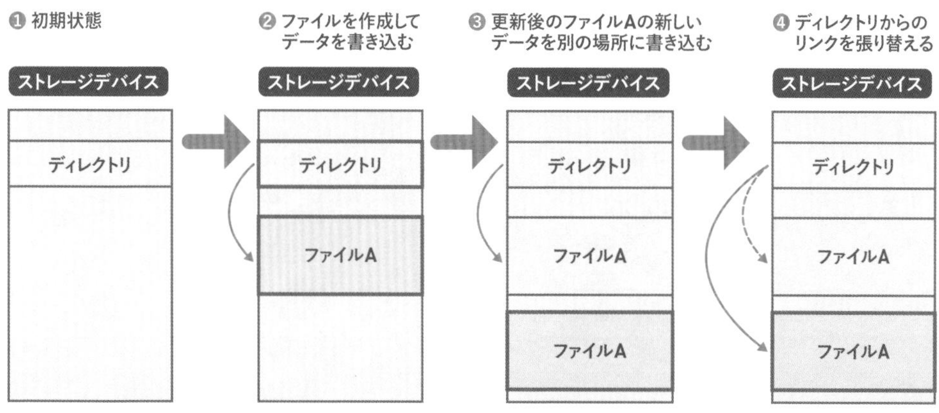

＊2 図07-15においては、説明を簡単にするため、ファイルをまるごと書き換えていますが、実際にはファイル内の書き換えられた部分のみが別の場所にコピーされます。

前述のファイル移動の場合は、更新後のデータを別の場所にすべて書き込んでから、リンクを張り替えるという挙動をします（図07-16）。

図07-16 Btrfsにおけるmvの処理

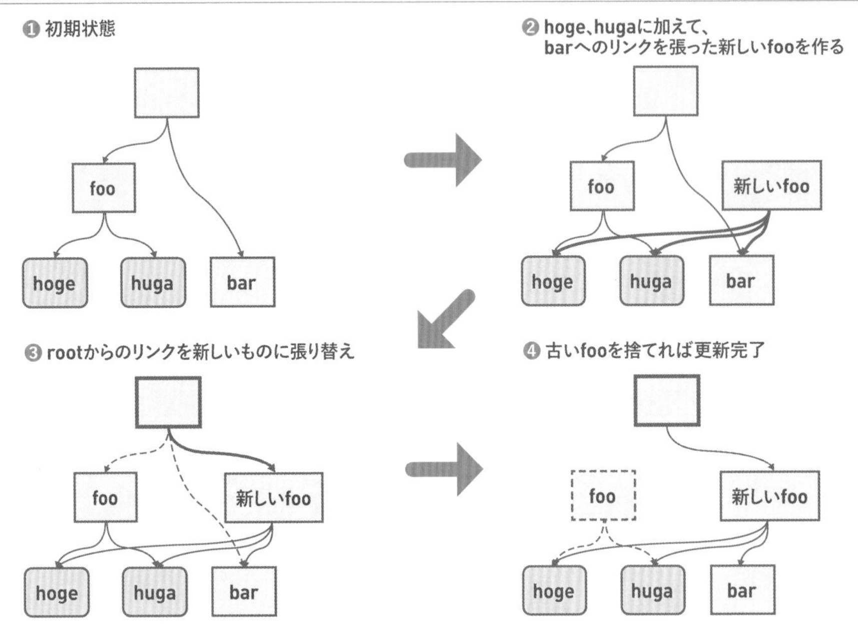

❷において強制電源断が発生しても、再起動後に作りかけのデータを削除すれば不整合は発生しません（図07-17）。

図07-17 Btrfsにおけるmv中の強制電源断

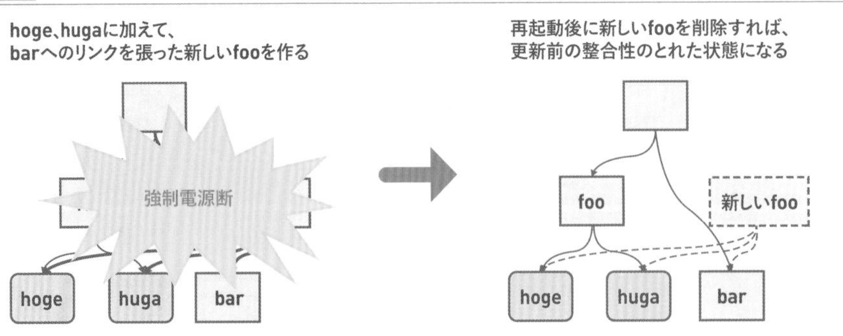

一にも二にもバックアップ

前述の不整合を防ぐ機能のおかげで、ファイルシステム不整合の発生は減らせますが、完全になくすのは困難です。なぜならファイルシステムにバグがあれば依然同じ問題が発生しますし、ハードウェアに問題がある場合も問題が起こり得るからです。

ではどうすればいいかというと、一般的には、ファイルシステムの定期的なバックアップを取っておき、ファイルシステム不整合が発生したときには、最後にバックアップを取った時点の状態に復元することが対策となります。

普段から定期バックアップを取っていないなどの事情があれば、各ファイルシステムに用意されている復旧用コマンドによって整合性を回復できることがあります。

ファイルシステムによって復旧用コマンドの数や性質に違いがありますが、どのファイルシステムにも`fsck`と呼ばれるコマンド（ext4なら`fsck.ext4`、XFSなら`xfs_repair`、Btrfsなら`btrfs check`）があります。しかし、`fsck`は次のような理由であまりお勧めできません。

- 整合性確認および修復のためにファイルシステムを全走査するため、所要時間がファイルシステムの使用量に応じて増加する。数TiBのファイルシステムであれば、おおよそ数時間ないし数日単位を要することも。
- 修復に長い時間をかけても、結局失敗に終わることも多い。
- ユーザが望んでいる状態に復元するとは限らない。`fsck`は、あくまでもデータ不整合が起きたファイルシステムを無理矢理マウントできるようにするコマンドに過ぎない。処理の最中には、不整合が起きているデータやメタデータを容赦なく削除する（図07-18）。

図07-18 fsckの動作

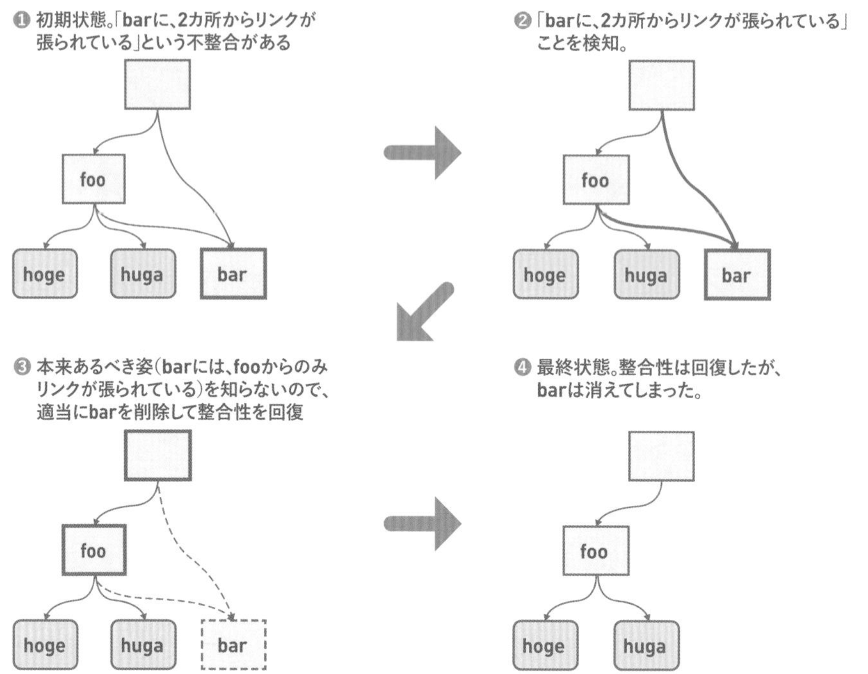

やはり定期的にバックアップを取っておくのが一番良いということになります。

Btrfsが提供するファイルシステムの高度な機能

ext4やXFSは細かな違いはあるものの、機能面ではLinuxの元になるUNIXが作られた頃からある、基本的なものだけを提供しています。その一方でBtrfsはこれらには無い機能があります。

スナップショット

Btrfsは、ファイルシステムのスナップショットを採取できます。スナップショットの作成は、データのフルコピーではなく、データを参照するメタデータの作成だけで済むために、通常のコピー操作よりもはるかに高速です。

スナップショットは、元のファイルシステムとデータを共有するため、空間的コストも低いです。スナップショットは、Btrfsのコピーオンライト形式のデータ更新という特性を最大限に活用しています。

Btrfsの仕組みは非常に複雑なので詳細な説明はできませんが、ここでは簡単な例を使ってスナップショットの仕組みを説明します。rootの下にfoo、barという2つのファイルが存在している状況を考えてみましょう（図07-19）。

図07-19 スナップショット採取前

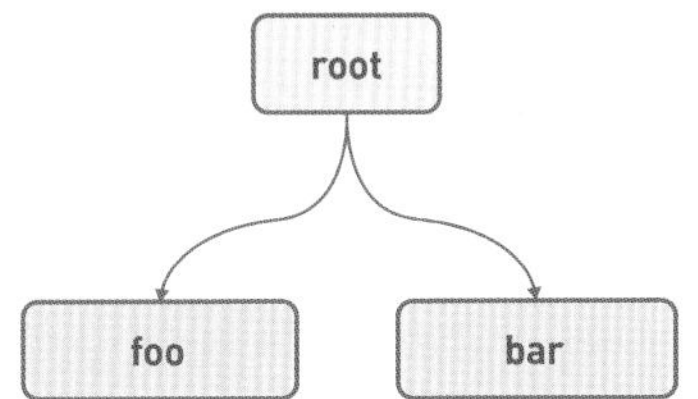

ここからファイルシステムのスナップショットを採取すると図07-20のように、スナップショットのrootからはfoo、barへのリンクが張られるだけで、foo、barのデータはコピーしません。

図07-20 スナップショット採取

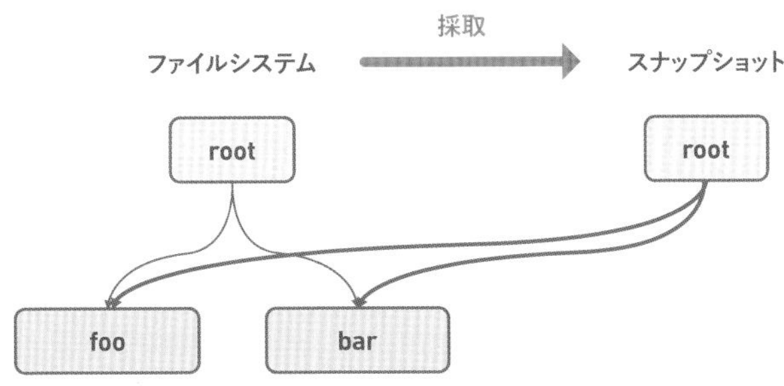

この後、fooのデータを書き換えると次のように処理が進みます。

❶ fooのデータを別の新しい領域にコピーする。
❷ 新しい領域のデータを更新する。
❸ 最後にrootから更新後の領域にポインタを張り替える＊3（図07-21）。

＊3 実際にはファイルをすべてコピーするのではなく書き換えた領域だけコピーします。

図07-21 スナップショット採取後のデータ更新

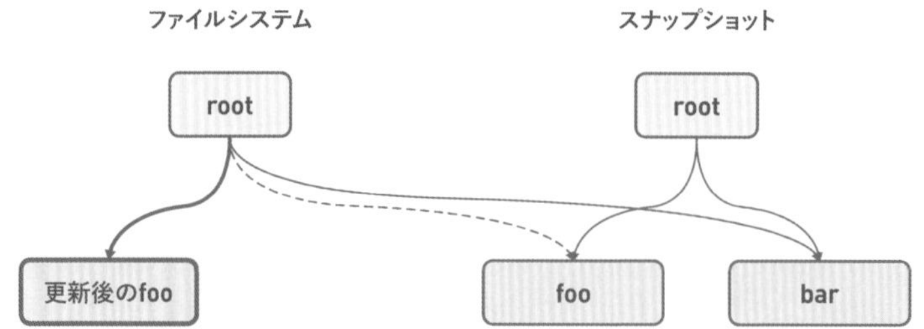

見ての通り、スナップショットは採取元のファイルシステムとデータを共有しているため、共有しているデータが何らかの理由によって壊れた場合は、スナップショットのデータも壊れます。このため、スナップショットはバックアップとしては機能しません。バックアップを取りたければスナップショットを採取した後に、そのデータを別の場所にコピーする必要があります。

ファイルシステムレベルでバックアップを採取する場合は、一般的にファイルシステムへのI/Oを止める必要がありますが、スナップショットを使えばその時間を短縮できます。具体的には、スナップショットを採取する短い時間だけI/Oを止めて、その後はスナップショットのバックアップを取れば、ファイルシステム本体のI/Oは止めなくて済みます（図07-22）。

図07-22 バックアップとスナップショット

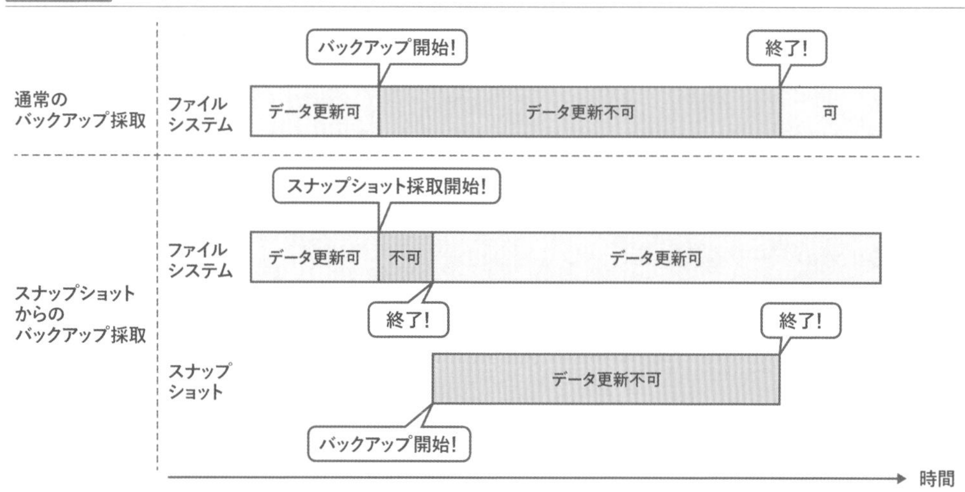

マルチボリューム

ext4やXFSは、1つのパーティションに対して1つのファイルシステムを作成します。

Btrfsは、1つないし複数のストレージデバイス／パーティションから大きなストレージプールを作った上で、その上に、マウント可能なサブボリュームという領域を作成します。ストレージプールは「Logical Volume Manager」（LVM）[*4]におけるボリュームグループ、サブボリュームはLVMにおける論理ボリュームとファイルシステムを足したものに近いです。このように、Btrfsは従来型のファイルシステムの一種と考えるよりも、「ファイルシステム＋LVM」のようなボリュームマネージャと考えるほうが分かりやすいでしょう（図07-23）。

＊4　https://github.com/lvmteam/lvm2

結局どのファイルシステムを使えばいいのか　Column

筆者は「結局、どのファイルシステムを使えばいいのか」と聞かれることがよくありますが、これは非常に回答が難しいです。なぜならば、万人にとって最高のファイルシステムは存在せず、どれも一長一短だからです。

どのファイルシステムが良いかは要件によって異なります。その要件が「XXという機能が必須」であり、かつ、特定のファイルシステムにしか存在しないのであれば話は簡単です。しかしながら多くの場合は「このようなパターンでファイルを作り、このようにアクセスする場合に最速なものがよい」というようなワークロード依存の複雑な要件になりがちです。こうなると世の中にたくさんある「空のファイルを100万個連続して作った場合の性能」といったマイクロベンチマークの結果だけでは判断ができません。結局は自分で性能測定して評価する必要があります。何が自分にとって適しているのかは自分にしか分からないことが多いのです。

個々のファイルシステムの細かい違いについては、本記事のスコープを外れますので割愛します。興味のある方は以下のサイトをご参照ください。

- Ext4 (and Ext2/Ext3) Wiki
  https://ext4.wiki.kernel.org/index.php/Main_Page
- XFS.org
  https://xfs.org/index.php/Main_Page
- Btrfs wiki
  https://btrfs.wiki.kernel.org/index.php/Main_Page

図07-23 Btrfsのストレージプール

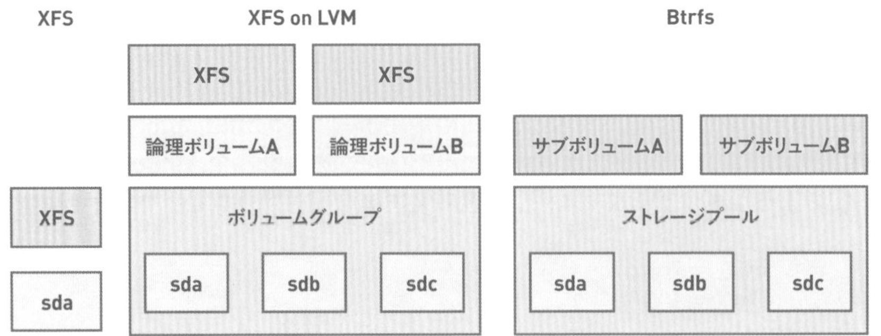

Btrfsは、LVMのようにRAID構成も組めます。サポートしているのはRAID 0、1、10、5、6、それにdup[*5]です。RAID1の場合は図07-24のようになります。

図07-24 RAID1構成のBtrfs

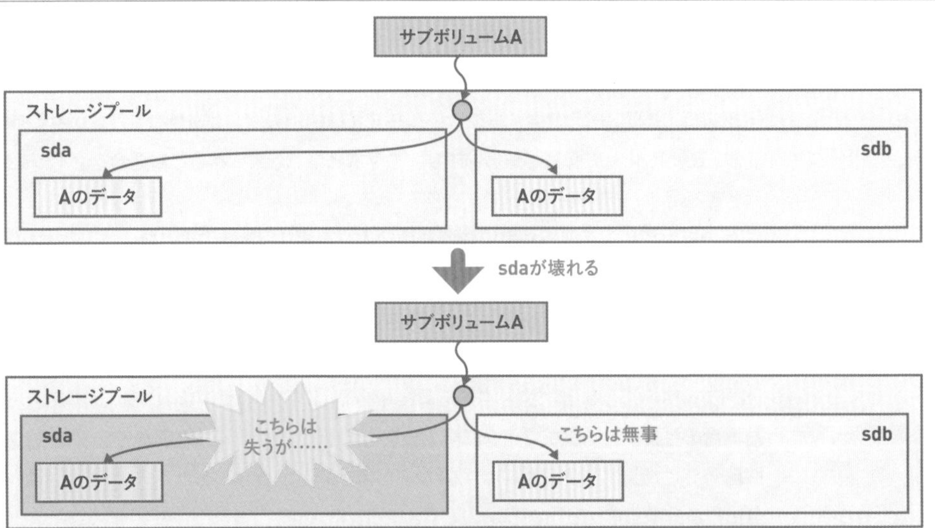

データ破壊の検知/修復

ハードウェアのビット化けなどの理由によってファイルシステムのデータが壊れてしまうことがあります。そもそもデータが壊れるのは一大事ですし、これをきっかけにさらなる

＊5　1つのデバイス上に同じデータを2つ持つ。

データ破損が起きることもあります。またこのような問題は原因究明が困難です。Btrfsは、このようなデータ破壊を検知できますし、RAID構成を組んでいれば修復もできます。

Btrfsは、全データについてチェックサムを持つことによって、データの破損を検知できます。データを読み出す際にチェックサムエラーを検出すると、そのデータは捨てて、読み出しを依頼したプログラムにはI/Oエラーを通知します。Btrfsを/dev/sda上に構築した場合は、図07-25のようになります。

図07-25 データの破損をチェックサムで検知

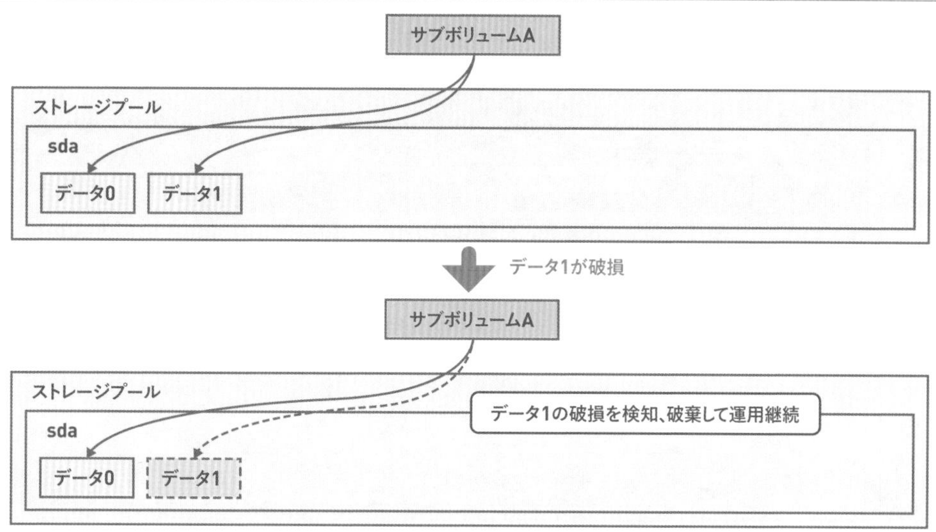

RAID構成にしていれば、残っている正しいデータを元に、破壊されたデータを修復できます。/dev/sdaと/dev/sdbを使ってRAID1構成にしている場合の修復の流れを図07-26に示します。

図07-26 破損したデータの修復

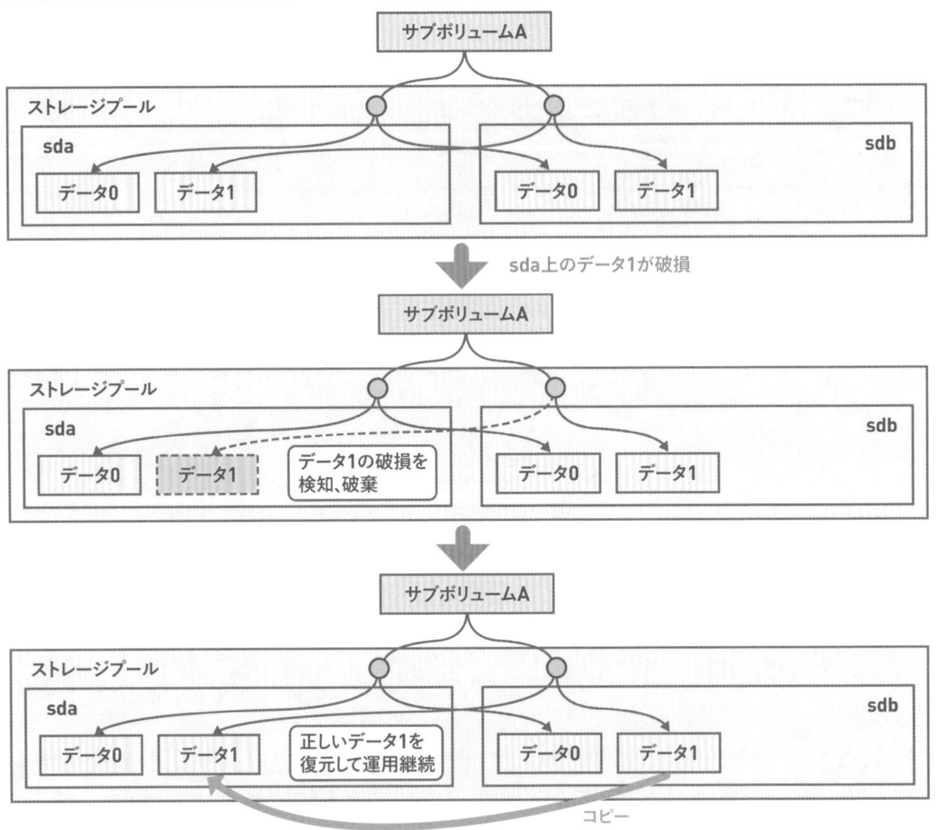

その他のファイルシステム

ここまでに紹介したext4、XFS、Btrfsというファイルシステム以外にも、Linuxには多種多様なファイルシステムがあります。本節ではそのうちのいくつかを紹介します。

メモリベースのファイルシステム

ストレージデバイスの代わりにメモリ上に作成する「tmpfs」というファイルシステムがあります。このファイルシステムに保存したデータは電源を切ると無くなってしまいますが、ストレージデバイスへのアクセスが一切発生しないため、高速にアクセスできます（図07-27）。

図07-27 tmpfs

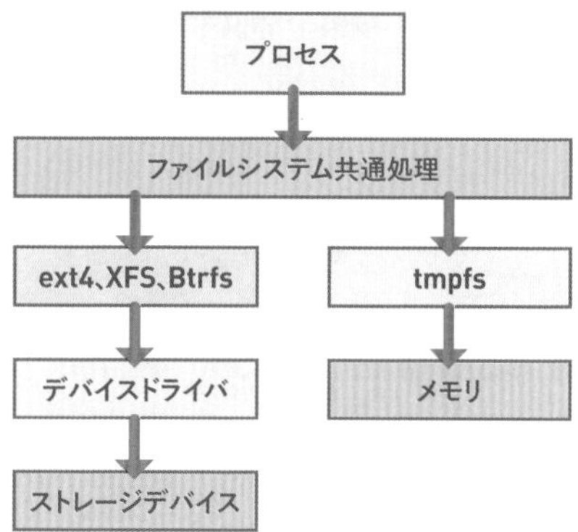

tmpfsは、再起動後に残っている必要のない`/tmp`や`/var/run`に使われることが多いです。筆者の使っているUbuntu 20.04もさまざまな用途でtmpfsを使っています。

```
$ mount | grep ^tmpfs
tmpfs on /run type tmpfs (rw,nosuid,nodev,noexec,relatime,size=1535936k,mode=755)
tmpfs on /dev/shm type tmpfs (rw,nosuid,nodev)
tmpfs on /run/lock type tmpfs (rw,nosuid,nodev,noexec,relatime,size=5120k)
tmpfs on /sys/fs/cgroup type tmpfs (ro,nosuid,nodev,noexec,mode=755)
tmpfs on /run/user/1000 type tmpfs (rw,nosuid,nodev,relatime,size=1535932k,mode=700,uid=1000,g
id=1000)
```

`free`コマンドの出力結果にある「shared」フィールドの値が、tmpfsなどによって実際に使用されているメモリの量を示します。

```
$ free
              total        used        free      shared  buff/cache   available
Mem:       15359352      471052     9294360        1560     5593940    14557712
Swap:             0           0           0
```

筆者のシステムでは、tmpfsのために合計1560KiB、つまり1.5MiBのメモリを使っていることが分かります。

tmpfsは、UbuntuのようなOSが作るだけではなく、`mount`コマンドによってユーザが作れます。以下は1GiBのtmpfsを作って`/mnt`以下にマウントする例です。

```
$ sudo mount -t tmpfs tmpfs /mnt -osize=1G
$ mount | grep /mnt
tmpfs on /mnt type tmpfs (rw,relatime,size=1048576k)
```

tmpfsが使うメモリは、ファイルシステムを作ったときにすべて獲得するわけではなく、データに最初にアクセスしたときに、ページ単位でメモリを獲得するという仕組みになっています。

```
$ free
              total        used        free      shared  buff/cache   available
Mem:       15359352      464328     9301044        1560     5593980    14564436
Swap:             0           0           0
```

見ての通り、「shared」の値は増えていません。/mnt以下にデータを書き込んだ後に、再びfreeコマンドを実行してみましょう。

```
$ sudo dd if=/dev/zero of=/mnt/testfile bs=100M count=1
1+0 records in
1+0 records out
104857600 bytes (105 MB, 100 MiB) copied, 0.0580327 s, 1.8 GB/s
$ free
              total        used        free      shared  buff/cache   available
Mem:       15359352      464292     9198452      103960     5696608    14462072
Swap:             0           0           0
```

使用量が100MiB増えたことが分かりました。実験が終わったら後片付けをしましょう。tmpfsはumountすると消えます。そのときtmpfsが使っていたメモリもすべて解放されます。

```
$ sudo umount /mnt
$ free
              total        used        free      shared  buff/cache   available
Mem:       15359352      464108     9300896        1560     5594348    14564656
Swap:             0           0           0
```

ネットワークファイルシステム

これまで述べたファイルシステムは、ローカルマシン上に存在するデータを見せるものでしたが、ネットワークを介して繋がっているリモートホスト上のデータに、ファイルシステムのインターフェースを使ってアクセスする「ネットワークファイルシステム」というものがあります。

「Network File System」(NFS)や「Common Internet File System」(CIFS)は、リモートにあるファイルシステムをローカルからファイルシステムとして操作できます(図07-28)。主に前者は、Linuxを含むUNIX系OSのリモートファイルシステムにアクセスするために使い、後者はWindowsマシン上のファイルシステムへのアクセスに使います。

図07-28 NFSやCIFS

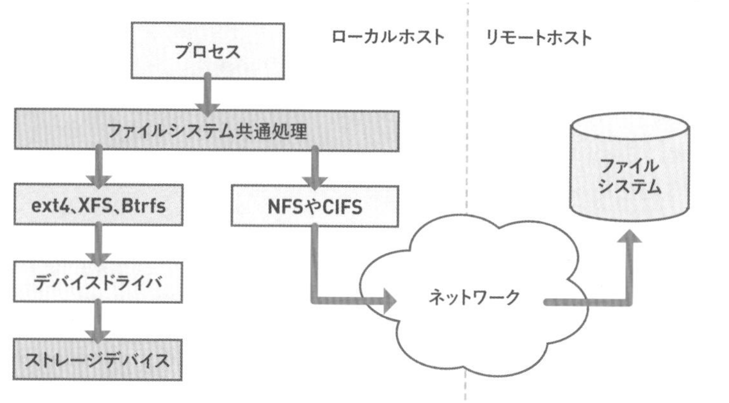

複数のマシン上のストレージデバイスを束ねて、大きなファイルシステムを作るCephFSのようなファイルシステムもあります（図07-29）。

図07-29 CephFS

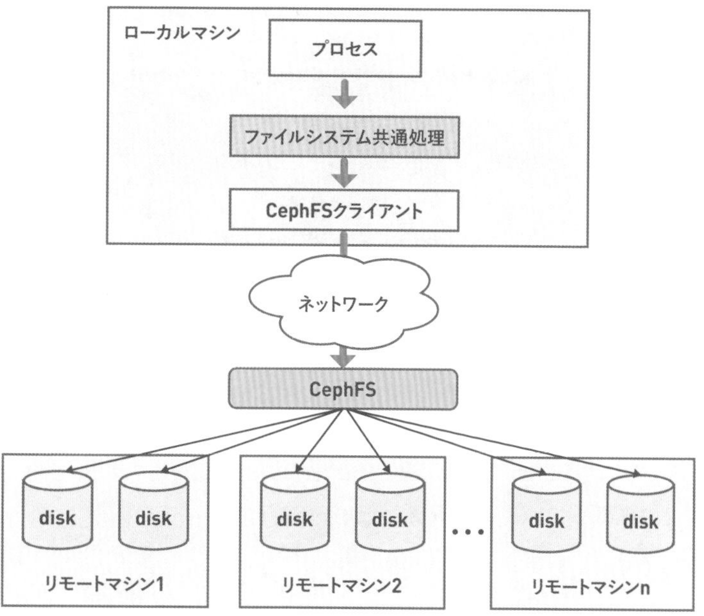

procfs

システムに存在するプロセスについての情報を得るために「procfs」というファイルシス

テムが存在します。通常procfsは/proc以下にマウントされます。/proc/pid/以下のファイルにアクセスすると、pidに対応するプロセスの情報を得られます。以下は筆者の環境のbashに関する情報です。

```
$ ls /proc/$$
... cmdline ... maps ... stack ...
... comm    ... mem  ... stat  ...
```

大量にファイルがありますが、ここではそのうちの一部について紹介します(表07-03)。

表07-03 /proc/pid/以下のファイル(一部)

ファイル名	意味
/proc/<pid>/maps	すでに本書で何度か利用した、プロセスのメモリマップ。
/proc/<pid>/cmdline	プロセスのコマンドライン引数。
/proc/<pid>/stat	プロセスの状態、これまでに使用したCPU時間、優先度、使用メモリ量など。

プロセス以外の情報も得られます(表07-04)。

表07-04 /proc以下のファイル(一部)

ファイル名	意味
/proc/cpuinfo	システムが搭載するCPUに関する情報。
/proc/diskstat	システムが搭載するストレージデバイスに関する情報。
/proc/meminfo	システムのメモリに関する情報。
/proc/sys/ディレクトリ以下のファイル	カーネルの各種チューニングパラメータ。sysctlコマンドと/etc/sysctl.confによって変更するパラメータに1対1対応している。

これまでの章にも出てきたps、sar、freeなどの、OSが提供する各種情報を表示するコマンドは、procfsから情報を採取しています。興味のある方はこれらのコマンドをstraceを使って実行してみれば/proc/以下のファイルからデータを読み出していることが分かります。

これ以上の詳細については`man 5 proc`を参照してください。

sysfs

Linuxにおいてprocfsが導入されてからしばらく経つと、プロセスに関するもの以外のカーネルが保持する雑多な情報が、procfsに際限なく置かれるようになりました。procfsのさらなる濫用を防ぐために、これらの情報を配置する場所として作られたのが「sysfs」です。sysfsは通常/sys/ディレクトリ以下にマウントされます。

sysfsから得られる情報の例として/sys/block/ディレクトリを紹介します。この下にはシステムに存在するブロックデバイスごとにディレクトリが存在しています。

```
$ ls /sys/block/
loop0  loop1  loop2  loop3  loop4  loop5  loop6  loop7  nvme0n1
```

このうちnvme0n1というディレクトリは、NVMe SSDのデバイスを示しており、/dev/nvme0n1に対応します。このディレクトリ以下のdevというファイルの中には、デバイスのメジャー番号とマイナー番号が入っています。

```
$ cat /sys/block/nvme0n1/dev
259:0
$ ls -l /dev/nvme0n1
brw-rw---- 1 root disk 259, 0 10月  2 08:06 /dev/nvme0n1
```

他にも、表07-05のような面白いファイルがあります。

表07-05 ブロックデバイスのsysfsファイル（一部）

ファイル	説明
removable	CDやDVDのようにデバイスからメディアを取り出せるのであれば1、そうでなければ0。
ro	1なら読み取り専用。0なら読み書き可能。
size	デバイスのサイズ。
queue/rotational	アクセスにディスクなどの回転が伴うHDD、CD、DVDなどは1、そうでないSSDなどは0。
nvme0n1p<n>	パーティションに対応するディレクトリ。それぞれ上記と同じようなファイルを持つ。

sysfsの詳細については`man 5 sysfs`を見てください。

第8章

記憶階層

皆さんは、コンピュータの記憶装置の階層構造を示す、以下のような図を見たことはないでしょうか（図08-01）。

図08-01　記憶装置の階層構造

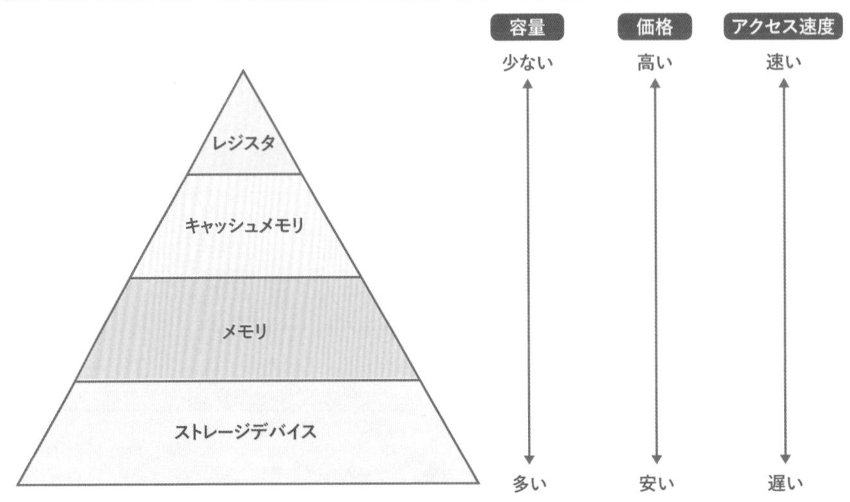

コンピュータにはさまざまな記憶装置があり、図の上層ほどアクセスが高速な反面サイズは小さく、バイト当たりの価格が高価だということをこの図は示しています。

本章では、これらの記憶装置について具体的にどれだけサイズや性能に差があるのか、および、それぞれの差を考慮した上でハードウェアやLinuxはどのようなことをしているのかについて述べます。

キャッシュメモリ

CPUの動きを単純化すると次のような動作を繰り返しています。

❶ 命令を読み出して、命令の内容をもとに、メモリからレジスタにデータを読み出す。
❷ レジスタ上のデータをもとに計算する。
❸ 計算結果をメモリに書き戻す。

一般に、レジスタ上の計算にかかる時間に比べて、メモリアクセス速度は極めて遅いです。例えば筆者の環境では、前者は1回当たりおよそ1ナノ秒未満ですが、後者は1回当たり数十ナノ秒です。これによって処理❷がいくら速くても、処理❶と処理❸がボトルネックになるため、全体の処理速度は遅くなってしまいます。

この問題を解決するために存在するのがキャッシュメモリです。キャッシュメモリは、通常、CPUの中に存在する高速な記憶装置です。CPUからキャッシュメモリへのアクセスは、メモリへのアクセスに比べて数倍ないし数十倍高速です。

メモリからレジスタにデータを読み出す際は、まずキャッシュメモリにキャッシュラインという単位でデータを読み出した上で、そのデータをレジスタに読み出します。キャッシュラインのサイズはCPUごとに決まっています。この処理はハードウェアによるもので、カーネルは関与しません[*1]。

以下のような仮想的なCPUを例に、キャッシュメモリの挙動を見てみましょう。

- レジスタはR0とR1の2つ。いずれもサイズは10バイト。
- キャッシュメモリのサイズは50バイト。
- キャッシュラインのサイズは10バイト。

まず、このCPUのR0に、メモリアドレス300のデータを読み込んだとします（図08-02）。

図08-02 R0にメモリアドレス300のデータを読み込んだ場合

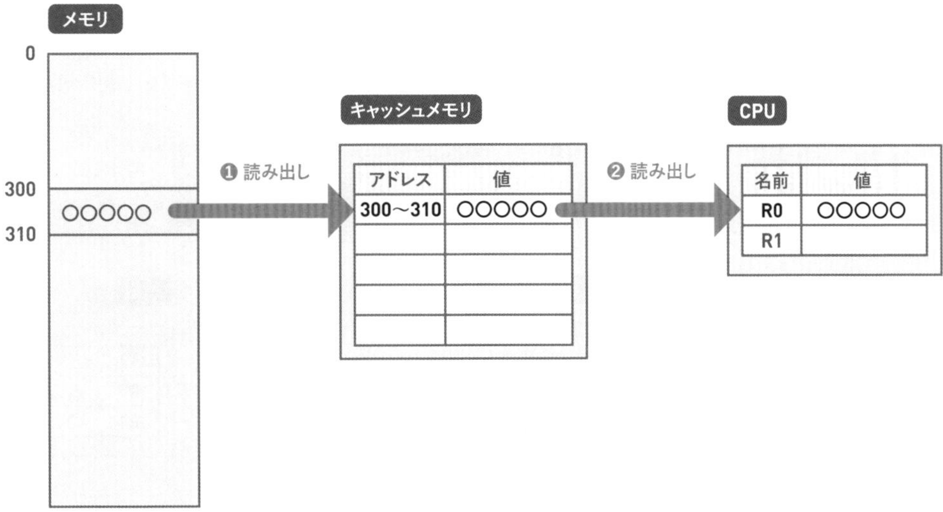

この後、CPUがアドレス300のデータを再度読み出す場合、ここでは例えばR1に読み出した場合、メモリへのアクセスはせずに、キャッシュメモリへのアクセスだけで済むため、高速化できます（図08-03）。

＊1　CPUには、キャッシュメモリを破棄するなど、キャッシュメモリを制御するCPU命令がありますが、本書では触れません。

図08-03 キャッシュメモリにあるデータへのアクセス

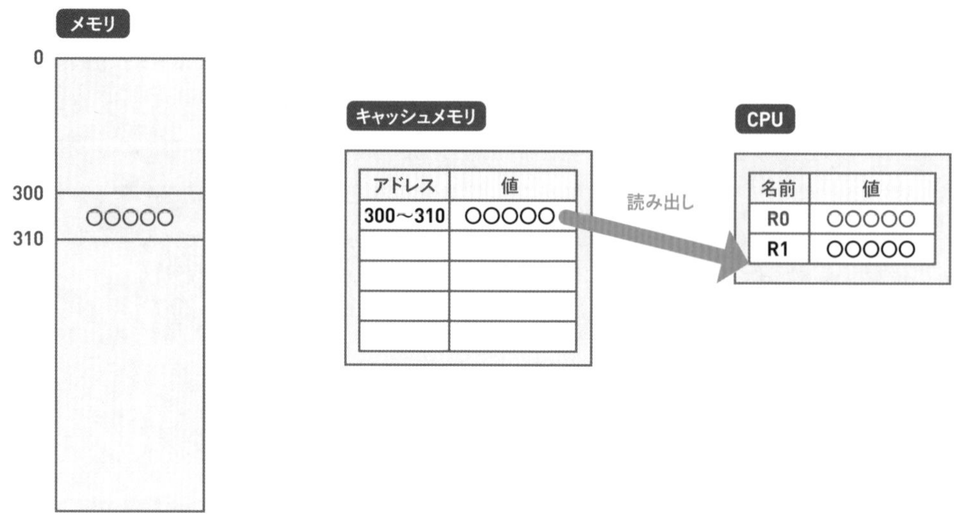

図08-03の状態から、さらにR0の値を書き換えて、その内容をメモリアドレス300に書き戻すと、メモリへの書き込みの前にキャッシュメモリに書きます。このときキャッシュラインには、メモリから読み出してからデータが変更されたことを示す印を付けます。このような印をつけられたキャッシュラインを「ダーティである」と表現します（図08-04）。

図08-04 メモリアドレス300の値を書き換える

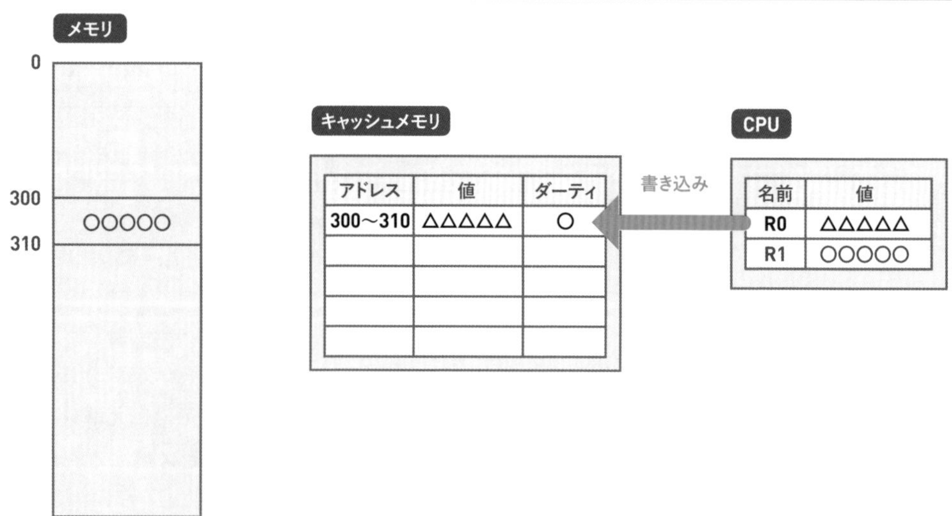

このマークが付けられたキャッシュラインのデータをメモリに反映すると、キャッシュラ

インはダーティではなくなります。メモリへの書き込み方法にはライトスルー方式とライトバック方式の2種類があります。前者はデータをキャッシュメモリに書き込むときにメモリにも一緒に書いてしまいます。それに対して後者は、後ほど所定のタイミングで書き戻します（図08-05）。ライトスルーのほうが実装は簡単ですが、ライトバックのほうが、CPUからメモリへのデータ書き込み命令の実行にメモリアクセスせずに済むため、高速化できます。

図08-05 ダーティなキャッシュラインのメモリへの反映

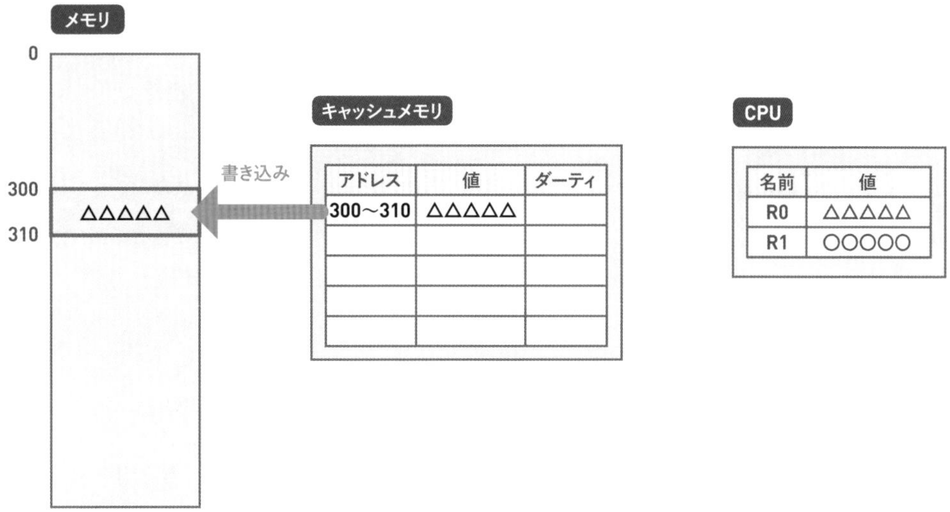

キャッシュメモリが一杯の状態で、キャッシュ内に存在しないデータを読み書きすると、既存のキャッシュラインのうちの1つを破棄して、空いたキャッシュラインに新しいデータを入れます。例えば図08-06の状態からアドレス350 のデータを読み出すと、キャッシュライン上のデータを1 つ（ここではアドレス「340-350」のフィールド）破棄した上で、当該アドレスのデータを今空けたキャッシュラインにコピーします（図08-07）。

図08-06 キャッシュメモリがいっぱいの状態からキャッシュライン上のデータを1つ破棄

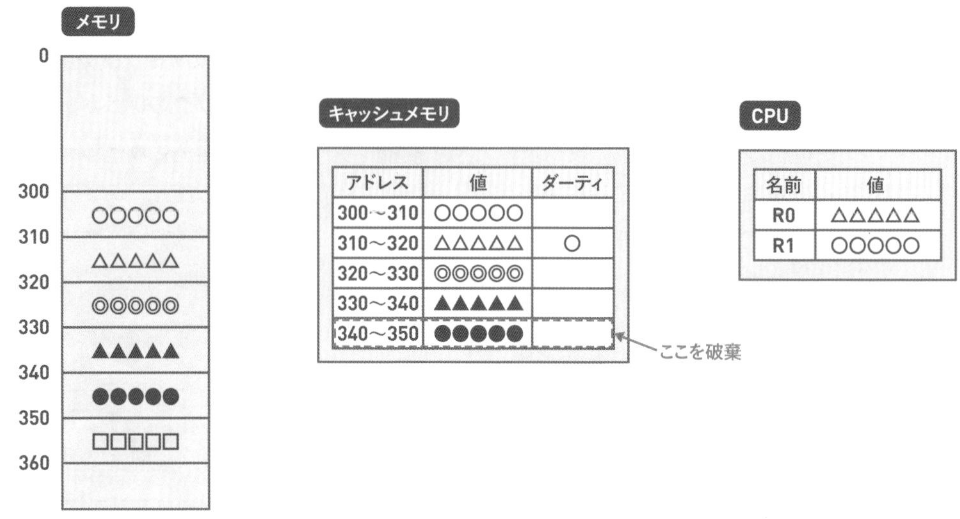

図08-07 新たなデータをキャッシュラインにコピー

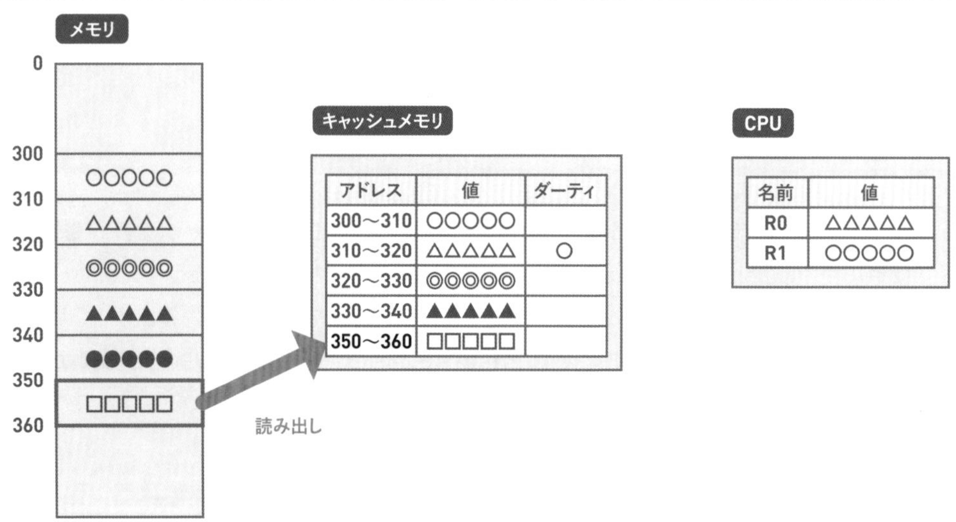

破棄するキャッシュラインがダーティな場合は、対応するメモリにデータを書き込んでクリーンにした上で破棄します。キャッシュメモリが一杯になっている状態で、キャッシュに入っていない領域へのメモリアクセスが頻発すると、キャッシュライン内のデータが激しく入れ替わる「スラッシング」という状態になり、性能が劣化します。

参照の局所性

仮にCPUが使うデータがすべてキャッシュメモリ上に存在する場合、CPUがメモリからレジスタにデータを読み出す命令実行時に、キャッシュメモリにしかアクセスせずに済みます。かつ、ライトバック方式の場合は、レジスタからメモリにデータを書き込む処理も同様です。このような都合の良いことはそんなに起こらないのではないか……と思うかもしれませんが、実際には頻繁に発生します。

多くのプログラムには、参照の局所性と呼ばれる次のような特徴があります。

- 時間的局所性：ある時点でアクセスしたメモリは、近い将来に再びアクセスする可能性が高い。典型的にはループ処理の中におけるループ内のコード。
- 空間的局所性：ある時点でメモリアクセスすると、近い将来にそれに近い場所のデータにアクセスする可能性が高い。典型的には配列要素への全走査時における配列のデータ。

このため、プロセスのメモリアクセスを観察すると、ある短い期間に限って言うと、プロセス開始から終了までに使うメモリ総量に比べると、非常に少ないメモリだけ使う傾向があります。このメモリ量がキャッシュメモリのサイズに収まっていれば、前述のような理想的な処理の高速化が期待できるというわけです。

階層型キャッシュメモリ

最近のCPUは、キャッシュメモリが階層化されていることがあります。各階は「L1キャッシュ」「L2キャッシュ」「L3キャッシュ」などという名前がついています（Lは「Level」の頭文字）。最もレジスタに近いのがL1キャッシュで、すべてのキャッシュの中で一番高速で、かつ、一番容量が小さいです。階数の番号が増えるにつれてレジスタから遠くなり、容量が多く、低速になっていきます。

キャッシュメモリの情報は、`/sys/devices/system/cpu/cpu0/cache/index0/`といったディレクトリにあるファイルの中身を見れば分かります（表08-01）。

表08-01 キャッシュメモリのsysfsファイル（一部）

ファイル名	意味
type	キャッシュするデータの種類。Dataならばデータのみ、Instructionならばコードのみ、Unifiedならコードもデータもキャッシュする。
shared_cpu_list	キャッシュを共有する論理CPUのリスト。
coherency_line_size	キャッシュラインサイズ。
size	サイズ。

筆者の環境においては、表08-02のようになっていました。

表08-02 キャッシュメモリの情報（筆者の環境）

ディレクトリ名	ハードウェア上の名前	種類	共有する論理CPU	キャッシュラインサイズ[バイト]	サイズ [KiB]
index0	L1d	データ	共有しない	64	32
index1	L1i	コード	共有しない	64	64
index2	L2	データとコード	共有しない	64	512
index3	L3	データとコード	全論理CPUが共有	64	4096

キャッシュメモリへのアクセス速度の計測

cacheプログラム（リスト08-01）を使ってメモリアクセス速度とキャッシュメモリへのアクセス速度の違いを計測してみましょう。このプログラムは、以下のような挙動をします。

❶ 2^2 = 4KiBから$2^{2.25}$ = 4.76KiB、$2^{2.5}$ = 5.7KiB、……と、最終的には64MiBの数値に対して以下の処理をする。
  (1) 数値に相当するサイズのバッファを獲得。
  (2) バッファの全キャッシュラインにシーケンシャルにアクセス。最後のキャッシュラインへのアクセスが終わったら、最初のキャッシュラインに戻り、最終的にはソースコードに書かれているNACCESS回メモリアクセスする。
  (3) 1回のアクセス当たりの所要時間を記録。

❷ ❶の結果をもとに、cache.jpgというファイルにグラフを出力。

リスト08-01 cache.go

```
/*

cache

1. 2^2(4)Kバイトから2^4.25Kバイト,2^(4.5)Kバイト、...と、最終的には64Mバイトの数値に対して以下の処理をする
  1. 数値に相当するサイズのバッファを獲得
  2. バッファの全キャッシュラインにシーケンシャルにアクセス。最後のキャッシュラインへのアクセスが終わったら
     最初のキャッシュラインに戻り、最終的にはソースコードに書かれているNACCESS回メモリアクセスする
  3. 1回のアクセスあたりの所要時間を記録
2. 1の結果をもとにcache.jpgというファイルにグラフを出力

*/

package main
```

```
import (
	"fmt"
	"log"
	"math"
	"os"
	"os/exec"
	"syscall"
	"time"
)

const (
	CACHE_LINE_SIZE = 64
	// プログラムがうまく動作しなければこの値を変更してください。高速なマシンではアクセス数が足りずに、
	// とくにバッファサイズが小さいときの値がおかしいことがあります。低速なマシンなら時間がかかりすぎる
	// ことがあるので値を小さくしてください
	NACCESS = 128 * 1024 * 1024
)

func main() {
	_ = os.Remove("out.txt")
	f, err := os.OpenFile("out.txt", os.O_CREATE|os.O_RDWR, 0660)
	if err != nil {
		log.Fatal("openfile()に失敗しました")
	}
	defer f.Close()
	for i := 2.0; i <= 16.0; i += 0.25 {
		bufSize := int(math.Pow(2, i)) * 1024
		data, err := syscall.Mmap(-1, 0, bufSize, syscall.PROT_READ|syscall.PROT_WRITE, syscall
.MAP_ANON|syscall.MAP_PRIVATE)
		defer syscall.Munmap(data)
		if err != nil {
			log.Fatal("mmap()に失敗しました")
		}

		fmt.Printf("バッファサイズ 2^%.2f(%d) KB についてのデータを収集中...\n", i, bufSize/1024)
		start := time.Now()
		for i := 0; i < NACCESS/(bufSize/CACHE_LINE_SIZE); i++ {
			for j := 0; j < bufSize; j += CACHE_LINE_SIZE {
				data[j] = 0
			}
		}
		end := time.Since(start)
		f.Write([]byte(fmt.Sprintf("%f\t%f\n", i, float64(NACCESS)/float64(end.Nanoseconds()))))
	}
	command := exec.Command("./plot-cache.py")
	out, err := command.Output()
	if err != nil {
		fmt.Fprintf(os.Stderr, "コマンド実行に失敗しました: %q: %q", err, string(out))
```

```
            os.Exit(1)
    }
}
```

cacheプログラムは、内部的にplot-cache.pyプログラム（リスト08-02）の実行によってグラフを描画しています。お手元でcacheプログラムを実行する場合は、同じディレクトリにplot-cache.pyプログラムを配置してください。

リスト08-02 plot-cache.py

```
#!/usr/bin/python3

import numpy as np
from PIL import Image
import matplotlib
import os

matplotlib.use('Agg')

import matplotlib.pyplot as plt

plt.rcParams['font.family'] = "sans-serif"
plt.rcParams['font.sans-serif'] = "TakaoPGothic"

def plot_cache():
    fig = plt.figure()
    ax = fig.add_subplot(1,1,1)
    x, y = np.loadtxt("out.txt", unpack=True)
    ax.scatter(x,y,s=1)
    ax.set_title("キャッシュメモリの効果の可視化")
    ax.set_xlabel("バッファサイズ[2^x KiB]")
    ax.set_ylabel("アクセス速度[アクセス/ナノ秒]")

    # Ubuntu 20.04のmatplotlibのバグを回避するために一旦pngで保存してからjpgに変換している
    # https://bugs.launchpad.net/ubuntu/+source/matplotlib/+bug/1897283?comments=all
    pngfilename = "cache.png"
    jpgfilename = "cache.jpg"
    fig.savefig(pngfilename)
    Image.open(pngfilename).convert("RGB").save(jpgfilename)
    os.remove(pngfilename)

plot_cache()
```

筆者の環境で、以下のコマンドを実行して得られたグラフは、図08-08のようになりました。

```
$ go build cache.go
$ ./cache
```


図08-08 キャッシュメモリの効果

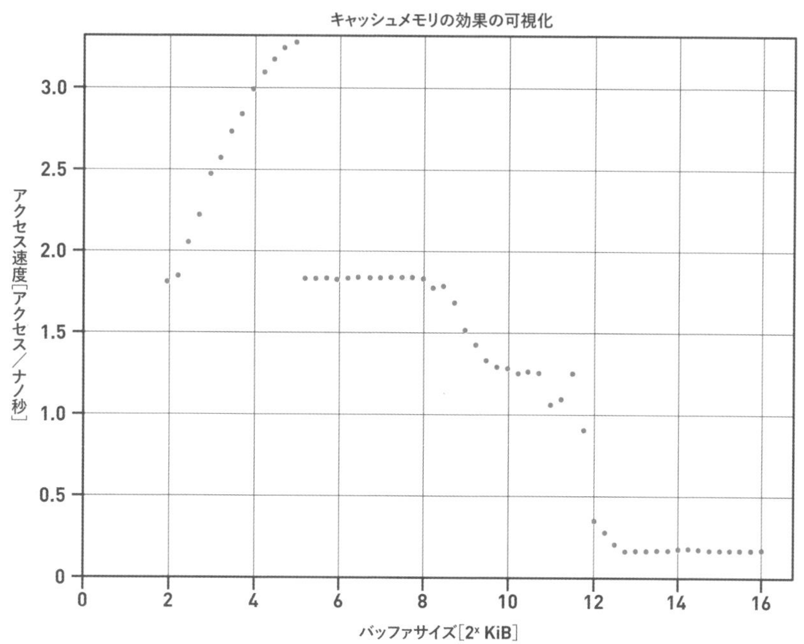

バッファサイズは、$2^{(\text{x軸の値})}$であることに注意してください。

アクセス時間は、おおよそ各キャッシュのサイズを境界として階段状に変化していること、および、バッファのサイズがL1、L2、L3キャッシュメモリの容量に達したとき、あるいはその前後にアクセス速度が変わることが分かります。

ここで2^2(4)KiBから2^5(32)KiBに達するまでの間に高速になっていくことについて補足しておきます。

このプログラムにおいて計測している所要時間は、正確には実行中に獲得したバッファへのアクセス時間だけではなく、アクセスするメモリを決める変数`i`をインクリメントする命令や`if`文など、他の命令を実行する時間も含んでいます。バッファサイズが小さいうちは、他の命令の実行コストが無視できない量なので、このような結果になったと考えられます。

ただしcacheプログラムの目的は、アクセス速度の絶対値を求めることではなく、アクセスするメモリ領域のサイズ変化に伴うメモリアクセス性能の変化を確認することなので、あまり深く考えなくて構いません。

Simultaneous Multi Threading (SMT)

前述のように、CPUの計算処理の所要時間に比べて、メモリアクセスの所要時間のほうがはるかに長いです。それに加えて、キャッシュメモリへのアクセスの所要時間も、CPUの計算処理に比べると、若干遅いです。

このため、timeコマンドのuserやsysとして計上されるCPU使用時間のうちの多くは、メモリあるいはキャッシュメモリからのデータ転送を待っているだけで、CPUの計算リソースは空いている状態ということもあります。

データ転送待ち以外にも、CPUの計算リソースが空いてしまう要因はたくさんあります。例えば、CPUには整数演算をするユニットと浮動小数点演算をするユニットが存在するのですが、整数演算をしている間は浮動小数点演算ユニットは空いている状態になります。

このような空きリソースをハードウェアの「Simultaneous Multi Threading (SMT)」という機能によって有効活用できます。SMTの文脈におけるスレッドは、プロセスに対する言葉としてのスレッドとはまったく関係ありません。

SMTは、CPUコアの中のレジスタなどの一部の資源を複数 (筆者の実験環境のCPUでは2つ) 作って、それぞれをスレッドとします。Linuxカーネルは各スレッドを論理CPUとして認識します。

1つのCPU上にt0、t1という2つのスレッドが存在して、かつ、t0の上ではプロセスp0が、t1の上ではプロセスp1が動作しているとします。t0上でp0が動作しているときにCPUの何らかのリソースが空いていれば、t1上のp1はそのリソースを使って処理を先に進められるというわけです。幸運にもp0とp1との間で使用リソースが重ならないような場合は、SMTの効果は大きいです。

例えば、p0は整数演算ばかり実行していて、p1は浮動小数点演算ばかり実行している状況などが該当します。その一方で、頻繁に使用リソースが重なるような場合はSMTの効果は大してないどころか、SMTを使わない場合よりも性能が劣化する可能性すらあります。

例として、第3章で使ったcpuperf.shプログラムを使って、SMTの効果を確認してみましょう。SMTを有効化した状態で、つまり論理CPUが8個ある状態で`./cpuperf.sh -m 12`を実行した結果を、図08-09と図08-10に示します。

図08-09 SMT有効、最大プロセス数12の場合の平均ターンアラウンドタイム

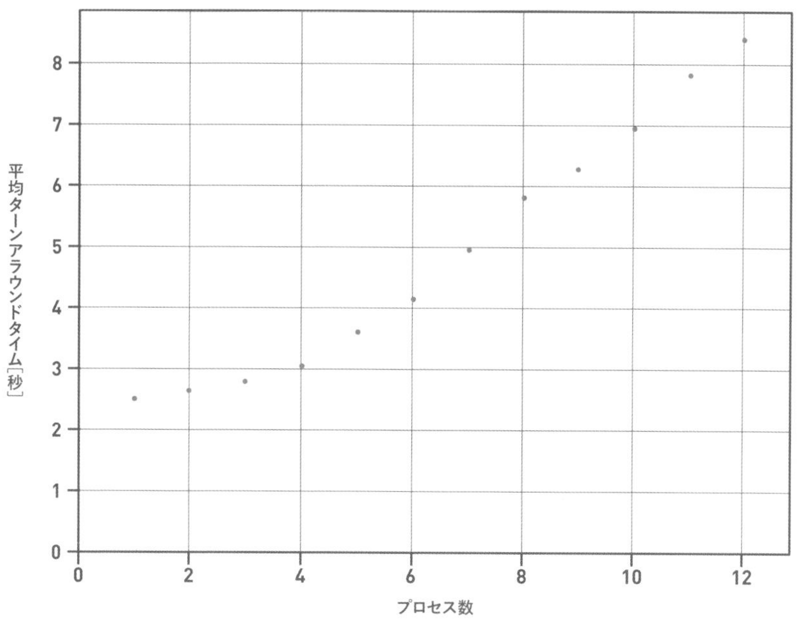

図08-10 SMT有効、最大プロセス数12の場合のスループット

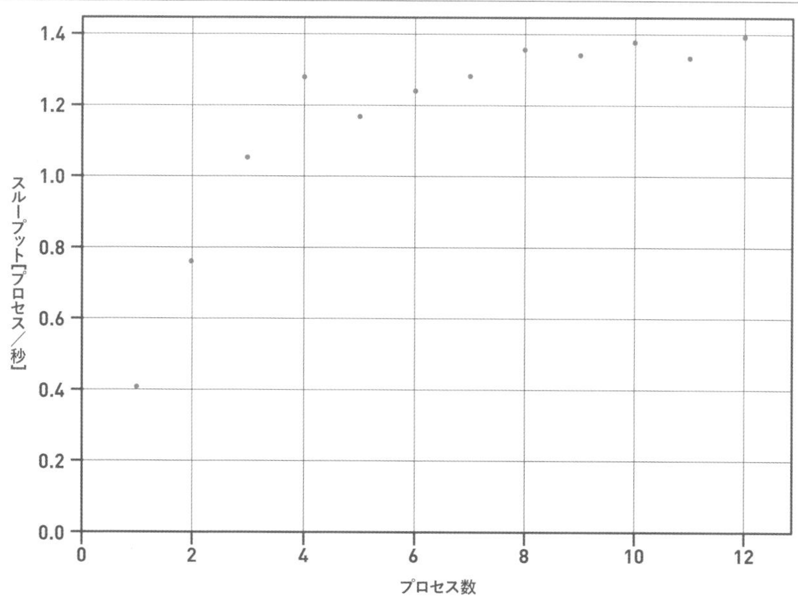

論理CPUは8個あるにもかかわらず、平均ターンアラウンドタイムはコア数（4）を上回った辺りからは劣化が激しくなり、かつ、スループットは同じタイミングで頭打ちになってしま

うことが分かりました。cpuperf.shの内部で動作している、負荷処理であるload.pyプログラムは、SMTとの相性が悪かったようです。

Translation Lookaside Buffer

プロセスが、所定の仮想アドレスのデータにアクセスするためには、次のような手順を踏む必要があります。

❶物理メモリ上に存在するページテーブルの参照によって、仮想アドレスを物理アドレスに変換。
❷❶で求めた物理メモリへのアクセス。

キャッシュメモリによって、❷が高速化できるのはすでに述べましたが、❶においては、依然としてメモリ上にあるページテーブルにアクセスする必要があります。これではせっかくのキャッシュメモリの効果を最大限に生かせません。

この問題を解決するために、CPUの中には「Translation Lookaside Buffer」(TLB)という領域があります。TLBは仮想アドレスから物理アドレスへの変換表を保存するため、❶を高速化できます。

第4章において述べたヒュージページは、ページテーブルのサイズ削減だけではなく、TLBの量を削減できるという利点もあります。

ページキャッシュ

本節では第4章で述べたページキャッシュを詳しく説明します。

まずは、すでに説明したことのおさらいをします。CPUからメモリへのアクセス速度に対して、ストレージデバイスへのアクセス速度は遅いです。特にHDDの場合は1000倍以上遅いです。この速度差を埋めるためのカーネルの仕組みがページキャッシュです。

ページキャッシュは、キャッシュメモリと非常によく似ています。キャッシュメモリがメモリのデータをキャッシュメモリにキャッシュするのに対して、ページキャッシュは、ファイルのデータをメモリにキャッシュします。キャッシュメモリにおいてはキャッシュライン単位でデータを扱いましたが、ページキャッシュにおいてはページ単位でデータを扱います。それ以外にもダーティなページを表す「ダーティページ」、ダーティページのディスクへの書き込みを表す「ライトバック」という概念もあります。

プロセスがファイルのデータを読み出すと、カーネルは、プロセスのメモリにファイルのデータを直接コピーするのではなく、図08-11のように、いったんカーネルのメモリ上にあるページキャッシュという領域にコピーしてから、そのデータをプロセスのメモリにコピーします。なおここでは簡略化のためプロセスの仮想アドレス空間は省略しています。

図08-11 ページキャッシュ

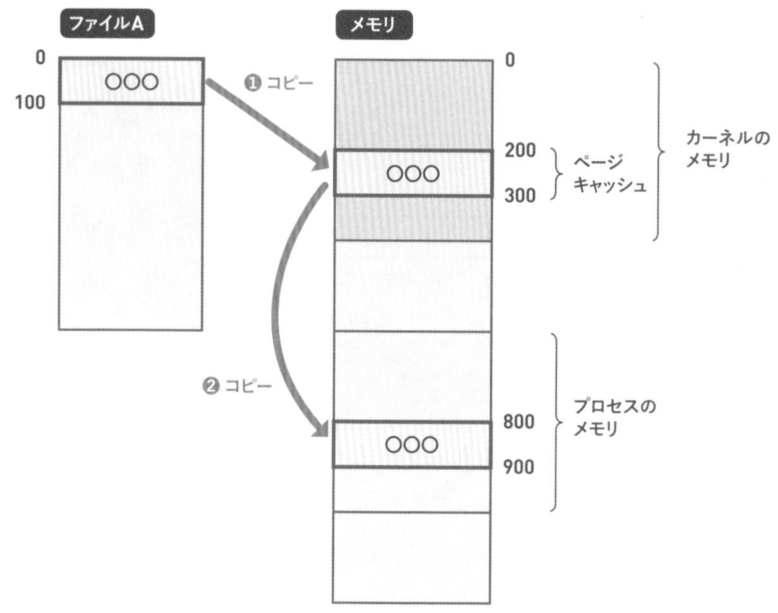

カーネルは自身のメモリ内に、ページキャッシュにキャッシュした領域についての情報の管理領域を持っています（図08-12）。

図08-12 ページキャッシュの管理領域

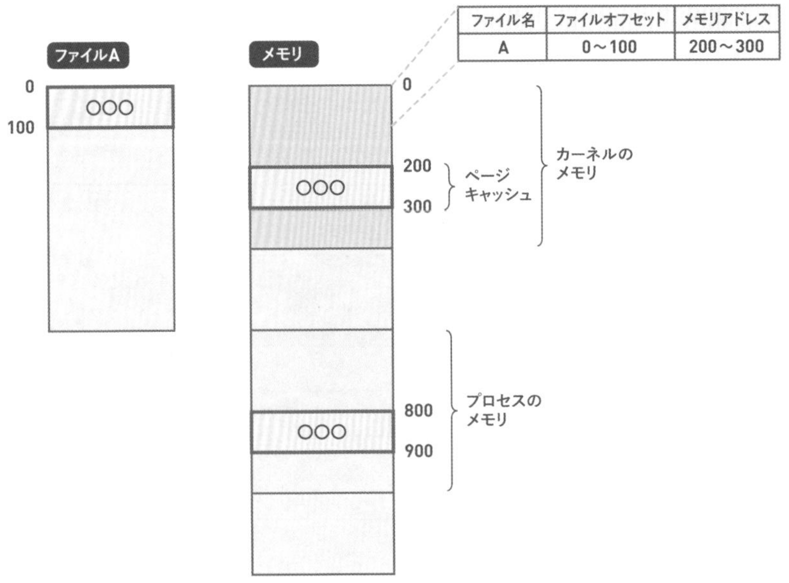

ページキャッシュ上に存在するデータを、このプロセス、あるいは他のプロセスが再び読み出すと、カーネルは、ストレージデバイスにアクセスせずにページキャッシュのデータを返すため、高速に終わります（図08-13）。

図08-13 ページキャッシュに存在するデータの読み出し

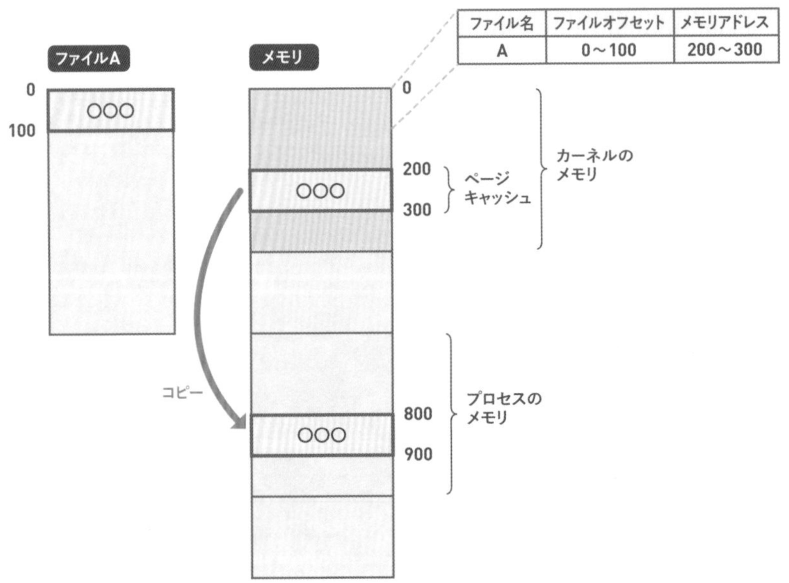

プロセスがデータをファイルに書き込むと、図08-14のように、カーネルはページキャッシュだけにデータを書き込みます。このとき、管理領域内の書き換えたページについてのエントリに「データの内容はストレージ内のものより新しい」という印を付けます。この印を付けられたページのことをダーティページと呼びます。

図08-14 ページキャッシュへの書き込み

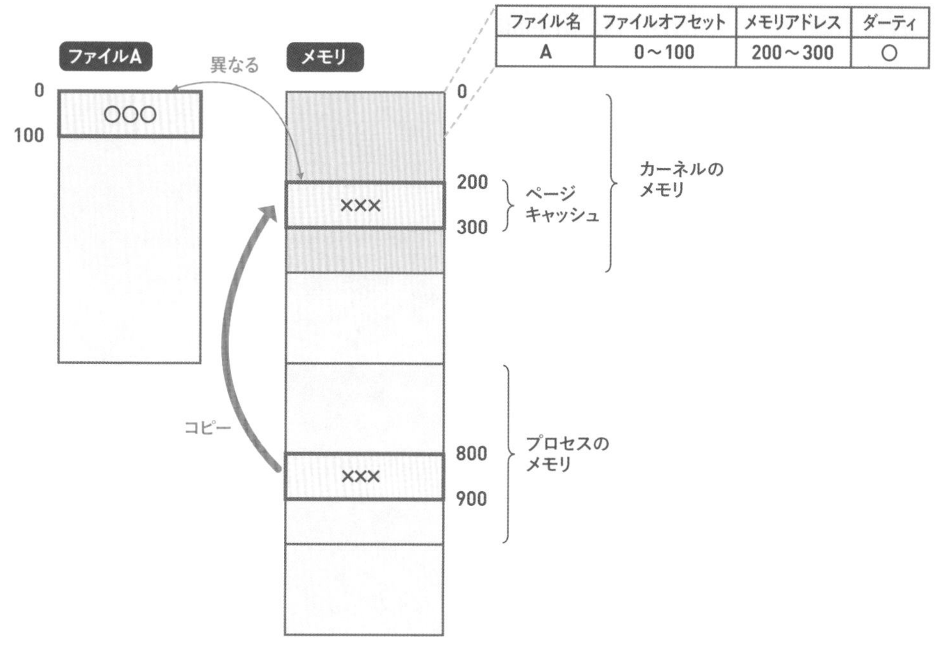

書き込みも読み出しと同様、ストレージデバイスにアクセスする場合に比べて高速です。

ダーティページ上のデータは、後述する所定のタイミングでストレージデバイスに反映します。これをライトバック処理と呼びます。このときダーティページであるという印も消します（図08-15）。ライトバックのタイミングについては後述します。

図08-15 ライトバック

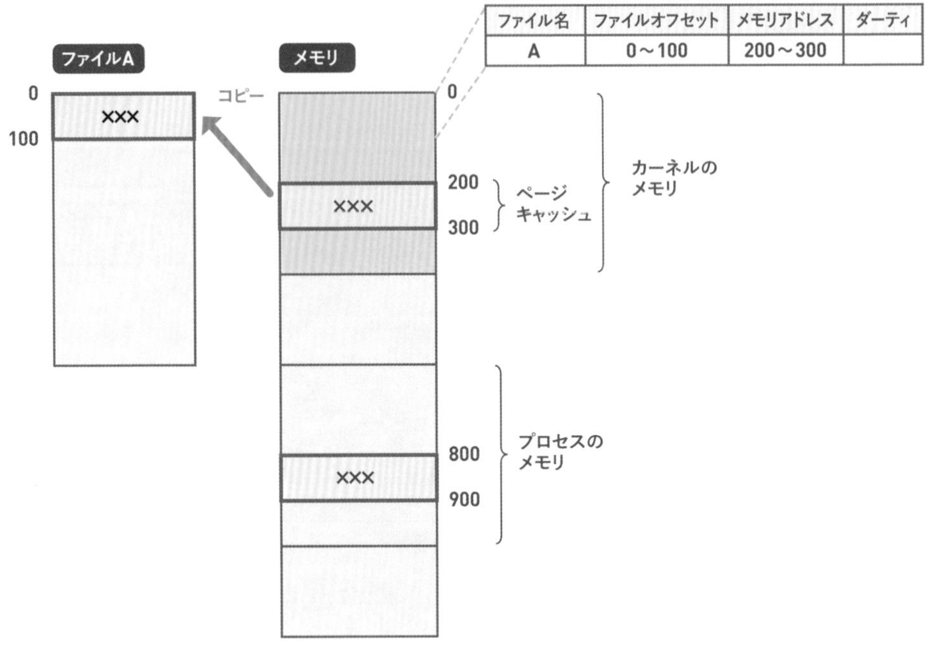

ページキャッシュ上にダーティなページが存在する状態で、マシンの電源が急に落ちてしまった場合はどうなるでしょうか？

この場合、ページキャッシュ上のデータはなくなります。このようなことを許容できない場合は、open()システムコールでファイルを開く際にO_SYNCフラグを設定します。こうすると、ファイルに対してwrite()システムコールを発行するときに、ページキャッシュだけではなくストレージデバイスにも同期的にデータを書き込みます。

ページキャッシュの効果

サイズが1GiBのファイル（testfile）を用意し、このファイルの読み書きにかかる時間を測定することで、ページキャッシュの効果を確認してみましょう。

まずは同期書き込みによって新規ファイルを作ります。ここでは読み書きにddコマンドを使います。oflag=syncというオプションを付けると同期書き込みにできます。

```
$ dd if=/dev/zero of=testfile oflag=sync bs=1G count=1
...
1073741824 bytes (1.1 GB, 1.0 GiB) copied, 1.58657 s, 677 MB/s
```

1.58秒かかりました。筆者の環境では空きメモリが十分あるので、testfileのデータは、すべてページキャッシュに存在します。この状態で今度はoflag=syncを外して、再び1GiBのデータを書き込んでみます。

```
$ dd if=/dev/zero of=testfile bs=1G count=1
...
1073741824 bytes (1.1 GB, 1.0 GiB) copied, 0.708557 s, 1.5 GB/s
```

今度は、0.708秒で終わりました。およそ倍以上に高速化されています。筆者の環境では、ストレージデバイスにNVMe SSDを使っているので、メモリとそこまでアクセス速度に変化は出ないのですが、HDDだとものすごく差が出ます。

続いて読み出しです。まずはtestfileのページキャッシュをすべて破棄します。そのために/proc/sys/vm/drop_cachesというファイルに「3」を書きます。実際に書いたらどうなるかを以下に示します。

```
$ free
              total        used        free      shared  buff/cache   available
Mem:       15359056      381080    10746368        1560     4231608    14647468    ●──❶
Swap:             0           0           0
$ sudo su
# echo 3 >/proc/sys/vm/drop_caches
# free
              total        used        free      shared  buff/cache   available
Mem:       15359056      377500    14768852        1560      212704    14712968    ●──❷
Swap:             0           0           0
```

drop_cachesファイルへの書き込み前は、buff/cacheが4GiB程度あったのですが、書き込み後は200MiB程度まで減りました。testfileのサイズである1GiBをはるかに超える量が減っているのは、この書き込みによってシステム全体のページキャッシュを破棄[*2]してしまうからです。

実運用で使う機会はあまりないのですが、システム性能へのページキャッシュの影響を確認する用途には、非常に便利です。ちなみに、何故値が「3」なのかについては、あまり重要ではないので気にしなくていいです。

さて、話を戻すと、ここまででtestfileのキャッシュメモリはメモリ上に存在していません。この状態でtestfileの内容を2回読むと、1度目はストレージデバイスから読み出し、2度目はそうはせずにキャッシュメモリだけから読み出します。

＊2　ダーティページは何もせずにそのまま残ります。

```
$ dd if=testfile of=/dev/null bs=1G count=1
...
1073741824 bytes (1.1 GB, 1.0 GiB) copied, 0.586834 s, 1.8 GB/s
$ dd if=testfile of=/dev/null bs=1G count=1
...
1073741824 bytes (1.1 GB, 1.0 GiB) copied, 0.359579 s, 3.0 GB/s
```

読み出しも数十%ほど高速になりました。

最後に、testfileを消しておきましょう。

```
$ rm testfile
```

バッファキャッシュ

ページキャッシュと似たような仕組みに「バッファキャッシュ」というものがあります。バッファキャッシュは、ディスクのデータのうち、ファイルデータ以外のものをキャッシュする仕組みです。バッファキャッシュは次のようなときに使います。

- ファイルシステムを使わずに、デバイスファイルを用いてストレージデバイスに直接アクセスするとき。
- ファイルのサイズやパーミッションなどのメタデータにアクセスするとき[*3]。

バッファキャッシュもページキャッシュと同様、バッファキャッシュに書いたデータが、まだディスクに反映されていないダーティな状態になり得ます。

あるデバイス上にファイルシステムが存在して、かつ、そのファイルシステムをマウントした状態を仮定します。このとき、デバイスのバッファキャッシュとファイルシステムのページキャッシュは別々に存在していて、かつ、お互いの同期は取っていません。このため、例えばファイルシステムのマウント中に

```
dd if=<ファイルシステムに対応するデバイスのデバイスファイル名> of=<バックアップファイル名>
```

のようにディスクのバックアップをとると、ファイルシステムのダーティページの内容は、バックアップファイルに反映されません。このような問題を避けるために、ファイルシステムのマウント中は、対応するデバイスファイルにはアクセスしないようにしましょう。

＊3 Btrfsは例外的に、このようなデータもページキャッシュでキャッシュします。

書き込みのタイミング

ダーティページは、通常、バックグラウンドで動作するカーネルのライトバック処理によってディスクに書き込みます。動作タイミングは以下の２つです。

- 周期的に動作。デフォルトでは５秒に１回。
- ダーティページが増えてきたときに動作。

ライトバック周期は、sysctlのvm.dirty_writeback_centisecsパラメータによって変更できます。単位はセンチ秒（1/100秒）という見慣れないものなので、慣れが必要です。

```
$ sysctl vm.dirty_writeback_centisecs
vm.dirty_writeback_centisecs = 500
```

パラメータの値を0にすると、周期的なライトバックは無効化されます。ただし突然電源が落ちたときなどの影響が大きくなって危険なので、実験用途でもなければやらないほうがいいでしょう。

システムが搭載する全物理メモリのうち、ダーティページの占める割合がvm.dirty_background_ratioパラメータによって指定した割合（%単位）を超えた場合も、ライトバック処理が動作します（デフォルト値は10）。

```
$ sysctl vm.dirty_background_ratio
vm.dirty_background_ratio = 10
$
```

バイト単位で指定したければvm.dirty_background_bytesパラメータを使用します（デフォルト値は未設定を示す0）。

ダーティーページの割合がさらに増えてvm.dirty_ratioパラメタで示す割合（%単位）を超えると、ファイルへの書き込み処理の延長で同期的にデータをディスクに書き込みます（デフォルト値は20）。

```
$ sysctl vm.dirty_ratio
vm.dirty_ratio = 20
$
```

こちらもバイト単位で指定したければ、vm.dirty_bytesパラメータを使用します（デフォルト値は未設定を示す0）。

ダーティページが多くなりがちなシステムにおいて、メモリ不足からのダーティページのライトバック多発によってシステムがハングアップする、あるいはさらにひどい場合はOOMが発生するというケースは後を絶ちません。上述のパラメータをうまく調整して、このような問題を起きにくくするとよいでしょう。

direct I/O

ページキャッシュやバッファキャッシュは、ほとんどの場合は有用なのですが、以下のような場合は無いほうがいいこともあります。

- 一度読み書きしたら二度と使わないようなデータの場合。例えば、あるファイルシステムのデータを、USB接続のポータブルなストレージデバイスにバックアップする場合、バックアップ先のストレージデバイスはバックアップ後すぐに抜くので、ページキャッシュを割り当てる意味がない。意味がないどころか、このデータのページキャッシュのために他の有用なページキャッシュを解放してしまうこともある。
- プロセスが、自分でページキャッシュ相当の仕組みを実装したい場合。

このようなときには「direct I/O」という仕組みを使えば、ページキャッシュを使わないようにできます。direct I/Oを使うには、ファイルのopen()時にO_DIRECTフラグを与えます。わざわざプログラミングをしなくてもddコマンドのiflagやoflagにdirectという値を指定すれば使えます。

以下、ddにおいて、direct I/Oを使う例です。

```
$ free
              total        used        free      shared  buff/cache   available
Mem:       15359056      379448    14457512        1564      522096    14700612   ●──❶
Swap:             0           0           0
$ dd if=/dev/zero of=testfile bs=1G count=1 oflag=direct,sync
...
$ free
              total        used        free      shared  buff/cache   available
Mem:       15359056      388236    14358836        1564      611984    14691808   ●──❷
Swap:             0           0           0
$ rm testfile
```

なぜoflagにdirectだけではなくsyncも付けているかというと、direct I/Oそのものはデバイスに I/Oを発行して、完了を待たずに復帰するからです。従ってI/O完了を待ってから復帰させるためには、通常のI/Oと同様、syncオプションを付ける必要があります。

通常の書き込みであれば、1GiBのファイルを作ると❶から❷の間に、ページキャッシュが1GiB程度増えるのに対して、direct I/Oではほとんど変化がないことが分かりました。

その他、direct I/Oの詳細については`man 2 open`の`O_DIRECT`の説明をご覧ください。

スワップ

第4章において、物理メモリがなくなるとOOMという状態になると説明しました。しかし「スワップ」という機能を使えば、メモリが枯渇してもすぐにOOMが発生しないようにできます。

スワップは、ストレージデバイスの一部を、一時的にメモリの代わりとして使う仕組みです。具体的には、システムの物理メモリが枯渇した状態でさらにメモリを獲得しようとすると、使用中の物理メモリの一部をストレージデバイスに退避して空きメモリを作ります。このときの退避領域をスワップ領域[*4]と呼びます。

物理メモリが枯渇した状態で、プロセスBにおいて物理メモリに紐づけられていない仮想アドレス100へのアクセスによって、ページフォールトが発生したとします(図08-16)。

図08-16 物理メモリの枯渇

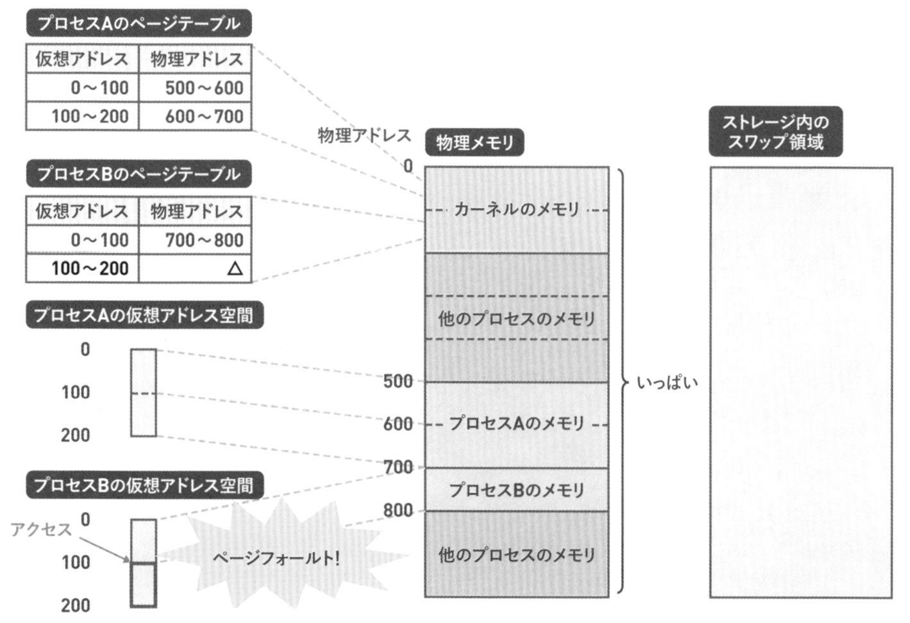

＊4 ややこしいのですが、Windowsではスワップ領域のことを「仮想メモリ」と呼びます。

このとき、物理メモリの中でしばらく使わないであろうとカーネルが判断したメモリをスワップ領域に書き増します。この処理をページアウト（あるいはスワップアウト）と呼びます。ここでは、プロセスAの仮想アドレス100-200に紐づいた物理アドレス600-700に対応するページが該当します（図08-17）。

図08-17 ページアウト

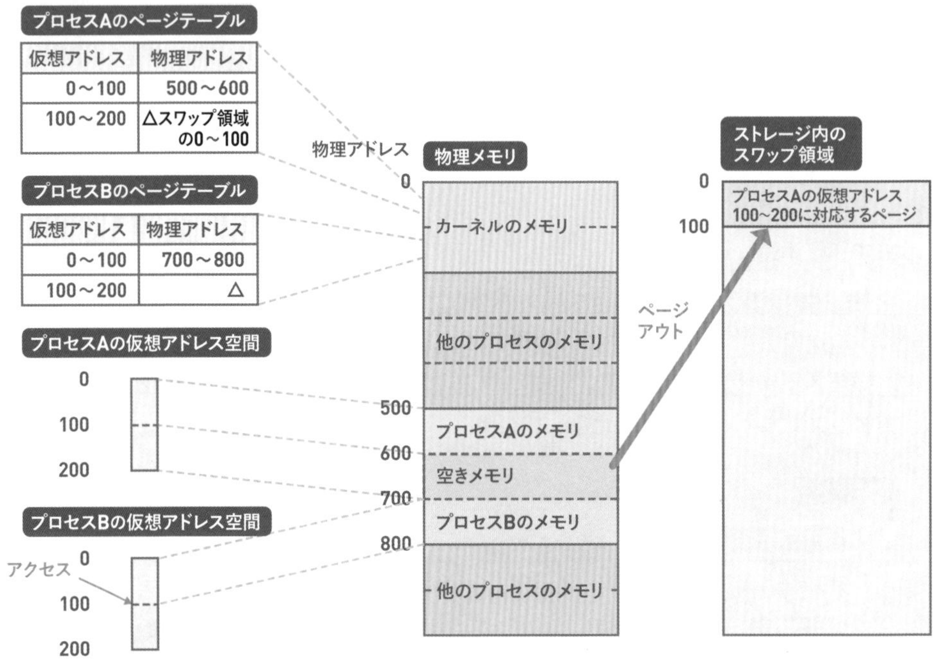

プロセスAのページテーブル

仮想アドレス	物理アドレス
0～100	500～600
100～200	△スワップ領域の0～100

プロセスBのページテーブル

仮想アドレス	物理アドレス
0～100	700～800
100～200	△

プロセスAの仮想アドレス空間
0
100
200

プロセスBの仮想アドレス空間
アクセス
0
100
200

物理アドレス
物理メモリ
0
カーネルのメモリ
他のプロセスのメモリ
500
プロセスAのメモリ
600
空きメモリ
700
プロセスBのメモリ
800
他のプロセスのメモリ

ページアウト

ストレージ内のスワップ領域
0
プロセスAの仮想アドレス100～200に対応するページ
100

図08-17では、退避したページのスワップ領域上の位置が、ページテーブルエントリに書いてあるように見えますが、実際はカーネルメモリ内に記録しています。

続いて、カーネルは空いたメモリをプロセスBに割り当てます（図08-18）。

図08-18　ページアウトによって空いたメモリをプロセスBに割り当て

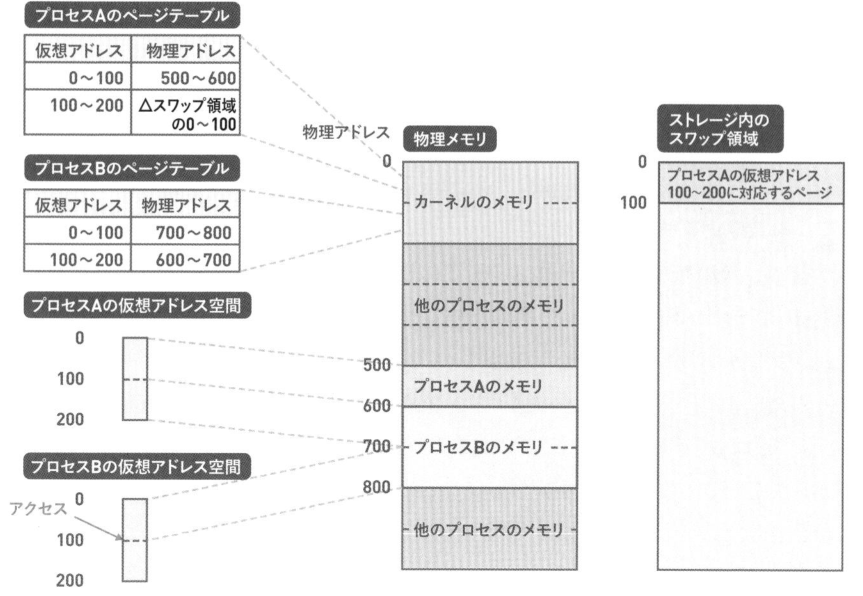

その後、空きメモリができた状況でプロセスAが先ほどページアウトしたページにアクセスすると、対応するデータを再びメモリに読み出します。これをページイン（あるいはスワップイン）と呼びます（図08-19）。

図08-19　ページイン

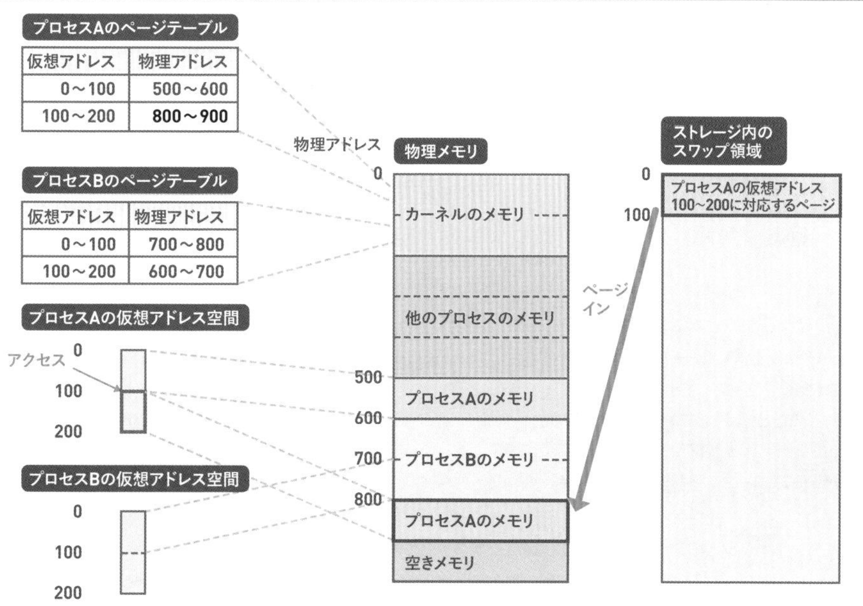

ページフォールトのうち、ページインによってストレージデバイスへのアクセスが発生したものを「メジャーフォールト」、そうでないものを「マイナーフォールト」と呼びます。どちらも発生時にカーネル内処理が走るために性能への影響があるのですが、メジャーフォールトのほうが、はるかに影響度が大きいと言えます。ここでようやく第4章において触れたfault/sとmajflt/sの違いが明らかになりました。

スワップによって、システムが使用できる見かけ上のメモリ量が「実際に搭載されているメモリ+スワップ領域」に増えるため、一見素晴らしいように見えます。しかし、これには大きな落とし穴があります。それは、すでに述べたように、ストレージデバイスへのアクセス速度は、メモリへのアクセス速度に比べて遅いということです。

システムのメモリ不足が一時的なものではなく、常に足りないような場合は、メモリアクセスのたびにページイン、ページアウトが繰り返される「スラッシング」という状態になります[*5]。パソコンを使用していて、ファイルの読み書きをしていないはずなのに、ストレージデバイスへのアクセスランプが光りっぱなしになった[*6]という経験はないでしょうか。そのようなときは、スラッシングが発生してるかもしれません。スラッシングが発生するとそのまま生還せずにハング状態になったり、あるいはOOMが発生します。

スラッシングが発生しているようなシステムは、メモリ使用量を減らすためにワークロードを減らしたり、あるいは単にメモリを増強する、という対策を取る必要があります。

統計情報

本節では、ページキャッシュ、バッファキャッシュ、そしてスワップに関係する統計情報について書きます。それぞれが複雑に絡み合っているため、なかなか理解しづらいところがありますが、知っておくと今後大いに役立つと思います。

第4章ですでに触れた`sar -r`コマンドの重要フィールドの意味を、以下、筆者の環境での実行結果を元に、改めて解説します(表08-03)。

```
$ sar -r 1
Linux 5.4.0-74-generic (coffee)        2021年12月25日  _x86_64_        (8 CPU)
20時10分18秒 kbmemfree   kbavail  ……  kbbuffers  kbcached  ……  kbactive   kbinact   kbdirty
20時10分19秒  13709132  14719880              24   1232900        1265492    136124         0
20時10分20秒  13709132  14719880              24   1232900        1265492    136124         0
20時10分21秒  13709108  14720036              24   1232956        1265752    136200         0
20時10分22秒  13709108  14720036              24   1232956        1265752    136200         0
```

＊5　ページキャッシュのスラッシングとは異なります。

＊6　ストレージデバイスとしてHDDを使っている場合、さらに絶え間ないカリカリという機械音もします。

```
...
```

表08-03 sar -rコマンドの重要フィールド

フィールド名	意味
kbmemfree	空きメモリの量（KiB単位）。ページキャッシュやバッファキャッシュ、スワップ領域はカウントしない。
kbavail	事実上の空きメモリの量（KiB単位）。kbmemfreeにkbbuffersとkbcachedを足したもの。スワップ領域はカウントしない。
kbbuffers	バッファキャッシュの量（KiB単位）。
kbcached	ページキャッシュの量（KiB単位）。
kbdirty	ダーティなページキャッシュとバッファキャッシュの量（KiB単位）。

例えば、kbdirtyの値が普段より大きいような場合は、近いうちに同期的なライトバックが走る可能性があります。

`sar -B`コマンドを使えば、ページインとページアウトについての情報が得られます。ページインとページアウトは、これまでスワップの用語のように書いてきましたが、ページキャッシュやバッファキャッシュにおいてディスクとデータをやりとりすることも同じくページイン、ページアウトと呼びます。

```
$ sar -B 1
Linux 5.4.0-74-generic (coffee)         2021年12月25日  _x86_64_        (8 CPU)
21時50分27秒  pgpgin/s pgpgout/s   fault/s  majflt/s  pgfree/s pgscank/s pgscand/s pgsteal/s    %vmeff
21時50分28秒      0.00    520.00      5.00      0.00      4.00      0.00      0.00      0.00      0.00
21時50分29秒      0.00      0.00      0.00      0.00      6.00      0.00      0.00      0.00      0.00
21時50分30秒      0.00      0.00      0.00      0.00      3.00      0.00      0.00      0.00      0.00
```

主なフィールドの意味は表08-04の通りです。

表08-04 sar -Bコマンドの重要フィールド

フィールド	意味
pgpgin/s	1秒間にページインしたデータ量（KiB単位）。ページキャッシュ、バッファキャッシュ、スワップのすべてを含む。
pgpgout/s	1秒間にページアウトしたデータ量（KiB単位）。ページキャッシュ、バッファキャッシュ、スワップのすべてを含む。
fault/s	ページフォールトの数。
majflt/s	ページフォールトのうち、ページインを伴ったものの数。

システムのスワップ領域は、`swapon --show`コマンドによって確認できます。

```
# swapon --show
NAME           TYPE      SIZE USED PRIO
/dev/nvme0n1p3 partition  15G   0B   -2
```

筆者の環境では、/dev/nvme0n1p3パーティションがスワップ領域として使われていると分かります。サイズは約15GiBです。スワップ領域のサイズは、freeコマンドによっても確認できます。

```
# free
              total        used        free      shared  buff/cache   available
Mem:       15359056      380192    13535604        1560     1443260    14700172
Swap:      15683580           0    15683580
```

出力の３行目のSwap:で始まる行がスワップ領域についての情報です。totalフィールドの値がKiB単位のスワップ領域のサイズで、freeフィールドの値がそのうちの空き領域のサイズです。

sar -Wコマンドによって、現在スワップが発生しているかどうかが分かります。以下は1秒当たりのデータを出した例です。

```
$ sar -W 1
...
23:30:00     pswpin/s pswpout/s
23:30:01         0.00      0.00
23:30:02         0.00      0.00
23:30:03         0.00      0.00
...
```

pswpin/sフィールドがページインの数を、pswpout/sフィールドがページアウトの数を、それぞれ示します。システムの性能が突然劣化したような場合に、両者の数値が非ゼロになっていれば、スワップが原因の可能性があります。

sar -Sコマンドを用いれば、スワップ領域の利用状況が分かります。

```
$ sar -S 1
...
23:28:59    kbswpfree kbswpused  %swpused  kbswpcad   %swpcad
23:29:00       976892         0      0.00         0      0.00
23:29:01       976892         0      0.00         0      0.00
23:29:02       976892         0      0.00         0      0.00
23:29:03       976892         0      0.00         0      0.00
...
```

基本的には、kbswpusedフィールドで示される、スワップ領域の使用量の推移を見ておけば良いでしょう。この値がどんどん増加しているようなら危険です。

第9章

ブロック層

本章では、ブロックデバイス（ストレージデバイス）の性能を引き出すためのブロック層というカーネル機能について述べます。

ブロックデバイスの具体的な操作方法はものによって違いますが、同じ種類のデバイスであれば性能を引き出す方法は似通っています。このため、Linuxではブロックデバイスの性能を引き出すための処理は、デバイスドライバではなく、ブロック層として別途切り出しています（図09-01）。

図09-01 ブロック層の役割

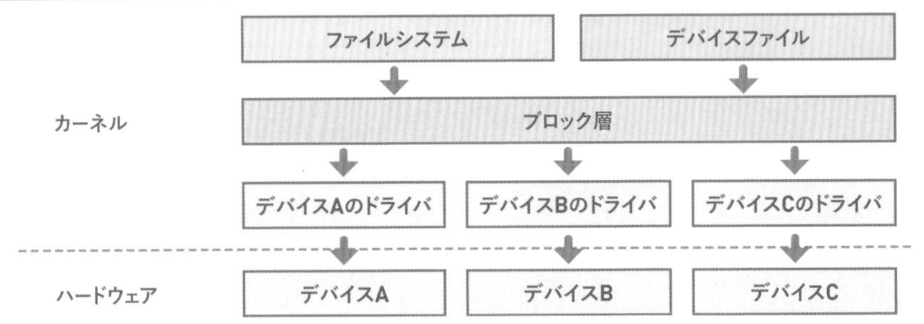

ブロック層の登場時は、ブロックデバイスといえばHDDでしたので、ブロック層はHDDに向けたものでした。その後、SSD、NVMe SSDといった別種のデバイスが生まれたことによって、ブロック層はそれらのデバイスに対応するように進化してきました。このことを踏まえて、本章では次のような順序でブロック層の説明をします。

❶ HDDの特徴
❷ HDDをターゲットとしたブロック層の基本機能
❸ ブロックデバイスの性能指標と測定方法
❹ ブロック層がHDDの性能に与える影響
❺ 技術革新に伴うブロック層の変化
❻ ブロック層がNVMe SSDの性能に与える影響

HDDの特徴

HDDは、データを磁気情報で表現して、それをプラッタと呼ばれる磁気ディスクに記憶するストレージデバイスです。データはバイト単位ではなく、512Bあるいは4KiBのセクタと呼ばれる単位で読み書きします。図09-02のように、セクタは半径方向および円周方向に分割されており、それぞれに通番が振られています＊1。

図09-02 HDDのセクタ

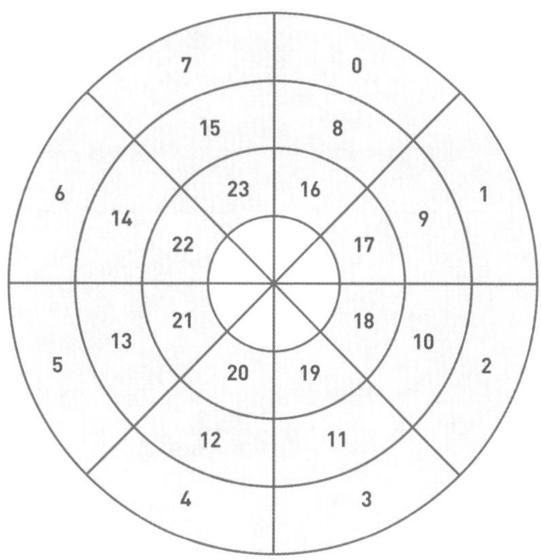

磁気ヘッドという部品によって、セクタ上のデータを読み書きします。磁気ヘッドは、プラッタの半径方向に移動できるスイングアームに取り付けられています。これに加えてプラッタの回転によって、読み書き対象となるセクタ上に磁気ヘッドを移動させます。HDDからのデータ転送の流れは次の通りです（図09-03）。

❶ デバイスドライバが、データの読み書きに必要な情報をHDDに渡す。セクタ番号、セクタの数、およびアクセスの種類（読み出しまたは書き込み）など。
❷ スイングアームやプラッタを動かして、目的のセクタ上に磁気ヘッドの位置を合わせる。
❸ データを読み書きする。

＊1　実際には、外周側のほうが内周側に比べて1周当たりのセクタ数が多いです。

図09-03 HDDへのアクセス

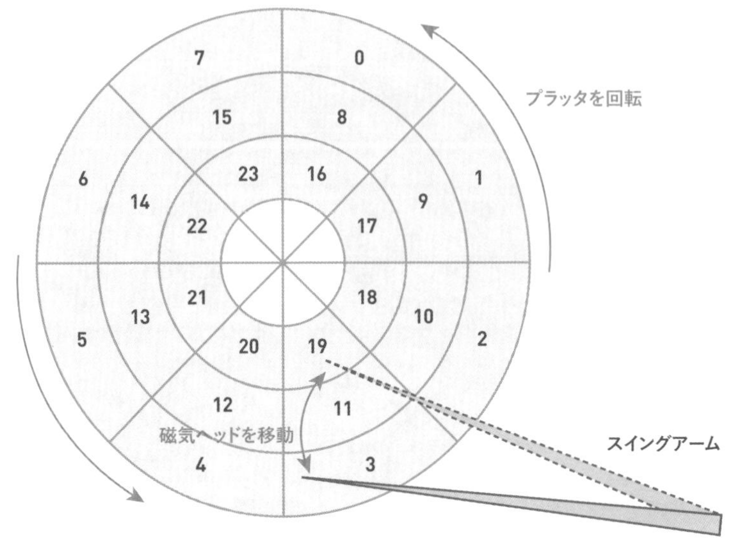

上記のアクセス処理のうち❶と❸は高速な電気的処理ですが、❷はそれよりもはるかに遅い機械的な処理です。このためHDDへのアクセスにおける所要時間のほとんどは、機械的処理になります（図09-04）。別の言い方をすれば、いかに機械的処理を減らせるかがHDDの性能を引き出すための肝です。

図09-04 HDDへのアクセスにおける所要時間のイメージ

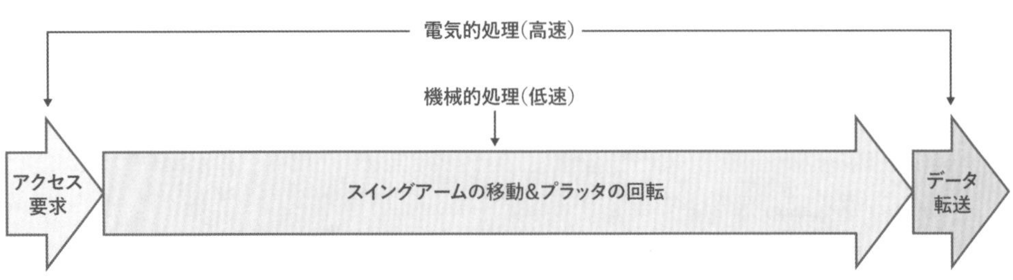

HDDはまた、連続する複数のセクタのデータを、一度のアクセス要求によってまとめて読み出せます。これは、スイングアームの動作によって、いったん磁気ヘッドの位置を半径方向に合わせてしまえば、回転させるだけで複数の連続するセクタ上のデータを一気に読めるからです。一度に読める量にはHDDごとに制限があります。セクタ0から2のデータを一気に読み出す際の磁気ヘッドの軌跡は図09-05のようになります。

図09-05 隣り合うセクタを一気読み

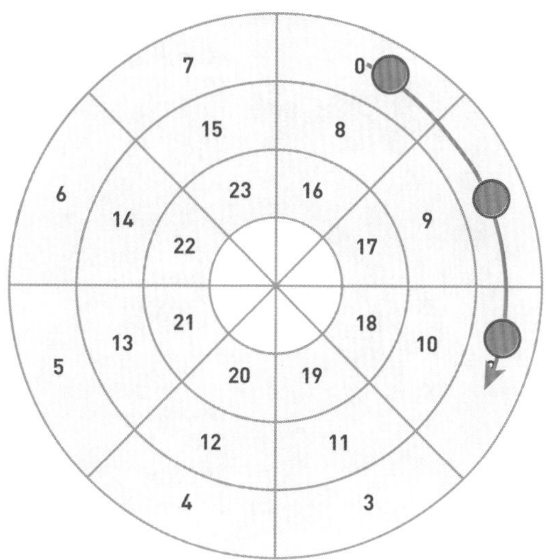

余談ですが、こうした性能特性のために、各種ファイルシステムは、各ファイルのデータをなるべく連続した領域に配置するようにしています。皆さんがプログラムを作る際も、次のような工夫をするとI/O性能の向上に寄与します。

- ファイル内の同時にアクセスするデータをなるべく連続する、あるいは近い領域に配置する。
- 連続する領域へのアクセスは、複数回に分けずにひとまとめにする。

続いて、連続していないものの、近い場所にある複数のセクタへのアクセスについて考えます。例えば、セクタ0、3、6にアクセスする場合、リクエストの発行順が3、0、6のようになっていると、次のように効率が悪いです（図09-06）。

❶ セクタ3にアクセス
❷ プラッタを一周させてセクタ0にアクセス
❸ プラッタを一周させてセクタ6にアクセス

図09-06 連続していないセクタへの効率的なアクセス

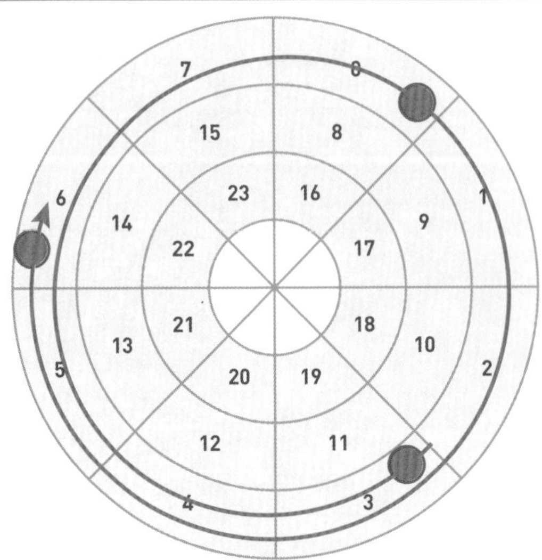

その一方で、0、3、6の順番に並んでいれば効率的にアクセスできます（図09-07）。

図09-07 連続していないセクタへの効率的なアクセス

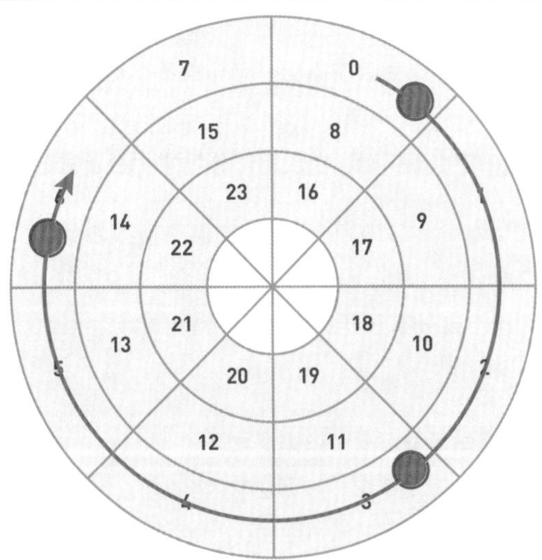

ブロック層の基本機能

ブロック層の基本機能は、前述のHDDの特徴を意識して作られています。代表的な機能は「I/Oスケジューラ」と「readahead（先読み）」です。

I/Oスケジューラは、ブロックデバイスへのアクセス要求を一定期間溜めておいて、次のような最適化処理をしてから、デバイスドライバにI/O要求を発行します。

- マージ：複数の連続するセクタへのI/O要求を、1つにまとめる。
- ソート：複数の不連続なセクタへのI/O要求を、セクタ番号順に並べ替える。

ソート後にマージが発生することもあり、その場合はさらにI/O性能の向上を期待できます。I/Oスケジューラの動作の様子を図09-08に示します。

図09-08 I/Oスケジューラの動作

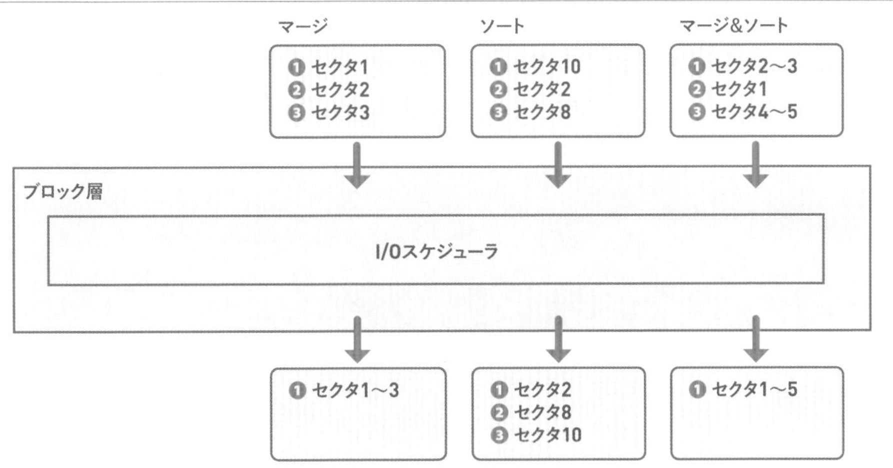

I/Oスケジューラのおかげで、ユーザプログラムの作成者がブロックデバイスの性能特性に詳しくなくても、それなりの性能が出るようになっています。

第8章で述べた空間的局所性は、メモリだけでなくストレージのデータにも当てはまります。この特徴を利用するreadahead（先読み）という機能があります。readaheadは、ブロックデバイス内のある領域を読み出したときに、近い将来に後続の領域にアクセスする可能性が高いと推測して、後続領域を先読みしてページキャッシュに保存しておく機能です。例えば、セクタ0～2にアクセスした場合の例を図09-09に示します。

図09-09 readahead

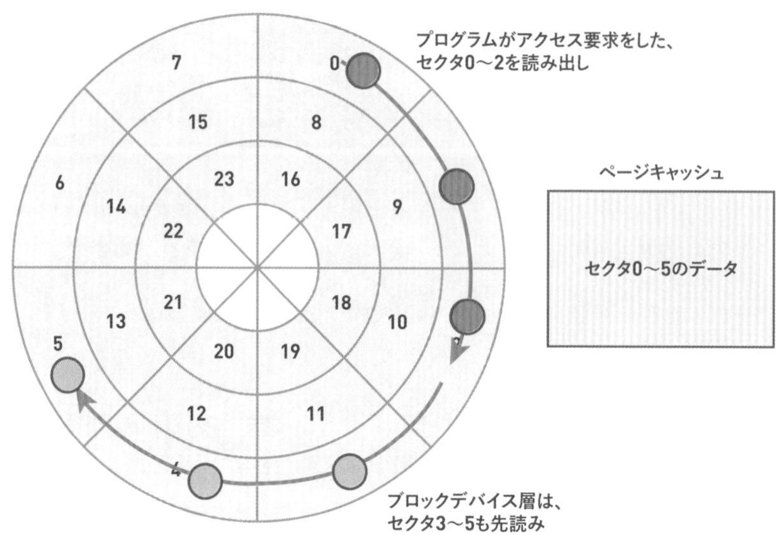

この後に、実際に先読みした領域を読み出すアクセスが発生すると、すでにデータはメモリ上のページキャッシュに存在しているため、高速にアクセスできるというわけです（図09-10）。

図09-10 readaheadの成功例

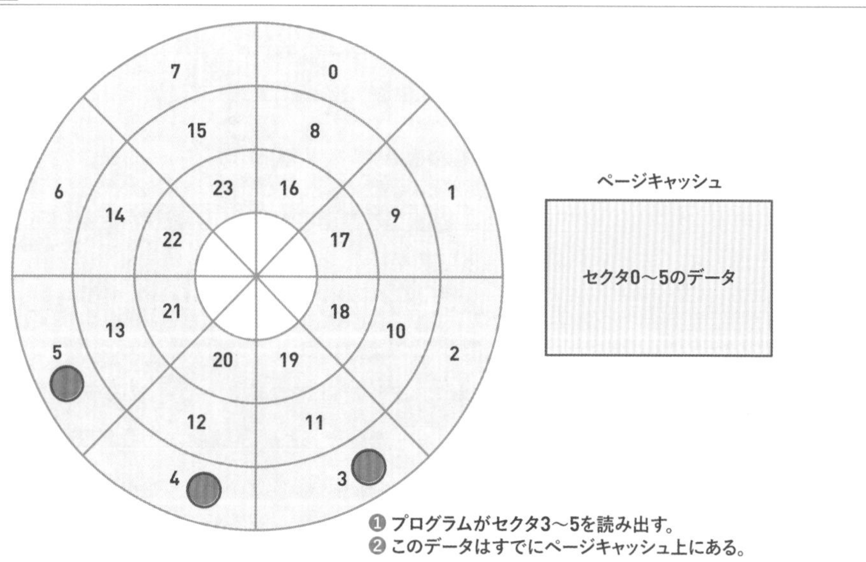

readaheadは、特にブロックデバイスへのアクセスパターンが、シーケンシャルアクセス中心の場合に、性能向上が期待できます。

推測通りのアクセスが来なかった場合は、単に先読みしたデータをすぐには使わないだけです。readaheadは無条件に発生するわけではなく、ブロックデバイスへのアクセスがランダムアクセス中心だと分かれば、先読みする範囲を短くすることがありますし、まったく先読みしなくなることもあります。

ブロックデバイスの性能指標と測定方法

カーネルのブロックデバイス層が性能にどう影響するかを理解するために、ここでは、ブロックデバイスの性能（以下「性能」と表記）とは何かについて扱います。

性能という言葉が指すものはいろいろあって、大きく次のようなものがあります。

- スループット
- レイテンシ
- IOPS

これらについて、次節から順番に説明していきます。まずは、1プロセスだけがブロックデバイスへのアクセス、「ブロックI/O」（以下「I/O」と表記）を発行する単純な場合を例に、これらの性能指標について説明します。その後で複数プロセスが並列にI/Oを発行する場合について説明します。

1プロセスだけがI/O発行する場合

スループットは、単位時間当たりのデータ転送量です。大きなデータをコピーするようなときなどに、この値が意識されます。性能の中で皆さんに一番なじみが深いのは、この値ではないでしょうか。

例えば、2つのブロックデバイスにおいて、1GiBのデータをデバイスからメモリ上にコピーする場合は、図09-11のようになります。

図09-11 スループット

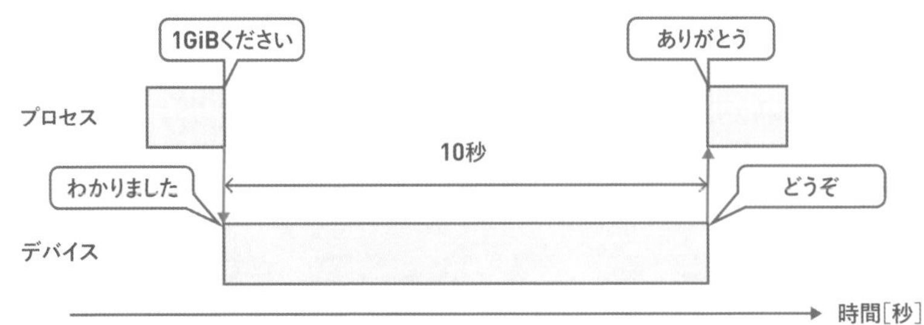

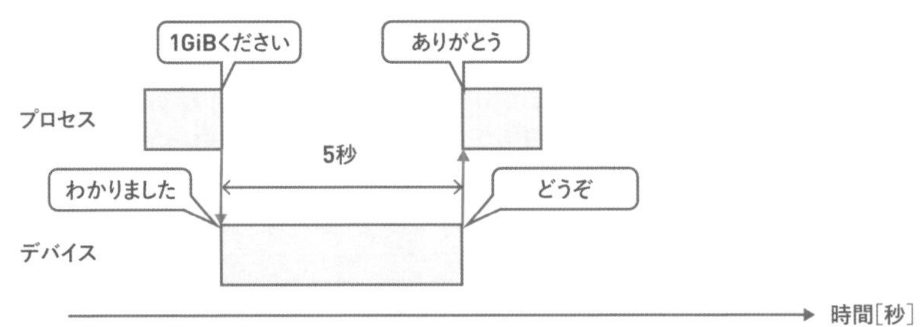

図09-11において、実際にはプロセスとデバイスの間にはカーネル内のファイルシステムやブロックデバイス層、デバイスドライバなどが介在しますが、ここでは簡単のため省略しています。

レイテンシは、1回当たりのI/Oに要する時間です。ストレージの応答性能を示します。I/Oのサイズは関係ありません。図09-11でいうと、100MiB/sのほうは10秒、200MiB/sのほうは5秒です。ただしこの値を気にするのは、主に大きなデータ転送のときではなく、細かいI/Oがたくさん出るときです。

あるシステムにおいて、ブロックデバイス上に、商品の注文データを格納するためのリレーショナルデータベース（以下「データベース」と表記）を構築している場合を考えてみましょう。このような場合、データベースはユーザの指示に従ってレコード単位でデータを読み書きすることになるでしょう。2つのブロックデバイスA、Bについて、ユーザが、このデータベースから1つのレコードを読み出すときのレイテンシについて示したのが図09-12です。

図09-12 レイテンシ

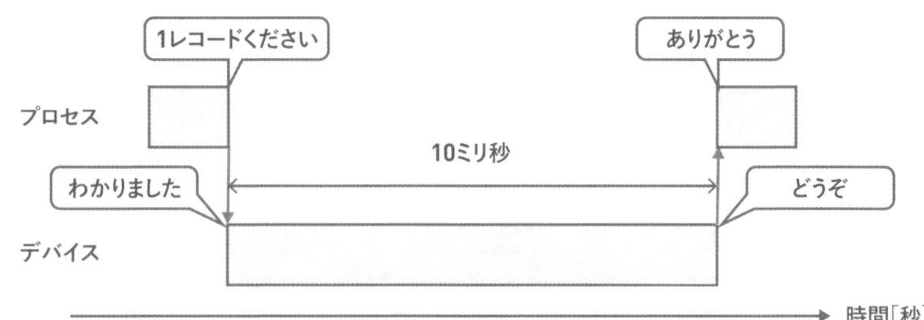

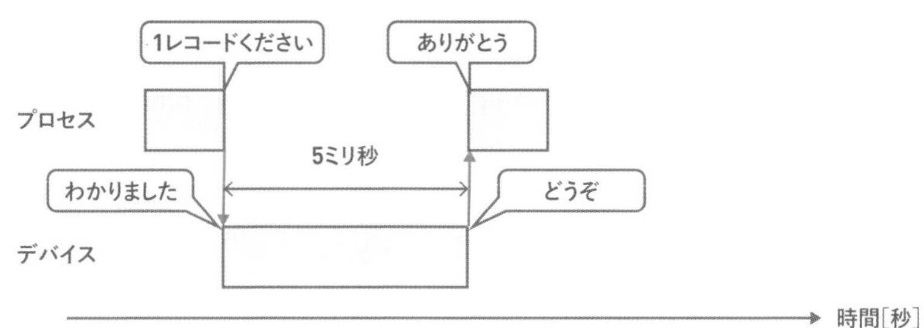

レイテンシは、ユーザから見たシステムの応答速度に大きな影響を与える重要な指標です。極端な例を挙げると、皆さんがこのシステムのユーザだとして、ボタンをクリックして1つのレコードを読み出すのに1秒かかる、つまりレイテンシが1秒のシステムと、同1ミリ秒のシステムと、どちらを使いたいか想像していただければいいかと思います。

IOPSは「I/O per second」の略であり、1秒間に処理できるI/Oの数を示します。例えば、2つのデバイスに存在する同じデータベースから、5つのレコードを連続して読み出すと、図09-13のようになります。

図09-13 IOPS

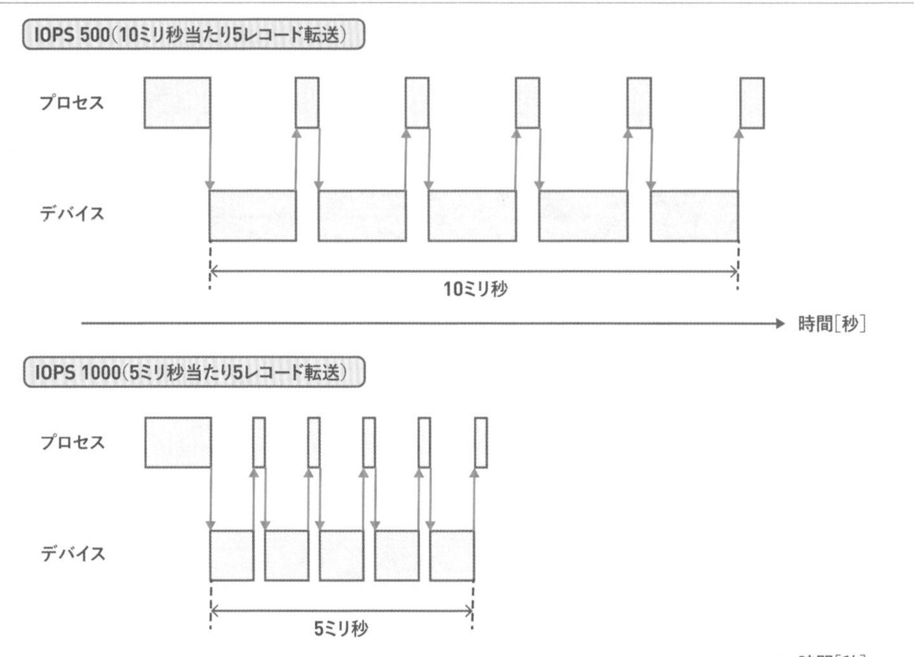

「これは単に、レイテンシの逆数なのでは？」と思われるかもしれませんが、次節以降で述べる並列I/Oにおいては、両者の違いがはっきりしてきます。

複数プロセスが並列にI/O発行する場合

あるブロックデバイスに対して、2つのプロセスから並列に1GiBを読み出すI/Oが発行された場合を考えます。図09-14の上側が並列アクセスができないデバイスの場合、下側が並列アクセスができるデバイスの場合です。上に比べると下のほうがシステム全体から見るとスループットが倍になります（図09-14）。

図09-14 並列I/O時のスループット

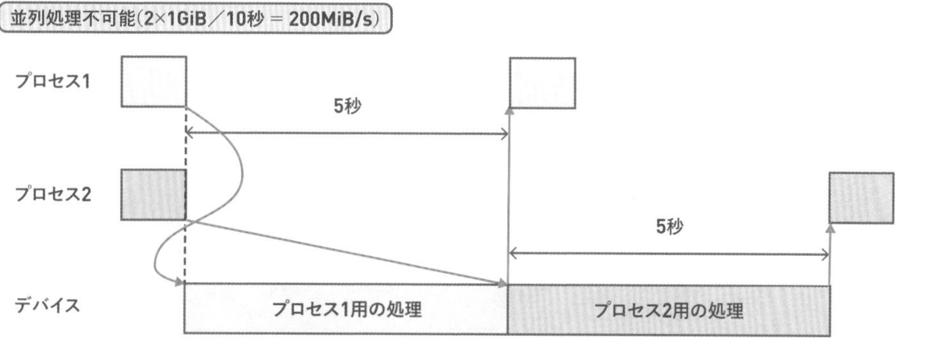

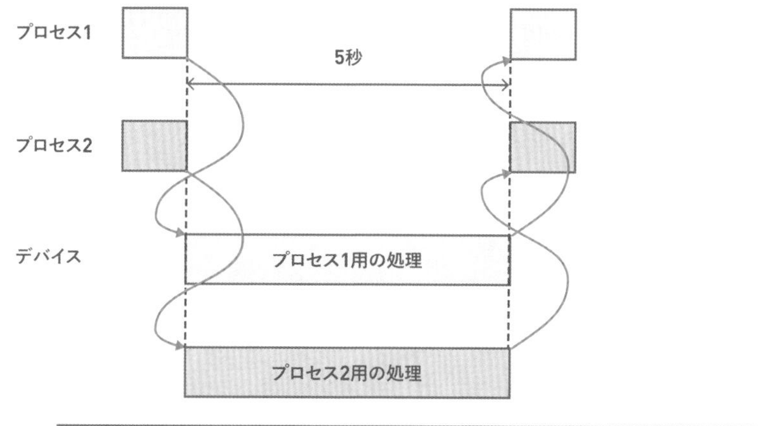

並列度を高めれば高めるほど、スループットが上がり続けるかというと、そんなことはありません。デバイスやバスのさまざまな制約によって、デバイスのスループットは、並列度を上げてもどこかで頭打ちになることがほとんどです。

2つのプロセスが、データベースが存在するデバイスから、同時にそれぞれ1つずつのレコードを読み出す様子を図09-15に示します。

図09-15 並列I/O時のレイテンシ

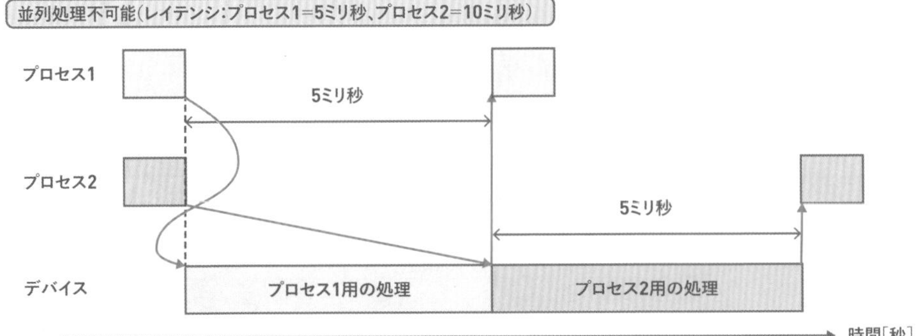

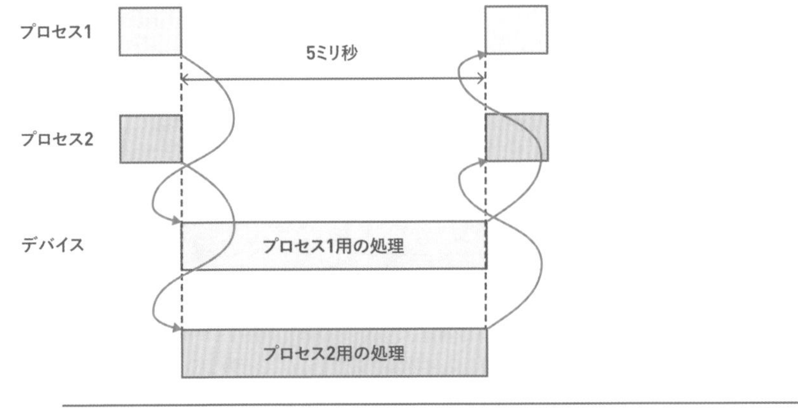

図09-15の上側は並列化できない場合です。プロセス2のI/O処理は、プロセス1よりも後回しにされているため、レイテンシが長くなっています。下側は並列処理できるため、両者は同じレイテンシで処理を終えられています。

一般に、デバイスに対する負荷が低ければ低いほど、レイテンシは短くなる傾向にあります。

図09-16において、I/Oが並列発行された場合のIOPSについて見てみましょう。

図09-16の上側は1プロセスの場合のI/Oです。プロセスがI/O完了を受けてから、CPUを使った処理をしている間に、デバイスは何もしていない状態です。下側のようなI/Oの並列発行によって、このすき間を埋められます。図09-16においては、2倍のI/Oを処理するために1.6倍の時間しか使わなかったことになります。仮に図09-15や図09-16の下側のように、デバイスがI/Oを並列処理できる場合は、さらなるIOPSの向上が期待できます。

IOPSが高いデバイスほど、単位時間当たりに多くのリクエストをさばけるので、スケーラビリティが高いといえます。

図09-16 並列I/OのIOPS

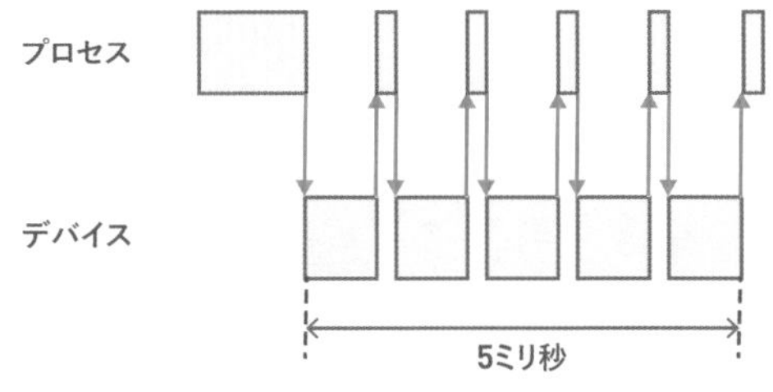

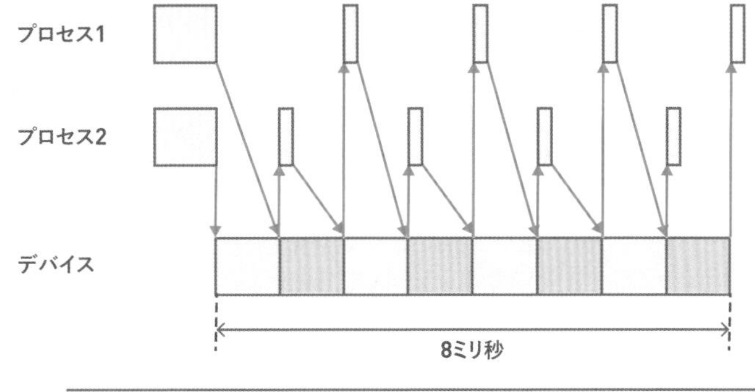

推測するな、測定せよ

性能は、デバイスの仕様だけ見ても分かりません。例えば、IOPSの最大値は、1プロセスからI/Oを発行しているだけでは不十分で、ある程度、並列度が高い場合にしか出ないことがほとんどです。さらに、I/Oサイズが大きい場合と小さい場合でも、限界値は著しく変わってきます。

性能は、個々のデバイス以外の要因によっても変化します。例えば、1つのバスに複数のデバイスを接続している場合、デバイスの性能限界には達していないものの、バスの性能限界に達したために、思うような性能が出ないということが起こり得ます。

このため、デバイスの仕様をもとに「このシステムは、このデバイスを搭載すればこれだけの性能が出るはずだ」と安易に決めてかかるのは危険です。推測そのものは非常に重要なのですが、その後には、実際の環境において実際の負荷をかけるとどういう性能になるかを測定する必要があります。

性能測定ツール：fio

「fio」という性能測定ツールがあります。このツールは、もともとはファイルシステムの性能測定ツールなのですが、デバイスの性能測定ツールとしても使います。fioには次のような特徴があります。

- I/Oのパターンや、並列数、そのときに使うI/Oの仕組み（fioではI/O engineと呼ぶ）を細かく決められる。
- レイテンシ、スループット、IOPSなど、さまざまな種類の性能情報を採取できる。

fioは、性能測定対象のI/O負荷を、コマンドライン引数によってきめ細かく制御できます。ここでは、そのうち本書で使う基本的なものに限って紹介します。

- `--name`：個々の性能測定ジョブの名前。
- `--filename`：I/O対象となるファイルの名前。
- `--filesize`：上記ファイルのサイズ。
- `--size`：I/Oの合計サイズ。
- `--bs`：I/Oのサイズ。合計I/O回数は`--size`で指定した値を`--block`で指定した値で割った数となる。
- `--readwrite`：I/Oの種類を選択する。`read`（シーケンシャル読み出し）、`write`（シーケンシャル書き込み）、`randread`（ランダム読み出し）、`randwrite`（ランダム書き込み）など。
- `--sync=1`：各書き込みを同期書き込みにする。
- `--numjobs`：I/Oの並列度。デフォルトは1、つまり並列化しない。
- `--group_reporting`：並列度が２以上のときに、性能測定結果の出力において、個々の処理に対して出す（デフォルト）のではなく、全処理をまとめたものを出す。
- `--output-format`：出力の形式。

ほかにも大量のオプションがありますので、興味のある方は`man 1 fio`をご覧ください。

まずは細かいことは考えずに、fioを使ってみましょう。ここでは次のようなI/Oを発行してみます。

- ジョブの名前は`test`。ジョブとは`fio`の用語で、性能測定対象となる個々のI/O処理を識別するための名前。
- I/Oのパターンはランダムリード。
- `testdata`という名前の1GiBのファイルから、4KiBごとに合計4MiBのデータを読み出す。

こうするためには次のようにfioコマンドを実行します。

```
$ fio --name test --readwrite=randread --filename testdata --filesize=1G --size=4M --bs=4K --output-
format=json
```

コマンドラインオプションを使わずに、設定ファイルを書く方法もあるのですが、ここでは触れません。

このコマンドを実行すると、以下のような結果が得られます。

```
$ fio --name test --readwrite=randread --filename testdata --filesize=1G --size=4M --bs=4K --output-
format=json
{
  "fio version" : "fio-3.16",
  "timestamp" : 1640957075,
  "timestamp_ms" : 1640957075053,
  "time" : "Fri Dec 31 22:24:35 2021",
  "jobs" : [
    {
      "jobname" : "test",
      ...
      "elapsed" : 1,
      "job options" : {
        "name" : "test",
        "rw" : "randread",
        "filename" : "testdata",
        "filesize" : "1G",
        "size" : "4M",
        "bs" : "4K"
      },
      "read" : {
        "io_bytes" : 4194304,
        "io_kbytes" : 4096,
        "bw_bytes" : 35848752,     ●──❶
        "bw" : 35008,
        "iops" : 8752.136752,     ●──❷
        ...
        "lat_ns" : {
          "min" : 72967,
          "max" : 3519225,
          "mean" : 111214.847656,     ●──❸
          "stddev" : 130442.440934
        },
        ...
      },
      "write" : {
        "io_bytes" : 0,
```

```
        "io_kbytes" : 0,
        "bw_bytes" : 0,  ●──❹
        "bw" : 0,
        "iops" : 0.000000,  ●──❺
        ...
        "lat_ns" : {
          "min" : 0,
          "max" : 0,
          "mean" : 0.000000,  ●──❻
          "stddev" : 0.000000
        },
        ...
}
```

出力の量が多くて面食らってしまいますが、本書ではそれほど細かくデータを取らないため、見るべきは、実行結果の中の❶から❻の部分だけです。

❶〜❸は、読み出し負荷をかけたときのみ意味を持ちます。同様に❹〜❻は、書き込み負荷をかけたときだけ意味を持ちます。

- ❶、❹は、バイト単位のスループットです。
- ❷、❺は、IOPSです。
- ❸、❻は、ナノ秒単位の平均レイテンシです。

実行が終わったら、最後にファイルを消しておきましょう。

```
$ rm testdata
```

ブロック層がHDDの性能に与える影響

本節では、ブロック層が性能に与える影響を、`fio`を使って確認します。

具体的には、ブロック層のI/Oスケジューラとreadaheadを有効にした場合、無効にした場合の性能を測定して、結果の比較によってそれぞれの機能の影響を確認します。

I/Oスケジューラを無効化するには`/sys/block/<デバイス名>/queue/scheduler`というファイルに「`none`」を書き込みます[*2]。readaheadを無効化するには`/sys/block/<デバイス名>/queue/read_ahead_kb`に`0`を書き込みます。

＊2　正確には、ソートは無効化できるものの、マージは無効化できません。しかし他の方法がないのでこれで妥協します。

ここでは以下２つのパターンの性能データを採取します。

- パターンA：I/Oスケジューラの効果の確認。小さな複数のデータのランダム書き込み（レイテンシとIOPSが重要）。
- パターンB：readaheadの効果の確認。１つの大きなデータをシーケンシャル読み出し（スループットが重要）。

どちらの場合も、fioには表09-01のパラメータを共通して付与しています。

表09-01 fioのパラメータ（パターンA、パターンBで共通）

パラメータ名	値
filesize	1GiB
group_reporting	——

パターンAについては、表09-02のパラメータ付与します。

表09-02 fioのパラメータ（パターンA）

パラメータ名	値
readwrite	randwrite
size	4MiB
bs	4KiB
direct	1＊3

その上で、numjobsに１～８を付与したデータを採取します。
パターンBについては、表09-03のパラメータを付与します。

表09-03 fioのパラメータ（パターンB）

パラメータ名	値
readwrite	read
size	128MiB
bs	1MiB

表09-03のパラメータを付与しつつ、I/Oスケジューラが有効な場合、および無効な場合のデータを採取します。numjobsは常に１です。

＊3　書き込み処理は、ページキャッシュへの書き込みだけで終わらせずに、ディスクに書き込ませるために、こうしています（副作用によってページキャッシュを使わなくなります）。

I/Oスケジューラには複数の種類がありますが、本書では、I/Oスケジューラを無効にする場合はすでに述べたようにnoneを設定します。有効にする場合はmq-deadlineスケジューラを使います。その他のスケジューラについては、本書で扱う範囲を超えるため、説明はしません。

I/Oスケジューラを使っていない状態から、mq-deadlineスケジューラを選択する例を以下に示します。

```
# cat /sys/block/nvme0n1/queue/scheduler
[none] mq-deadline
# echo mq-deadline >/sys/block/nvme0n1/queue/scheduler
# cat /sys/block/nvme0n1/queue/scheduler
[mq-deadline] none
#
```

パターンBの場合は、さらにreadaheadが有効な場合と無効な場合についても両方採取します。有効な場合は/sys/block/<デバイス名>/queue/read_ahead_kbに128（デフォルト値）を書き込みます。無効な場合は0を書き込みます。

さらに、測定に当たって既存のページキャッシュの影響を排除するため、fioを実行する直前に、毎回`echo 3 >/proc/sys/vm/drop_caches`によって、ページキャッシュの内容を捨てています。

測定には、内部的に上記パターンでfioを呼び出すmeasure.shプログラム（リスト09-01）とplot-block.pyプログラム（リスト09-02）を使いました。

リスト09-01 measure.sh

```
#!/bin/bash -xe

extract() {
    PATTERN=$1
    JSONFILE=$2.json
    OUTFILE=$2.txt

    case $PATTERN in
    read)
        RW=read
        ;;
    randwrite)
        RW=write
        ;;
    *)
        echo "I/Oパターンが不正です: $PATTERN" >&2
        exit 1
```

```
    esac

    BW_BPS=$(jq ".jobs[0].${RW}.bw_bytes" $JSONFILE)
    IOPS=$(jq ".jobs[0].${RW}.iops" $JSONFILE)
    LATENCY_NS=$(jq ".jobs[0].${RW}.lat_ns.mean" $JSONFILE)
    echo $BW_BPS $IOPS $LATENCY_NS >$OUTFILE
}

if [ $# -ne 1 ] ; then
    echo "使い方: $0 <設定ファイル名>" >&2
    exit 1
fi

if [ $(id -u) -ne 0 ] ; then
    echo "このプログラムの実行にはroot権限が必要です" >&2
    exit 1
fi

CONFFILE=$1

. ${CONFFILE}

DATA_FILE=${DATA_DIR}/data
DATA_FILE_SIZE=$((128*1024*1024))
QUEUE_DIR=/sys/block/${DEVICE_NAME}/queue
SCHED_FILE=${QUEUE_DIR}/scheduler
READ_AHEAD_KB_FILE=${QUEUE_DIR}/read_ahead_kb

if [ "$PART_NAME" = "" ] ; then
    DEVICE_FILE=/dev/${DEVICE_NAME}
else
    DEVICE_FILE=/dev/${PART_NAME}
fi

if [ ! -e ${DATA_DIR} ] ; then
    echo "データディレクトリ(${DATA_DIR})が存在しません" >&2
    exit 1
fi

if [ ! -e ${DEVICE_FILE} ] ; then
    echo "デバイスファイル(${DEVICE_FILE})が存在しません" >&2
    exit 1
fi

mount | grep -q ${DEVICE_FILE}
RET=$?
if [ ${RET} != 0 ] ; then
    echo "デバイスファイル(${DEVICE_FILE})はマウントされていません" >&2
```

```
    exit 1
fi

if [ ! -e ${SCHED_FILE} ] ; then
    echo "I/Oスケジューラのファイル(${SCHED_FILE})が存在しません" >&2
    exit 1
fi

SCHEDULERS="mq-deadline none"

if [ ! -e ${READ_AHEAD_KB_FILE} ] ; then
    echo "readaheadの設定ファイル(${READ_AHEAD_KB_FILE})が存在しません" >&2
    exit 1
fi

mkdir -p ${TYPE}
rm -f ${DATA_FILE}
dd if=/dev/zero of=${DATA_FILE} oflag=direct,sync bs=${DATA_FILE_SIZE} count=1

COMMON_FIO_OPTIONS="--name linux-in-practice --group_reporting --output-format=json --filename=${DA
TA_FILE} --filesize=${DATA_FILE_SIZE}"

# readaheadの効果確認用のデータ採取

## データ採取

SIZE=${DATA_FILE_SIZE}
BLOCK_SIZE=$((1024*1024))

for SCHED in ${SCHEDULERS} ; do
    echo ${SCHED} >${SCHED_FILE}
    for READ_AHEAD_KB in 128 0 ; do
        echo ${READ_AHEAD_KB} >${READ_AHEAD_KB_FILE}
        echo "pattern: read, sched: ${SCHED}, read_ahead_kb: ${READ_AHEAD_KB}" >&2
        FIO_OPTIONS="${COMMON_FIO_OPTIONS} --readwrite=read --size=${SIZE} --bs=${BLOCK_SIZE}"
        FILENAME_PATTERN="${TYPE}/read-${SCHED}-${READ_AHEAD_KB}"
        echo 3 >/proc/sys/vm/drop_caches
        fio ${FIO_OPTIONS} >${FILENAME_PATTERN}.json
        extract read ${FILENAME_PATTERN}
    done
done

## データ加工

OUTFILENAME=${TYPE}/read.txt
rm -f ${OUTFILENAME}

for SCHED in ${SCHEDULERS} ; do
```

```
    for READ_AHEAD_KB in 128 0 ; do
        FILENAME=${TYPE}/read-${SCHED}-${READ_AHEAD_KB}.txt
        awk -v sched=${SCHED} -v read_ahead_kb=${READ_AHEAD_KB} '{print sched, read_ahead_kb, $1}' <$
FILENAME >>${OUTFILENAME}
    done
done

# I/Oスケジューラの効果確認用のデータ採取

## データ採取

SIZE=$((4*1024*1024))
BLOCK_SIZE=$((4*1024))
JOB_PATTERNS=$(seq $(grep -c processor /proc/cpuinfo))

for SCHED in ${SCHEDULERS} ; do
    echo ${SCHED} >${SCHED_FILE}
    for NUM_JOBS in ${JOB_PATTERNS}; do
        echo "pattern: randwrite, sched: ${SCHED}, numjobs: ${NUM_JOBS}" >&2
        FIO_OPTIONS="${COMMON_FIO_OPTIONS} --direct=1 --readwrite=randwrite --size=${SIZE} --bs=${BL
OCK_SIZE} --numjobs=${NUM_JOBS}"
        FILENAME_PATTERN="${TYPE}/randwrite-${SCHED}-${NUM_JOBS}"
        echo 3 >/proc/sys/vm/drop_caches
        fio ${FIO_OPTIONS} >${FILENAME_PATTERN}.json
        extract randwrite ${FILENAME_PATTERN}
    done
done

## データ加工

for SCHED in ${SCHEDULERS} ; do
    OUTFILENAME=${TYPE}/randwrite-${SCHED}.txt
    rm -f ${OUTFILENAME}
    for NUM_JOBS in ${JOB_PATTERNS} ; do
        FILENAME=${TYPE}/randwrite-${SCHED}-${NUM_JOBS}.txt
        awk -v num_jobs=${NUM_JOBS} '{print num_jobs, $2, $3}' <$FILENAME >>${OUTFILENAME}
    done
done

./plot-block.py

rm ${DATA_FILE}
```

リスト09-02 plot-block.py

```
#!/usr/bin/python3

import numpy as np
from PIL import Image
import matplotlib
import os

matplotlib.use('Agg')

import matplotlib.pyplot as plt

SCHEDULERS = ["mq-deadline", "none"]
plt.rcParams['font.family'] = "sans-serif"
plt.rcParams['font.sans-serif'] = "TakaoPGothic"

def do_plot(fig, pattern):
    # Ubuntu 20.04のmatplotlibのバグを回避するために一旦pngで保存してからjpgに変換している
    # https://bugs.launchpad.net/ubuntu/+source/matplotlib/+bug/1897283?comments=all
    pngfn = pattern + ".png"
    jpgfn = pattern + ".jpg"
    fig.savefig(pngfn)
    Image.open(pngfn).convert("RGB").save(jpgfn)
    os.remove(pngfn)

def plot_iops(type):
    fig = plt.figure()
    ax = fig.add_subplot(1,1,1)
    for sched in SCHEDULERS:
        x, y, _ = np.loadtxt("{}/randwrite-{}.txt".format(type, sched), unpack=True)
        ax.scatter(x,y,s=3)
    ax.set_title("I/Oスケジューラが有効な場合と無効な場合のIOPS")
    ax.set_xlabel("並列度")
    ax.set_ylabel("IOPS")
    ax.set_ylim(0)
    ax.legend(SCHEDULERS)
    do_plot(fig, type + "-iops")

def plot_iops_compare(type):
    fig = plt.figure()
    ax = fig.add_subplot(1,1,1)
    x1, y1, _ = np.loadtxt("{}/randwrite-{}.txt".format(type, "mq-deadline"), unpack=True)
    _, y2, _ = np.loadtxt("{}/randwrite-{}.txt".format(type, "none"), unpack=True)
    y3 = (y1 / y2 - 1) * 100
    ax.scatter(x1,y3, s=3)
    ax.set_title("I/Oスケジューラの有効化によるIOPSの変化率[%]")
    ax.set_xlabel("並列度")
```

```
    ax.set_ylabel("IOPSの変化率[%]")
    ax.set_yticks([-20, 0, 20])

    do_plot(fig, type + "-iops-compare")

def plot_latency(type):
    fig = plt.figure()
    ax = fig.add_subplot(1,1,1)
    for sched in SCHEDULERS:
        x, _, y = np.loadtxt("{}/randwrite-{}.txt".format(type, sched), unpack=True)
        for i in range(len(y)):
            y[i] /= 1000000
        ax.scatter(x,y,s=3)
    ax.set_title("I/Oスケジューラが有効な場合と無効な場合のレイテンシ")
    ax.set_xlabel("並列度")
    ax.set_ylabel("レイテンシ[ミリ秒]")
    ax.set_ylim(0)
    ax.legend(SCHEDULERS)

    do_plot(fig, type + "-latency")

def plot_latency_compare(type):
    fig = plt.figure()
    ax = fig.add_subplot(1,1,1)
    x1, _, y1 = np.loadtxt("{}/randwrite-{}.txt".format(type, "mq-deadline"), unpack=True)
    _, _, y2 = np.loadtxt("{}/randwrite-{}.txt".format(type, "none"), unpack=True)
    y3 = (y1 / y2 - 1) * 100
    ax.scatter(x1,y3, s=3)
    ax.set_title("I/Oスケジューラの有効化によるレイテンシの変化率[%]")
    ax.set_xlabel("並列度")
    ax.set_ylabel("レイテンシの変化率[%]")
    ax.set_yticks([-20,0,20])

    do_plot(fig, type + "-latency-compare")

for type in ["HDD", "SSD"]:
    plot_iops(type)
    plot_iops_compare(type)
    plot_latency_compare(type)
    plot_latency(type)
```

measure.shプログラムは、第1引数に指定した設定ファイルを読み込んで性能を測定した後に、plot-block.pyプログラムの実行によって、グラフを描画します。皆さんのお手元で実行する場合は、この2つを同じディレクトリに置いてください。

HDDについては、筆者の環境ではhdd.conf（リスト09-03）を使って次のように実行しました。

リスト09-03 hdd.conf

```
# ディスクのタイプ。"HDD"あるいは"SSD"
TYPE=HDD
# ベンチマーク対象となるファイルシステムが存在しているデバイスの名前。HDDならsdbやsdcのようになる。NVMe SSDならnvme0n1のようになる
DEVICE_NAME=sda
# 上記デバイスの中のパーティション上にファイルシステムを作成している場合はパーティション名を入れる。そうではなくデバイス上に直接ファイルシステムを作成していれば空のままにする
PART_NAME=sda1
# ベンチマーク用のデータを保存するディレクトリ。このディレクトリは"DEVICE_NAME"上、あるいは"PART_NAME"上のファイルシステム上になくてはならない
DATA_DIR=./mnt-hdd
```

```
$ ./measure.sh hdd.conf
```

皆さんの環境でこのプログラムを動かすときは、適宜hdd.confの中身を書き換えてください。

このプログラムを実行すると、次のようなファイルを作ります。

- パターンA
  - HDD-iops.jpg：I/Oスケジューラが有効な場合と無効な場合のIOPSを示すグラフ
  - HDD-iops-compare.jpg：I/Oスケジューラの有効化によるIOPSの変化率を示すグラフ
  - HDD-latency.jpg：I/Oスケジューラが有効な場合と無効な場合のレイテンシを示すグラフ
  - HDD-latency-compare.jpg：I/Oスケジューラの有効化によるレイテンシの変化率を示すグラフ
- パターンB
  - HDD/read.txt：全パターンについてのスループットのデータ。各行のフォーマットは <I/Oスケジューラ名> <read_ahead_kbの値> <スループット[バイト/s]>

ここでは、あくまでHDDの性能にブロック層が与える影響が分かりやすいパターンしか性能測定していませんが、他のパターンにも興味のある方は、fioのパラメータを、いろいろご自身で変更して試してみてください。

パターンAの測定結果

I/Oスケジューラが有効（mq-deadline）な場合と無効（none）な場合で、IOPSあるいはレイテンシを比較したデータを、図09-17、図09-18に示しました。

図09-17 I/Oスケジューラが有効な場合と無効な場合のIOPS

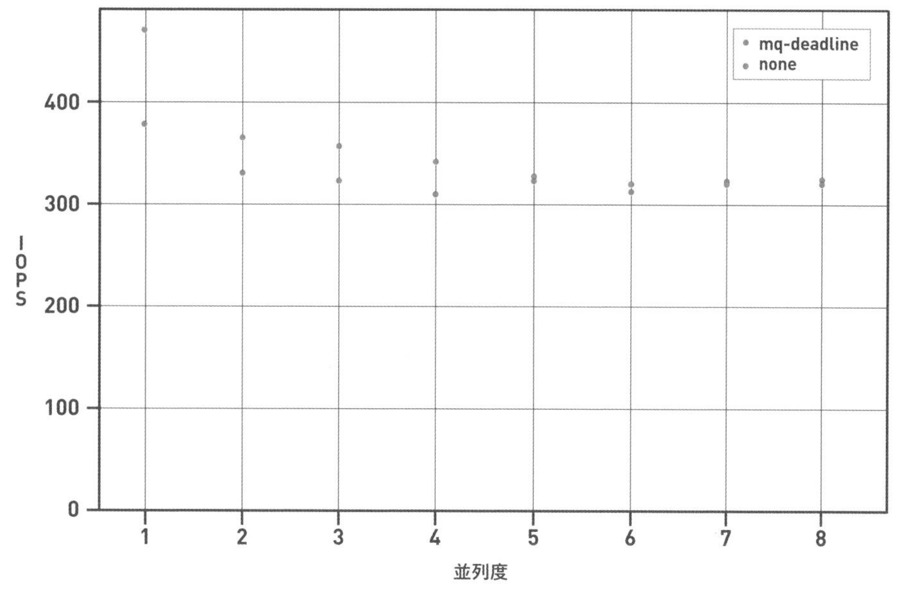

図09-18 I/Oスケジューラが有効な場合と無効な場合のレイテンシ

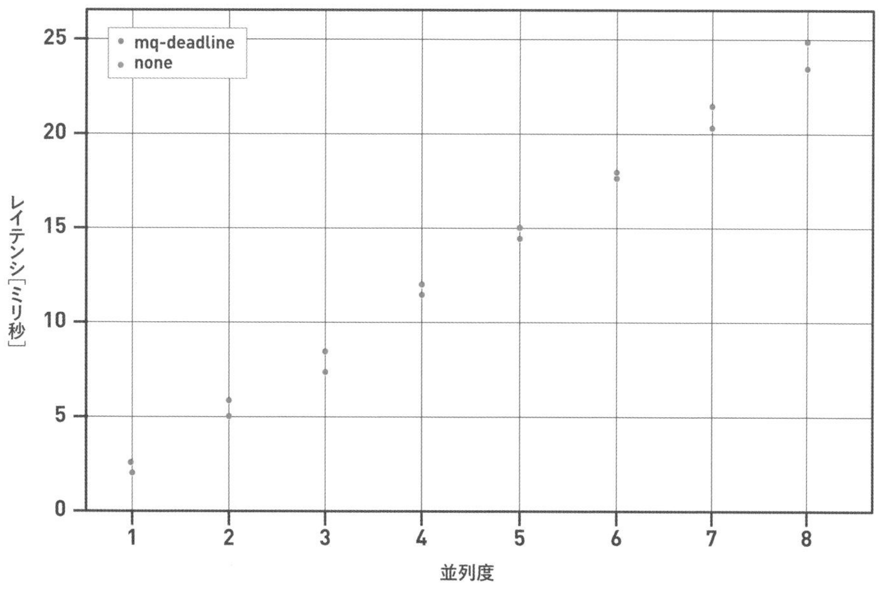

これだけでは少々分かりにくいので、I/Oスケジューラの有効化による、IOPSおよびレイテンシの変化率を、**図09-19**、**図09-20**に示しました。

図09-19 I/Oスケジューラの有効化によるIOPSの変化率

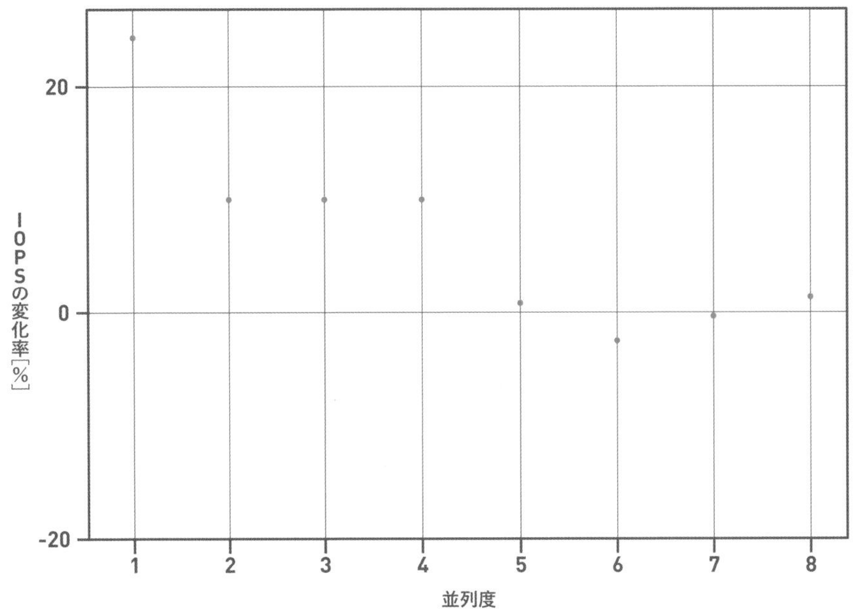

図09-20 I/Oスケジューラの有効化によるレイテンシの変化率

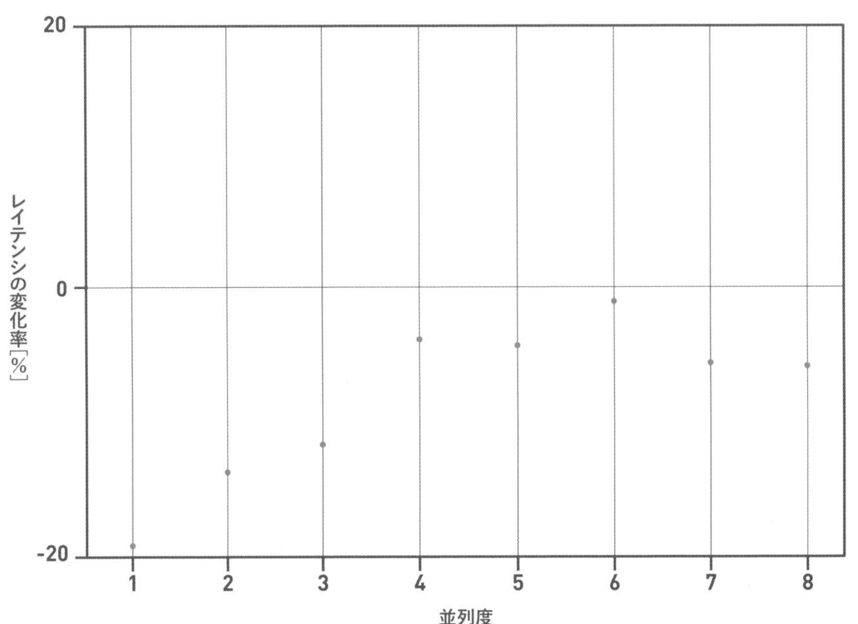

I/Oスケジューラが有効なときは、IOPSが高く、かつ、レイテンシも下がっていることが分かりました。I/Oスケジューラによって、ディスクへのI/O要求が効率的に並び替えられた

のがその理由です。

パターンBの測定結果

readaheadの効果を表09-04のようにまとめました。

表09-04 readaheadの効果（HDDの場合）

I/Oスケジューラ	readahead	スループット[MiB/s]
有効	有効	34.1
有効	無効	13.5
無効	有効	34.8
無効	無効	13.5

readaheadが有効な場合は、無効な場合に比べて、性能が2倍以上高くなることが分かりました。すごい効果ですね。これに加えて、スループットはI/Oスケジューラの有無にはほぼ影響を受けないことも分かりました。なぜかというと、このアクセスパターンでは、読み込みが同期的に[*4]行われ、かつ、I/Oが並列されていないため、I/Oスケジューラが活躍する機会（マージやソート）がそもそも無いからです。

＊4　ディスクからデータを読み出し終えてから、次の読み込みを行うこと。

何のための性能測定 Column

性能測定は、「何のためにするか」が決まって初めて意味を持つ、ということを常に意識しておきましょう。

初心者は、目的を決めないまま闇雲に有名どころのベンチマークツールを使って採取したら満足して終わり、となってしまいがちです。これは、たくさんのデータが得られて達成感が得られますが、目的がなければ結果を何にも生かせないので、単なる時間の浪費になってしまいます[*a]。

目的を決めてからも、どういうパターンで性能測定するか、そのためにどういうベンチマークツールを使うか（あるいは自作するか）を決めなければなりません。性能測定は所要時間が長くなる傾向があるので、なるべく「あれもこれも」と余計なデータはとらずに、目的を達成するための必要最小限のデータだけをとるように心がけましょう。

＊a　業務ではなく趣味の範囲で「やりたかったからやった」という話であれば、それは否定しません。趣味には意味なんて必要はなくて、楽しければなんでもいいのです。

技術革新に伴うブロック層の変化

ここ10年、20年の間に、ブロックデバイスを取り巻く状況は劇的に変わりました。主な変化はSSDの登場とCPUのマルチコア化です。

SSDは、データをフラッシュメモリに保存します。読み出しも書き込みもHDDのような機械的な動作が一切必要なく、電気的な動作だけで済みます。従って、一般にHDDよりも高速にアクセスできます（図09-21）。

図09-21 HDDとSSDのデータアクセス所要時間の違い

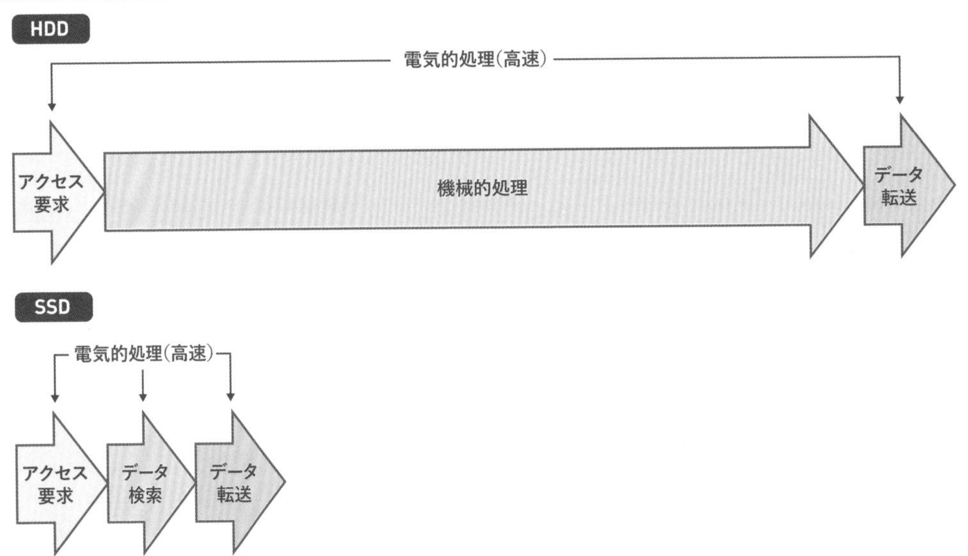

特にランダムアクセス性能の違いが顕著です。

さらにSSDには、接続方式の違いによって2種類に分けられます。HDDと同じインターフェースでマシンに接続できる、いわゆるSATA SSDやSAS SSDと呼ばれるものと、まったく異なる高速なインターフェースで接続するNVMe SSDの2つです。前者でもHDDとの差は顕著ですが、後者にいたっては比較にならないほどの違いが出ます。

では、世の中のすべてのストレージデバイスをHDDからSSD、特にNVMe SSDで置き換えればいいかというと、話はそう単純ではありません。容量当たりの価格はHDDのほうがSSDよりも安いため、性能はそれほど高くなくても良ければ、HDDはいまだ魅力的な選択肢です。両者の価格差は次第に縮まってきていますが、当面は、共存するでしょう。

NVMe SSDは、HDDに比べて、ハードウェア性能としては文字通り桁違いのIOPSが出せます。高いIOPSを出すには、なるべく多くの論理CPUから同時並列にI/Oを発行するのが効果的です。

昨今のCPUの多コア化によって、こうするための条件はそろっているのではないかというと、実はそうではありません。過去のI/Oスケジューラは、せっかく複数論理CPUからリクエストが来ても、その処理は１つの論理CPU上で実行していたため、スケーラビリティが無かったのです。この欠点を克服するため、現在のI/Oスケジューラは、マルチキューという仕組みを使って複数CPU上で動作させせることによって、スケーラビリティを向上させています。mq-deadlineスケジューラの「mq」は「multi-queue」の略なのです。

ただし、後述するように、ハードウェア性能が上がれば上がるほど、ブロック層において、I/O要求をいったん溜めてI/Oスケジューラによって並び変えるという処理のメリットに対して、レイテンシが高くなるというデメリットが上回るケースが増えてきました。このためUbuntu 20.04では、NVMe SSDはデフォルトでI/Oスケジューラを一切使わないようになっています。HDDの性能測定において使ったnoneはマージをしましたが、こちらは本当に何もしません。

ブロック層がNVMe SSDの性能に与える影響

本節では「ブロック層がHDDの性能に与える影響」節とまったく同じアクセスパターンについて、NVMe SSDの性能を測定し、結果の確認によってブロック層の影響を見ます。

この測定のために、measure.shプログラムを次のように実行しました。

```
./measure.sh ssd.conf
```

この結果、以下のようなファイルを出力します。

- パターンA
  - SSD-iops.jpg：I/Oスケジューラが有効な場合と無効な場合のIOPSを示すグラフ
  - SSD-iops-compare.jpg：I/Oスケジューラの有効化によるIOPSの変化率を示すグラフ
  - SSD-latency.jpg：I/Oスケジューラが有効な場合と無効な場合のレイテンシを示すグラフ
  - SSD-latency-compare.jpg：I/Oスケジューラの有効化によるレイテンシの変化率を示すグラフ

- パターンB
  - SSD/read.txt：全パターンについてのスループットのデータ。各行のフォーマットは<I/Oスケジューラ名> <read_ahead_kbの値> <スループット[バイト/s]>。

パターンAの測定結果

I/Oスケジューラが有効（mq-deadline）な場合と無効（none）な場合で、IOPS、あるいはレイテンシを比較したデータを図09-22、図09-23に示しました。

図09-22 I/Oスケジューラが有効な場合と無効な場合のIOPS

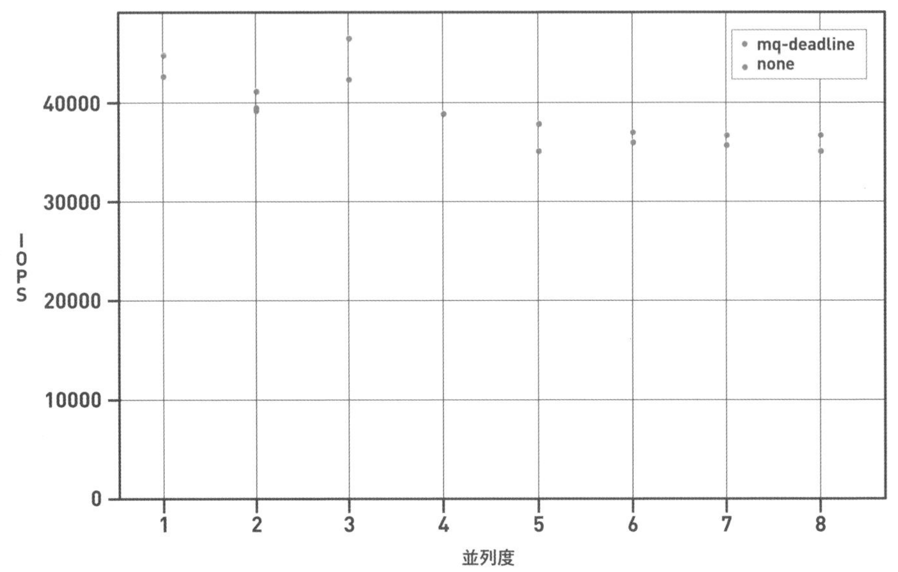

図09-23 I/Oスケジューラが有効な場合と無効な場合のレイテンシ

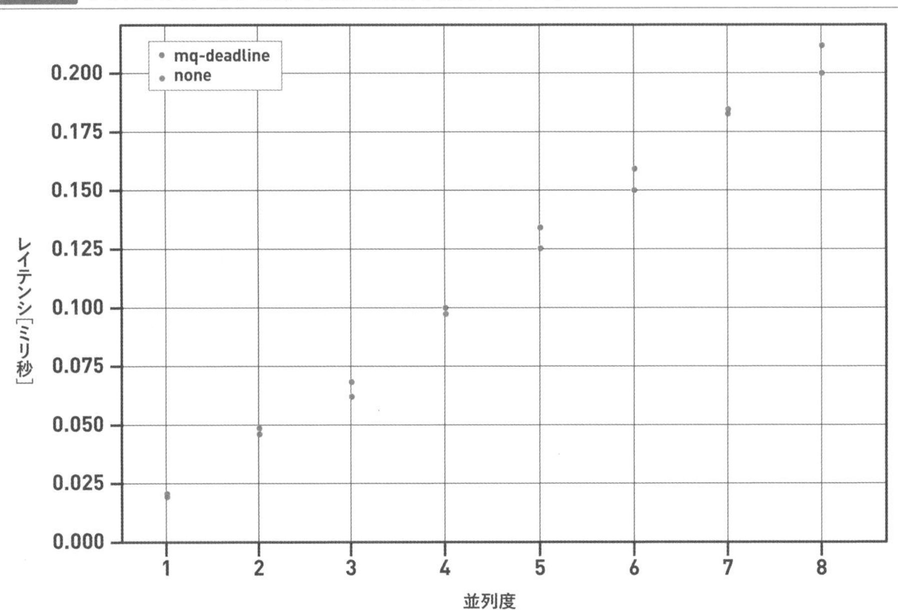

HDDの場合と同様、I/Oスケジューラの有効化によるIOPSとレイテンシの変化率について、図09-24、図09-25にそれぞれ示しました。

図09-24 I/Oスケジューラの有効化によるIOPSの変化率

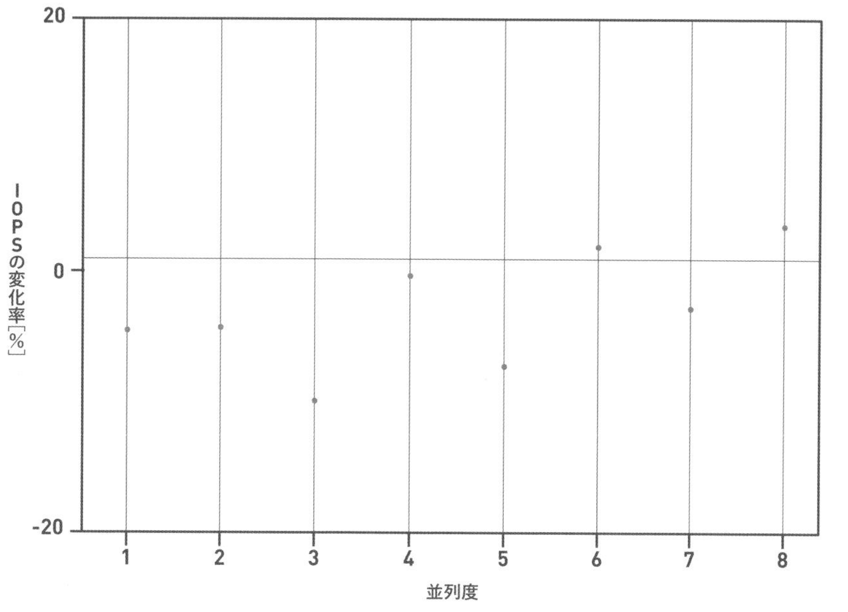

図09-25 I/Oスケジューラの有効化によるレイテンシの変化率

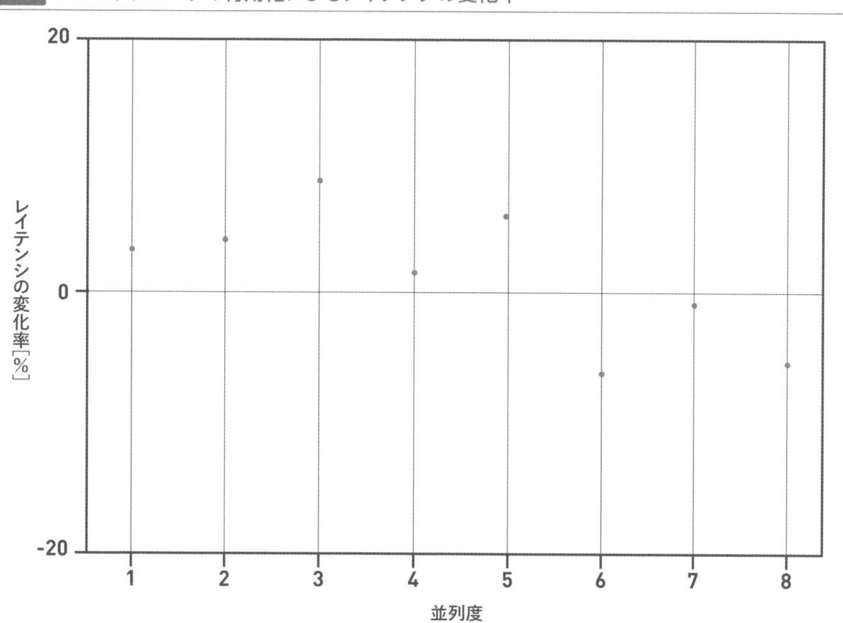

HDDの場合と傾向が異なっており、I/Oスケジューラが無効なほうが、特に並列度が低いうちはIOPSが高いです。レイテンシは、並列度が低いときは無効のほうが短く、高いときは有効のほうが短いという結果になりました。これは、NVMe SSDのような高速なデバイスの場合は、I/OスケジューラのためにいったんI/O要求を溜めておくコストが、HDDに比べて相対的に高いからだと考えられます。

I/Oスケジューラの影響とは別にHDDのデータと比較してみると、IOPSが100倍ほど多くなっていることが分かります。

パターンBの測定結果

readaheadの効果を**表09-05**にまとめました。

表09-05 readaheadの効果（NVMe SSDの場合）

IOスケジューラ	readahead	スループット[GiB/s]
有効	有効	1.92
有効	無効	0.186
無効	有効	2.15
無効	無効	0.201

HDDの場合と同様、readaheadによってスループットが高くなることが分かりました。しかもその効果は、HDDよりもはるかに高いです。I/Oスケジューラの効果はない……どころか、有効になっているほうが性能が低いという結果になりました。これはパターンAのときに述べたように、NVMe SSDのような高速なデバイスの場合は、I/Oスケジューラのコストが相対的に高いからだと考えられます。

HDDの場合（**表09-04**）とスループットを比較すると、数十倍高くなっていることが分かります。

現実世界の性能測定

本章では、fioを使ってストレージデバイスの性能だけを測定しましたが、現実のシステムにおいては、多くの場合、それ以外のソフトウェアやネットワークなど別の要素の性能も考慮する必要があります。

次のような顧客情報管理システムを考えてみましょう。

- サーバマシンとクライアントマシンはインターネットを介して接続されている。

- 顧客情報はサーバマシン上のストレージデバイスに存在しており、同マシン上のデータベース管理システム（以降単に「データベース」と表記）を介して読み書きする。
- ユーザは、クライアントマシンに存在するWebアプリケーションの操作によって、サーバマシン上のデータベースにリクエストを送る。

このシステムにおいて、Webアプリケーションが顧客情報を得るときのデータの流れは、サーバに注目するとおおよそ図09-26のようになります。

図09-26 Webアプリケーションが顧客情報を得るまでの流れ

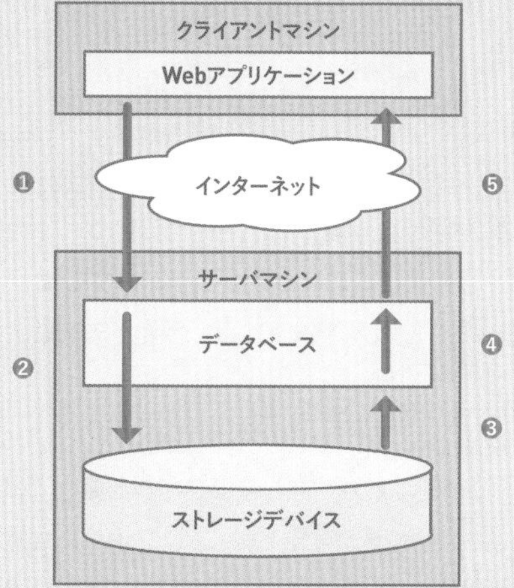

図の中の番号はそれぞれ次のような意味を持ちます。

❶ データベースが、Webアプリケーションからリクエストを受信する。
❷ リクエストされたデータが、ストレージデバイス上のどこに存在するかをデータベースが計算してからストレージデバイスにデータを要求する。
❸ ストレージデバイスが要求されたデータをデータベースに返す。
❹ データベースが❸で得たデータをWebアプリケーションが求める形式（例えばJSON）に変換する。
❺ ❹で作ったデータをWebアプリケーションに転送する。

❶、❺ではネットワーク[*a]、❷、❹ではデータベースないしCPUの性能、❸ではストレージデバイスの性能がかかわってきます。

ここで顧客1人の情報を得る際のレイテンシの目標値が100ミリ秒なのに、実際には500ミリ秒かかってしまうような場合を考えます（図09-27）。この段階で、闇雲にスト

＊a　本来、サーバマシンやクライアントマシンのネットワークデバイス、およびそれらをつなぐインターネット内の諸々が関連する非常に複雑なものですが、図09-26では簡単のため省略しています。

レージなどのどこかのコンポーネントを疑うのは得策ではなく、次のように問題を単純なものに分解して解いていくほうが良いでしょう。

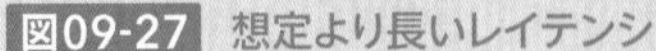
図09-27 想定より長いレイテンシ

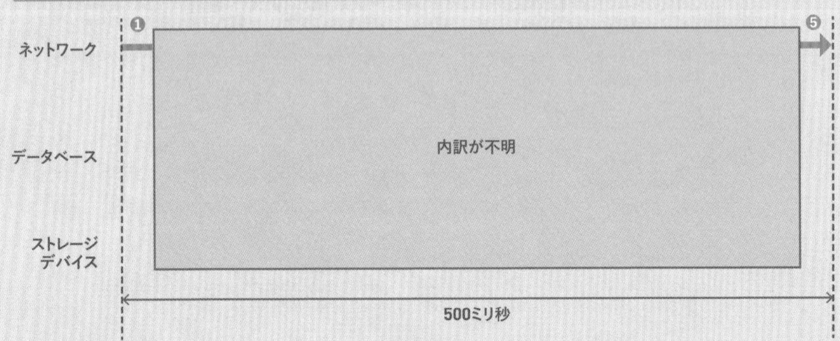

- 性能測定した処理――上述の例でいうと❶～❺――の内訳を知る。
- ❶～❺のどこに時間がかかっているかを知る。
- 問題のある個所を調査する。必要があればさらに細かい範囲について性能を再測定する。

図09-28は、❷がボトルネックだった場合です。この場合はデータベースの処理論理を見直したり、場合によってはCPUをより高性能なものに変更したりする必要があるでしょう。そのためにはプログラマは各処理に必要な時間を計測できるようにしておく必要がありますし、システムの運用管理者はそのログのありか、および見方を知っておく必要があります。ここまでに述べたように、性能測定と一口に言っても実は非常に奥が深いのです。

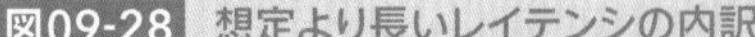
図09-28 想定より長いレイテンシの内訳

第10章

仮想化機能

物理マシン上にインストールしたOS上に、さらに別のOSをインストールする仮想マシンは、昨今、当たり前のように使われています。しかし、実現方法について理解している人は、それほど多くないという印象を筆者は持っています。

本章の目的は、この状況を改善して「そうか、仮想マシンとはこういうものだったのか」と腑落ちしてもらうことです。なお、仮想化機能は、第4章で述べた仮想記憶とはまったく別の機能です。ややこしいですね。

仮想化機能の仕組みを理解するためには、OSおよびOSカーネルの知識が欠かせません。しかし、皆さんは前章までで、それらについての知識をすでに得てきました。従って、本章の内容もきっと理解できるようになっています。分からないことがあれば適宜、前章までを参照していただければと思います。

仮想化機能とは何か

仮想化機能は、PCやサーバなどの物理的なマシン上で、仮想マシンを動かすためのソフトウェア機能、および、それを助けるためのハードウェア機能の組み合わせです。仮想マシンの用途には、例えば次のようなものがあります。

- ハードウェアの有効活用：1台の物理マシン上で複数のシステムを動かす。1台のマシン上で複数の仮想マシンを作った上で、顧客に個々の仮想マシンを貸し出すIaaS (Infrastructure as a Service) はその一例。
- サーバの統合：「複数の物理マシンで構成されているシステム」の物理マシンを仮想マシンに置き換えて、より少ない数の物理マシンに集約する。
- レガシーシステムの延命：ハードウェアサポートが終わった古いシステムを仮想マシン上で動かす[*1]。
- あるOS上で別のOSを動かす：Windows上でLinuxを動かす、またはその逆など。
- 開発/テスト環境：業務システム環境と同じ、または似た環境を、物理マシンなしに構築する。

例えば、筆者は次のような用途に仮想マシンを利用しています。

- 自宅のWindows上でLinuxを動かす。ゲームや写真現像などのWindowsしか対応していないソフトウェアを動かすために、普段はWindowsを使いたいが、それ以外につい

*1　仮想マシンが、古いシステムに搭載されているソフトウェアのサポートを切ったりもしますが……。

てはLinuxを使いたい。

- 趣味でLinuxカーネル開発をしているときに、変更を加えたカーネルが正しく動作するかどうかの自動テスト。カーネルを入れ替えるために物理マシンをリセットしなくて良いので、このようなことが実現可能。

仮想化ソフトウェア

仮想マシンは、物理マシン上に存在する仮想化ソフトウェアが生成、管理および廃棄をします。仮想マシンは、一般的に1台だけではなく物理マシンのリソースが許す限り何台でも作れます。これを表したのが図10-01です。

図10-01 物理マシンと仮想マシン

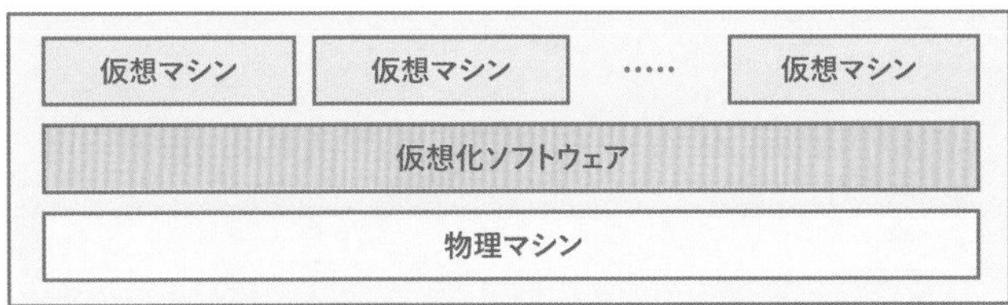

仮想化ソフトウェアは、図10-02のように、物理マシン上のハードウェア資源を管理し、それを仮想マシンに分配します。このとき、物理マシン上のCPUを「物理CPU」（Physical CPU、PCPU）、仮想マシン上のCPUを「仮想CPU」（Virtual CPU、VCPU）と呼びます。

図10-02 仮想化ソフトウェアの仕組み

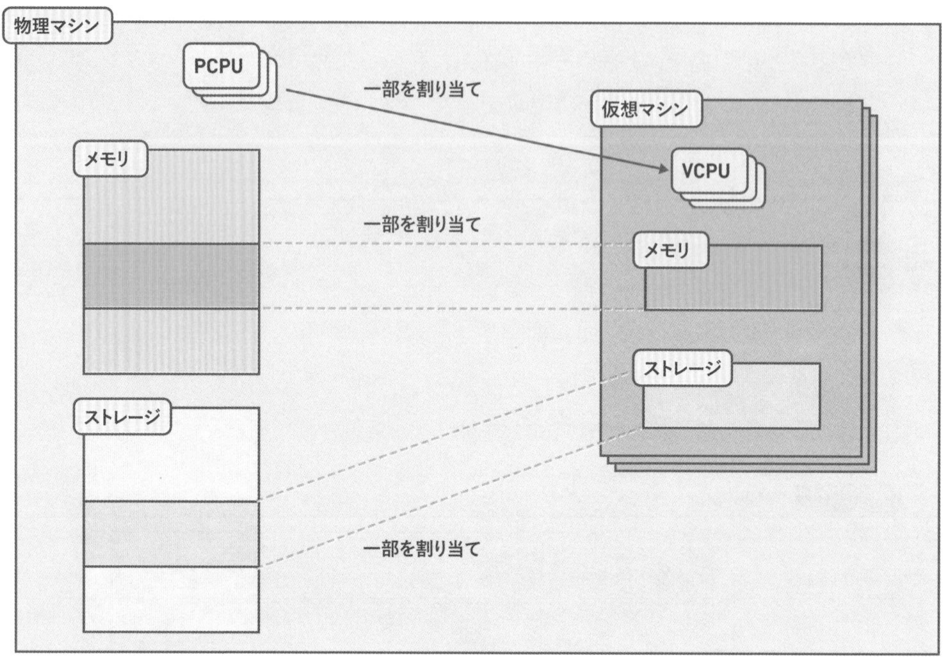

仮想化ソフトウェアと仮想マシンとの関係は、カーネルのプロセス管理システムとプロセスの関係に非常によく似ています。物理マシン上にOSをインストールすると、システムの全体構造は図10-03のようになります。

図10-03 物理マシン上にOSをインストールした場合

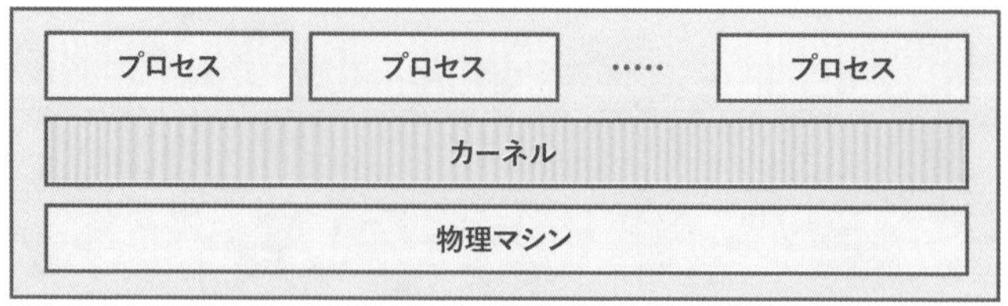

これに対して、仮想マシン上にOSをインストールした場合は、図10-04のようになります。

図10-04 仮想マシン上にOSのインストールした場合

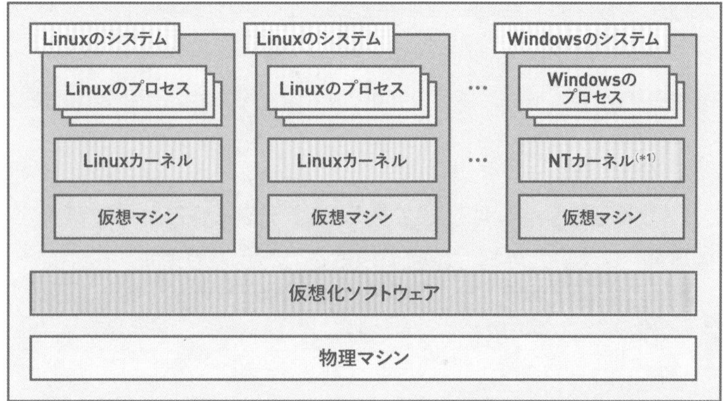

*1) Windowsのカーネル部分の名前

見ての通り、仮想化ソフトウェアの上に、図10-03で示したようなシステムが乗っている、という構造になっています。この図10-04においては「……」で省略された部分を除くと、2つのLinuxと1つのWindowsが存在していることが分かります。仮想マシンと物理マシンは、デバイスの構成などを除けば何ら違いがないので、仮想マシンが提供する各種ハードウェアをサポートしているOSであれば、何でもインストールできます。

仮想化ソフトウェアの実現には、さまざまな方法があります。例えば、物理ハードウェアの上に直接ハイパーバイザと呼ばれる仮想化ソフトウェアをインストールするもの、既存OSの上のアプリケーションとして動かすもの、などです。具体的なソフトウェア名でいうと次のようなものが有名です。

- VMware社の各種製品
- Oracle社のVirtualBox
- Microsoft社のHyper-V
- Citrix Systems社のXen

本章で使う仮想化ソフトウェア

本章では、次の3つのソフトウェアの組み合わせによって、仮想マシンを作成、管理します。

- KVM (Kernel-based Virtual Machine)：Linuxカーネルが提供する仮想化機能。

- QEMU：CPU、およびハードウェアのエミュレータ。KVMと組み合わせて使う場合はCPUのエミュレーション部分は使わない。
- virt-manager：仮想マシンの生成、管理、廃棄をする。生成してから実行するのはQEMUの仕事。

この組み合わせを選んだ理由は、すべてOSSによって提供されており、かつ、多くのLinuxディストリビューションにおいて簡単に使えるようになっているからです。上記の組み合わせの場合、システムの構成は図10-05のようになります。

図10-05 仮想化システム構成例

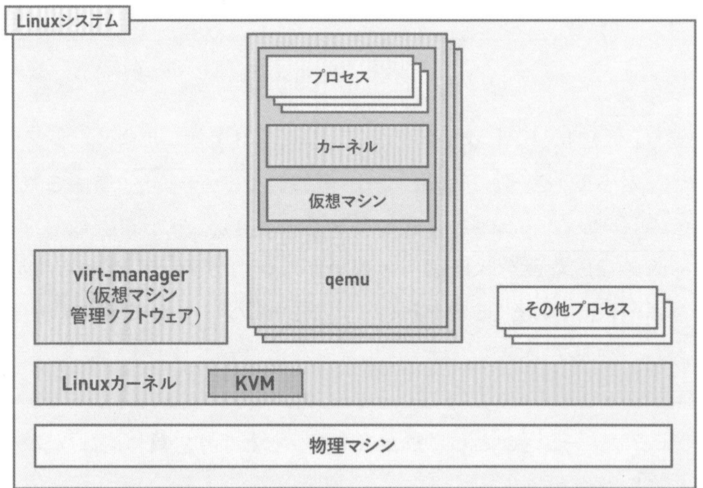

ここで、物理マシン上で動作するOSは「ホストOS」、仮想マシン上で動作するOSは「ゲストOS」と呼ばれることが多いです。

virt-managerとQEMUは、Linuxカーネルから見ればただのプロセスにすぎません。仮想化ソフトウェアの隣で、通常のプロセスを動かせます。仮想マシンを生成してから削除するまでの流れは次の通りです。

❶ virt-managerが、新規仮想マシンのひな形を作る（CPUの数やメモリ容量、その他搭載ハードウェアなど）。
❷ virt-managerが、上記ひな形を基に仮想マシンを生成してQEMUを起動する。
❸ QEMUがKVMと連携しつつ、仮想マシンを必要なだけ動かす（途中に電源オン／オフや再起動を挟む）。
❹ virt-managerが必要なくなった仮想マシンを削除する。

virt-managerは、仮想マシンに次のような操作ができます。

- 各仮想マシンに用意されたウィンドウから仮想マシンのディスプレイ出力を見せる。
- 上記ウィンドウ上で、キーボード、マウスを用いて入力すると仮想マシンのキーボード、マウスが操作される。
- 仮想マシンの電源オン／オフや再起動をする。
- 仮想マシンのデバイスを追加／削除する、isoファイルの仮想DVDドライブへの挿入／取り出し。

皆さんが物理マシンに対してやっていることを、virt-managerが仮想マシンに対して代行してくれると考えていただければよいです（図10-06）。

図10-06 virt-managerの仕組み

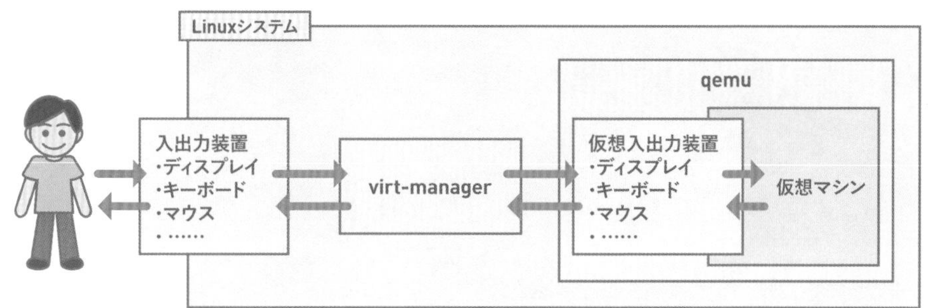

Nested Virtualization

ここまで、物理マシン上で仮想マシンを動かすという書き方をしていましたが、実は仮想マシン上で、さらに仮想マシンを動かす「Nested Virtualization」という機能もあります。この機能は、IaaSによって貸し出された仮想マシン上で、さらに仮想マシンを作って開発やテストをしたいというときに非常に便利です。

筆者が所属しているサイボウズ社の業務においても、Google Compute Engine（GCE）の仮想マシン上に「複数の仮想マシンから構成される仮想データセンター[*a]」を構築し、Continuous Integration（CI）などで利用できるようにしています。

Nested Virtualizationを使っている場合は「物理マシン」という用語の使用がふさわしくないこともありますが、ややこしいので本書においてはこの用語を使います。Nested Virtualizationは、IaaS、および仮想化ソフトウェアによって使用可否が違うので、皆さんご自身の環境で使えるかどうかは、お使いの仮想化ソフトウェアのマニュアルをご覧ください。

＊a　https://blog.cybozu.io/entry/2019/07/10/100000

仮想化を支援するCPUの機能

第1章において述べた、ユーザモードとカーネルモードを分けるためのCPUの機能について覚えているでしょうか。図10-07に示すように、CPUがプロセスを動作させているときは、ユーザモードで動きます。これに対して、システムコールや割り込みの発生をきっかけとしてカーネルが動作するときには、カーネルモードで動きます。ユーザモードでは、デバイスなどのプロセスから直接参照すると都合が悪いリソースへのアクセスが制限される一方で、カーネルモードでは何でもできます。

図10-07 CPUのモード遷移: カーネルモードとユーザモード

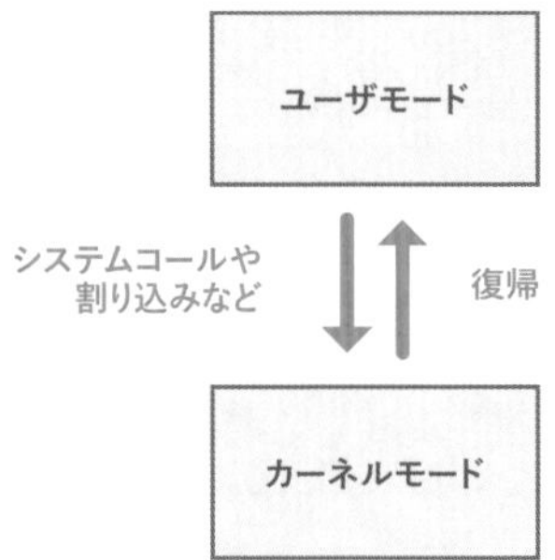

仮想化機能をサポートしているCPUでは、この考え方を拡張しています。具体的には、物理マシンの処理をしているときのために「VMX-root」というモードが、仮想マシンの処理をしているときのために「VMX-nonroot」というモードがあります。仮想マシンの処理をしているときにハードウェアへのアクセスや物理マシンへの割り込みが発生すると、CPUがvmx-rootモードに戻り、物理マシンへと制御が自動的に移ります(図10-08)。

図10-08 CPUのモード遷移: VMX-rootモードとVMX-nonrootモード

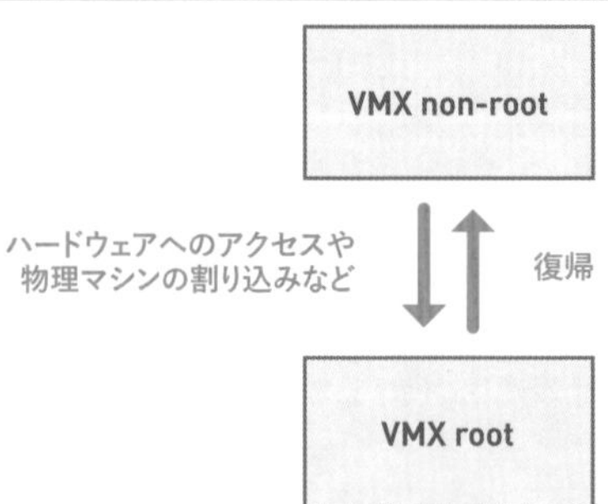

カーネルモード/ユーザモードと、VMX-rootモード/VMX-nonrootモードの関係を図

10-09にまとめました。

図10-09 2種類のCPUモード

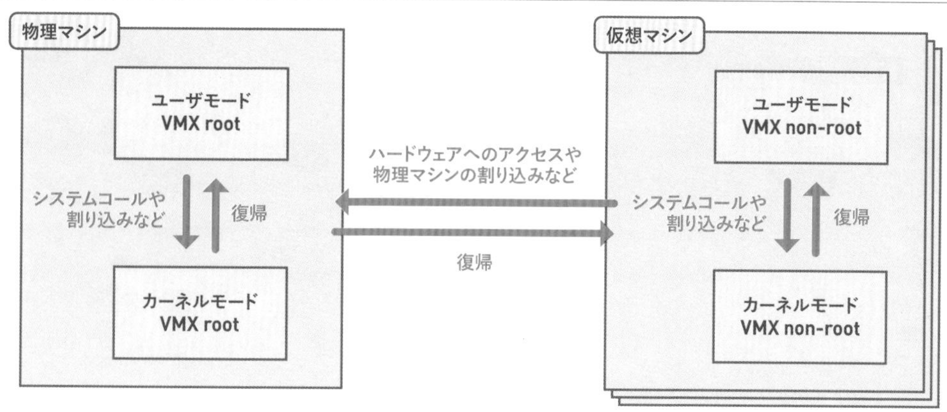

x86_64アーキテクチャのCPUにおいて、図10-09のようなCPUによる仮想化支援機能のことを、Intel社のCPUでは「VT-x」、AMDのプロセッサでは「SVM」と呼びます。それぞれ機能的にはそれほど違いがありませんが、機能を実現するためのCPUレベルの命令セットが異なります。ただし、この違いはKVMが吸収してくれています。これもカーネルによるハードウェア機能の抽象化の1つです。

皆さんの環境で、VT-xないしSVMが有効になっているかどうかは、次のコマンドの発行によって確かめられます。

```
$ egrep -c '^flags.*(vmx|svm)' /proc/cpuinfo
```

コマンドの出力が1以上であれば有効、0であれば無効です。ここで機能が存在して「いる／いない」ではなく、「有効／無効」になっていると書いたのには理由があります。なぜかというと、CPU自身は仮想化機能を持っているのにBIOSによって無効化されていることがあり、この場合は、上記コマンドは0を返します。このため、出力が0の場合は、念のためBIOSの設定を確認してみてください＊2。

次節以降の解説は、原則として仮想化機能が有効なCPUを前提としています。

QEMU＋KVMの場合

この節では、QEMU＋KVMによる仮想化において、仮想マシン上にLinuxがインストー

＊2　筆者は、x86_64 CPUが仮想化機能を搭載し始めたころに同機能を搭載したCPU搭載のPCを買ったものの、BIOSで無効化されており、かつ、設定項目が存在していなかったことによって血の涙を流したことがあります。

ルされている場合の挙動について述べます。

ここでは、プロセスがシステムコールの発行を介して、あるデバイスのレジスタにアクセスした場合を考えます。物理マシンでは図10-10のようになります。

図10-10 物理マシン上のデバイスアクセス

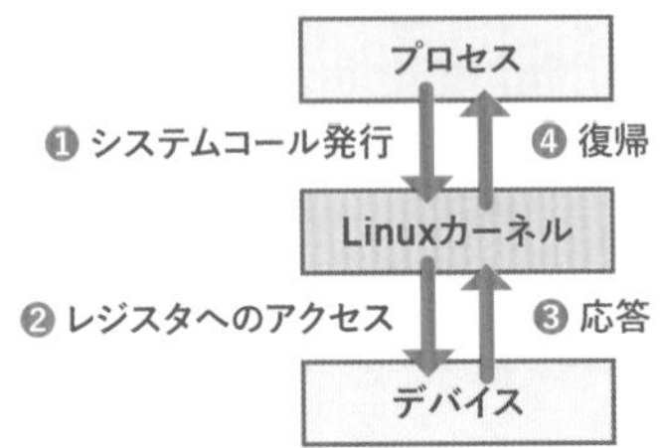

このときのCPUとデバイスの処理の流れを図10-11に示しました。

図10-11 図10-10におけるCPUとデバイスの処理の流れ

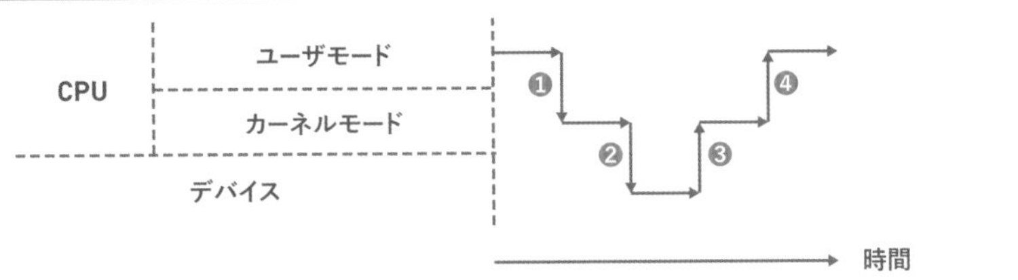

これが仮想化環境になると図10-12と図10-13のようになります。

図10-12 仮想マシン上のデバイスアクセス

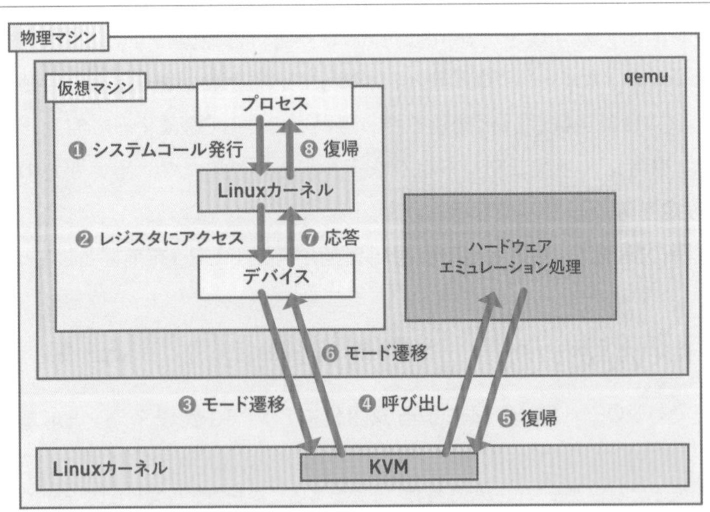

図10-13 図10-12におけるCPUとデバイスの処理の流れ

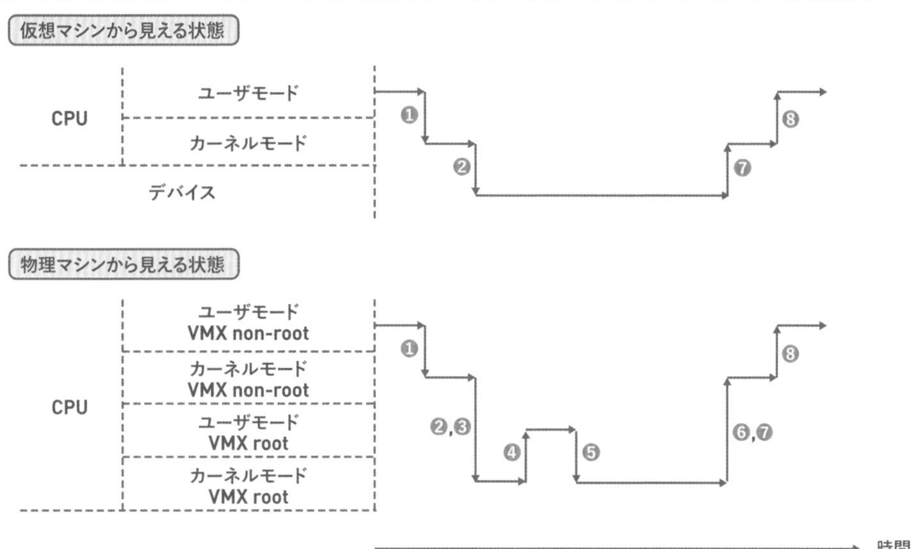

仮想マシンから見ると、図10-11に示した物理マシンの場合と同じことをしているように見えますが（処理❶、❷、❼、❽）、その裏では、物理マシン上のQEMUとKVMがハードウェアのエミュレーションをしているというわけです（処理❸～❻）。かなり複雑ですね。筆者も、小規模なカーネルなら自分で一から作れる程度に、ハードウェアやカーネルについて知識がすでにあった10年以上前に、このような図を見て頭を抱えたことがありました。

仮想マシンからのハードウェアアクセスの延長で、物理マシンのハードウェアにアクセスするようなケースは、さらに複雑になります。このケースについては後述します。

CPUによる仮想化機能が存在しない場合の仮想化

x86_64 CPU上で動作するOSでは、CPUによる仮想化が存在しなかった時代から仮想化ソフトウェアがありました。しかし、本編で解説した通り、仮想マシンを動かすには、仮想マシンからハードウェアにアクセスしたことを物理マシンが検出する必要があります（図10-13における❷に該当）。これらのソフトウェアではどうやってこれを検出していたのでしょうか。

これには、例えば仮想マシン上で動作するカーネルなどの実行ファイルを書き換えてハードウェアアクセスすると、仮想化ソフトウェアに制御が渡るような方法があります。具体的な実現方法は多岐に渡りますが、ここでは割愛します。興味のある方は、「準仮想化」や「Para-virtualization」などの単語でWeb検索をしてみてください。

仮想マシンは、ホストOSからどう見えているか？

本節では、仮想マシンがホストOSからどう見えているかを、実験によって確認します。まずは実験用に表10-01のような仮想マシンをインストールします。

表10-01 実験用の仮想マシン構成

名前	パラメタ
仮想CPU数	1。このVCPUは、PCPU0上でのみ動けるようにする（pinする）。
OS	Ubuntu 20.04/x86_64
メモリ	8GiB
ディスク	1本。ドライバはデフォルトのvirtio（後述）。

virt-managerを用いればGUIで仮想マシンを作成できるので、ここの具体的な手順については省略します。

コマンドラインから仮想マシンを作りたい方は、以下のコマンド[*3]を実行してください。

```
$ virt-install --name ubuntu2004 --vcpus 1 --cpuset=0 --memory 8192 --os-variant ubuntu20.04 ↩
--graphics none --extra-args 'console=ttyS0 --- console=ttyS0' ↩
--location http://us.archive.ubuntu.com/ubuntu/dists/focal/main/installer-amd64/    実際は1行
```

`--extra-args 'console=ttyS0 --- console=ttyS0'`は、インストーラの出力をコンソールに表示するために必要です。

仮想マシンには、実験に必要なパッケージを以下のようにインストールしておいてください。

```
$ sudo apt install sysstat fio golang python3-matplotlib python3-pil fonts-takao jq openssh-server
```

以後、インストールしたゲストOSへは、ssh接続できるものとして話を進めます。

ここからは、仮想マシンをCUIを経由して操作するvirshというCUIコマンドを使います。`virsh dumpxml ubuntu2004`というコマンドを使うと、リスト10-01のようなXMLが出力されます。

＊3 紙面では折り返されてますが、全体で1行です。

リスト10-01 「virsh dumpxml ubuntu2004」で出力されるXML

```
<domain type='kvm' id='23'>
  <name>ubuntu2004</name>
...
  <memory unit='KiB'>8388608</memory>
...
  <vcpu placement='static' cpuset='0'>1</vcpu>
...
 <devices>
...
   <disk type='file' device='disk'>
...
      <source file='/var/lib/libvirt/images/ubuntu2004.qcow2' index='1'/>
...
```

何やらハードウェアに関係していそうな要素がたくさん並んでいます。実はこれが、virt-managerを使って作成した仮想マシンの正体です。仮想化機能というと難しそうですが、実はこの段階では別に複雑なことはしておらず、ほかのソフトウェアと同様に、設定をファイルに保存しているだけです。上記XMLに大量に存在する要素のうち、重要なものの意味を表10-02にまとめておきます。

表10-02 仮想マシン設定に用いられる値の意味

引数	値	意味
name	ubuntu2004	仮想マシンを一意に識別する名前。
memory	8388608 (8GiB)	仮想マシンに搭載されているメモリの量。
vcpu	1	VCPU数。cpuset attributeの値は、VCPUが動作できるVCPUのリスト。
devices	——	仮想マシンに搭載されているハードウェアのリスト。
disk	——	ストレージデバイス。その後に続くfileはストレージデバイスに対応するファイルの名前。

この後、virt-managerによって仮想マシンの設定を変更すると、XMLの値も書き換わるので、ぜひいろいろと試してみてください。`virsh edit`コマンドを使えば、XMLのテキストエディタによる編集もできます。

ホストOSから見たゲストOS

前節で作成した仮想マシンを起動すると、ホストOSからどのように見えるのかを確認してみましょう。仮想マシンはvirt-managerから起動してください。`virsh start`コマンドによっても起動できます。

```
$ virsh start ubuntu2004
```

この後`virsh list`コマンドを実行すると、前節において作成したubuntu2004という仮想マシンが起動します。

```
$ virsh list
 Id   Name         State
-----------------------------
 23   ubuntu2004   running
```

この状態で`ps ax`コマンドを実行すると、qemu-system-x86_64というプロセスが1つ存在します。

```
$ ps ax | grep qemu-system
  19904 ?        Sl     3:06 /usr/bin/qemu-system-x86_64 -name guest=ubuntu2004 ...
```

実は、これが動作中の仮想マシンの実体です。言い方を変えると、1つの仮想マシンは、1つのqemu-system-x86_64プロセスに対応します。

上記実行例では省略していますが、このプロセスには、大量のコマンドライン引数が与えられています。そのうち比較的重要、かつ、分かりやすいものに注目してみると、cpuやdevice、およびdriveなどのハードウェアに関係していそうなものがたくさん並んでいることが分かります。しかもそれぞれの値は前節において見たXMLファイルの中身とかなり似ています。これはvirshが仮想マシンのXMLファイルの中身をqemu-system-x86_64コマンドが解釈できるように変換した上で、引数として渡していることによります（図10-14）。

図10-14 仮想マシンの作成から起動まで

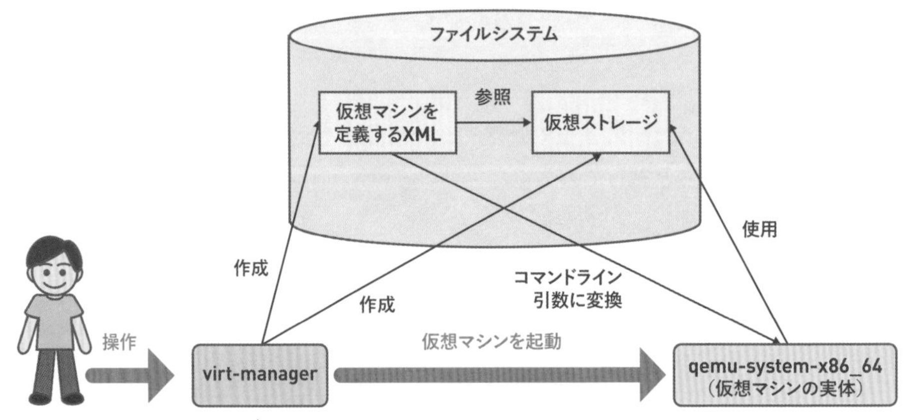

引数のうち、重要なものをいくつか表10-03に紹介します。

表10-03 qemu-system-x86_64に渡される引数

引数	値の意味
m	仮想マシンに搭載されているメモリの量。MiB単位。
guest	仮想マシンを識別する名前。virsh listの出力におけるnameフィールドに相当する。
smp	仮想マシンの論理CPU数。
device	仮想マシンに搭載されている個々のハードウェア。
drive	仮想マシンに搭載されているストレージデバイス。その後に続くfileはストレージデバイスに対応するファイルの名前。

不要になった仮想マシンはvirt-managerによって終了することもできます。`virsh destroy`コマンドによっても、同じことができます。

複数マシンを立ち上げた場合

複数マシンを立ち上げる場合はどうなるかも確認しておきましょう。このために、ubuntu2004をubuntu2004-cloneという名前で複製します。仮想マシンはvirt-managerを使って簡単に複製できます。virt-cloneというCUIコマンドによっても作れます。

```
$ virt-clone -o ubuntu2004 -n ubuntu2004-clone --auto-clone
Allocating 'ubuntu2004-clone.
...
Clone 'ubuntu2004-clone' created successfully.
`virt-clone`
```

では２つの仮想マシンを立ち上げましょう。

```
$ virsh start ubuntu2004
...
$ virsh start ubuntu2004-clone
...
```

この後、`ps ax`コマンドを実行すると、qemu-system-x86_64プロセスが２つになっていることが分かります（図10-15）。

```
$ ps ax | grep qemu-system
  21945 ?        Sl     0:09 /usr/bin/qemu-system-x86_64 -name guest=ubuntu2004 ...
  22004 ?        Sl     0:07 /usr/bin/qemu-system-x86_64 -name guest=ubuntu2004-clone ...
...
```

図10-15 複数仮想マシンの起動

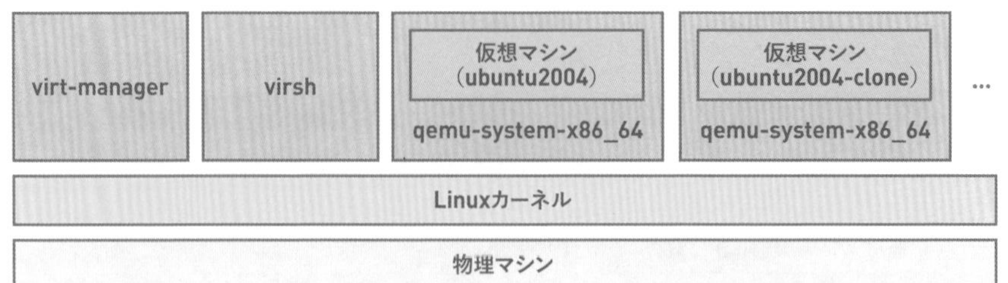

IaaSにおけるオートスケールの仕組み

Column

本記事において述べた通り、仮想マシンの作成、定義の変更、起動などの操作は、すべてCUIのvirshコマンドによってできます。もっと言うと、virshは、内部でlibvirtというライブラリを使っているに過ぎません。つまり、仮想マシンは、人手を介さずにlibvirtを使ってプログラムから操作できるというわけです。これは、libvirtとは別の仕組みを使って仮想マシンを管理している場合も同様です。

IaaS環境においては、システムの負荷に応じて、システムに組み込む仮想マシンの数を変更するオートスケールという機能があるのですが、これはIaaS業者ないしシステム管理者が人力で仮想マシンを操作しているわけではなく、図10-16のように、システムの負荷が変動したときにプログラムから仮想マシンを増減させることによって実現しているというわけです。通常のプログラムと同じような感覚で仮想マシンを操作できるというのは、驚くべきことですね。

図10-16 IaaSにおけるオートスケール機能

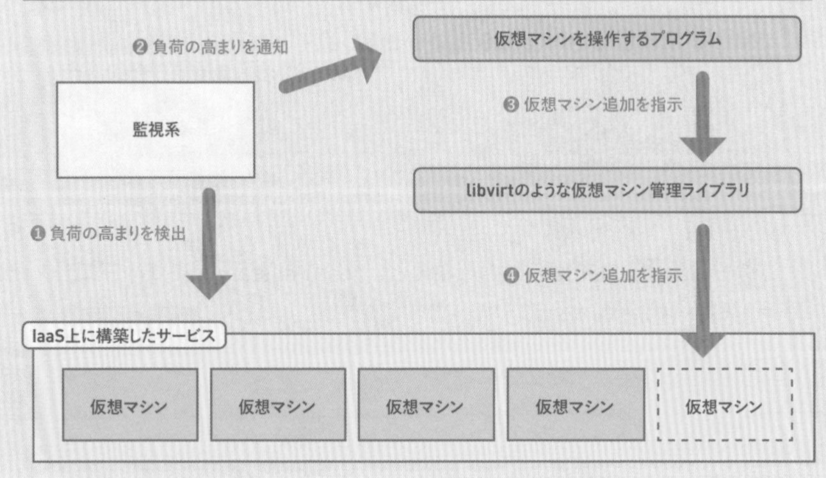

これ以降、特に複数仮想マシンは不要なので、ubuntu2004-cloneは消しておきましょう。virshコマンドからは以下のように削除できます。

```
$ virsh destroy ubuntu2004-clone
...
$ virsh undefine ubuntu2004-clone --remove-all-storage
Domain ubuntu2004-clone has been undefined
Volume 'vda'(/var/lib/libvirt/images/ubuntu2004-clone.qcow2) removed.
```

仮想化環境のプロセススケジューリング

本節では、仮想化環境におけるプロセススケジューリングについて述べます。

第３章で紹介したsched.pyプログラムを、次のように、仮想マシン上で並列数２で動かした結果をグラフにまとめたのが図10-17です。

```
$ ./sched.py 2
```

図10-17 仮想マシン上でsched.pyプログラムを動作させた結果

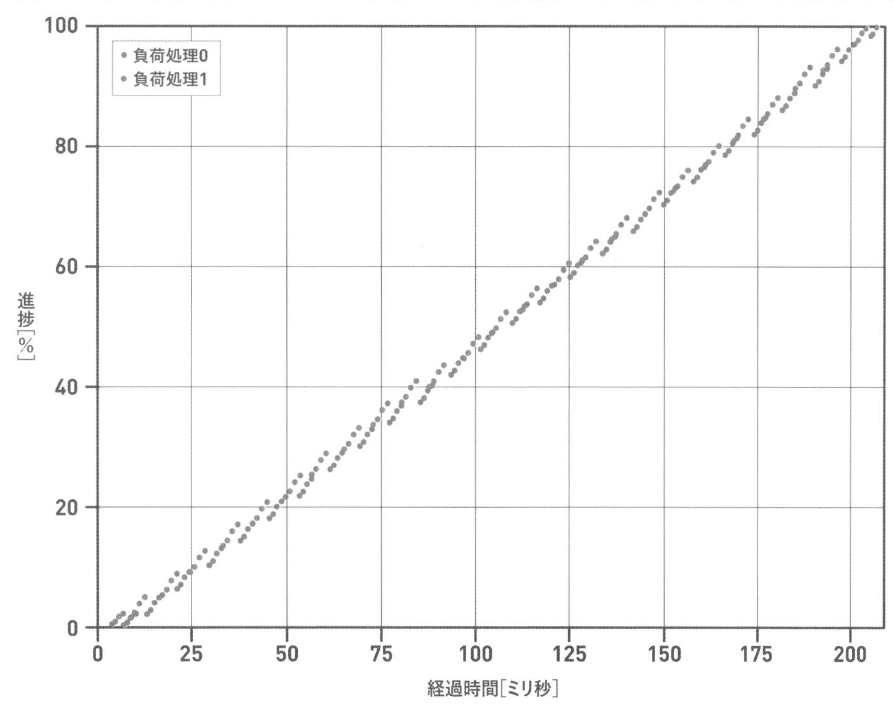

物理マシン上で動かした場合と同様、2つのプロセスが交互に動作することが確かめられました。

実は、仮想マシンの中の各VCPUは、仮想マシンに対応するqemu-system-x86プロセスのスレッド（カーネルスレッド）として表されます。qemu-system-x86プロセスの中には、他にもさまざまな役割を持ったスレッドがありますが、説明は割愛します。「少なくともVCPUごとに1つ以上のスレッドがある」くらいの認識を持っていただければよいです。

sched.pyプログラムを、仮想マシン上で動かしているときのPCPU0、およびその上にあるVCPU0の動きを図10-18に示します。

図10-18 VCPU0の動き

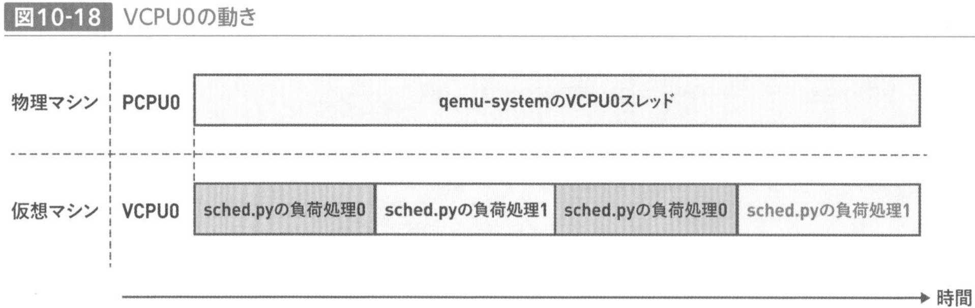

物理マシン上でプロセスが動いている場合

図10-18において、PCPU0上では、VCPU0スレッド以外はほぼ何も動いていませんでした。では、PCPU0上でVCPU0スレッド以外の処理が動いていた場合はどうなるのかについて見てみましょう。

これを実現するために、PCPU0上で第1章に出てきたinf-loop.pyプログラムを実行している状態で、仮想マシン上でsched.pyプログラムを動かします。

ただし、単にsched.pyプログラムを実行してもうまくいきません。なぜならsched.pyプログラムは実行開始時に「1ミリ秒CPU時間を使う」のに必要な処理量を見積もっており、かつinf-loop.pyプログラムを実行した状態では、inf-loop.pyプログラムの影響で、この見積もりを誤るからです。この問題を回避するために、上記の見積もり処理の後に、ユーザからの Enter キーの入力を待ち、Enter が入力されたら、sched.pyと同様の動作をするsched-virtプログラム（リスト10-02）を使います。sched-virt.pyプログラムは、内部的にplot_sched_virt.pyプログラム（リスト10-03）の実行によってグラフを描画しています。お手元でsched-virt.pyプログラムを実行する場合は、plot_sched_virt.pyプログラムを同じディレクトリに配置してください。

リスト10-02 sched-virt.py

```
#!/usr/bin/python3
import sys
import time
import os
import plot_sched_virt
def usage():
    print("""使い方: {} <並列度>
        * 論理CPU0上で<並列度>の数だけ同時に100ミリ秒程度CPUリソースを消費する負荷処理を起動した後に、
すべてのプロセスの終了を待つ。
        * "sched-<処理の番号(0~(並列度-1)>.jpg"というファイルに実行結果を示したグラフを書き出す。
        * グラフのx軸はプロセス開始からの経過時間[ミリ秒]、y軸は進捗[%]""".format(progname, file=sys.st
derr))
    sys.exit(1)
# 実験に適した負荷を見つもるための前処理にかける負荷。
# このプログラムの実行に時間がかかりすぎるような場合は値を小さくしてください。
# 反対にすぐ終わってしまうような場合は値を大きくしてください。
NLOOP_FOR_ESTIMATION=100000000
nloop_per_msec = None
progname = sys.argv[0]
def estimate_loops_per_msec():
    before = time.perf_counter()
    for _ in  range(NLOOP_FOR_ESTIMATION):
              pass
    after = time.perf_counter()
    return int(NLOOP_FOR_ESTIMATION/(after-before)/1000)
def child_fn(n):
    progress = 100*[None]
    for i in range(100):
        for _ in range(nloop_per_msec):
            pass
        progress[i] = time.perf_counter()
    f = open("{}.data".format(n),"w")
    for i in range(100):
        f.write("{}\t{}\n".format((progress[i]-start)*1000,i))
    f.close()
    exit(0)
if len(sys.argv) < 2:
    usage()
concurrency = int(sys.argv[1])
if concurrency < 1:
    print("<並列度>は1以上の整数にしてください: {}".format(concurrency))
    usage()
# 論理CPU0上での実行を強制
os.sched_setaffinity(0, {0})
nloop_per_msec = estimate_loops_per_msec()
input("見積もりが終わりました。ENTERを押してください: ")
```

```
start = time.perf_counter()
for i in range(concurrency):
    pid = os.fork()
    if (pid < 0):
        exit(1)
    elif pid == 0:
        child_fn(i)
for i in range(concurrency):
    os.wait()
plot.plot_sched(concurrency)
```

リスト10-03 plot_sched_virt.py

```
#!/usr/bin/python3

import numpy as np
from PIL import Image
import matplotlib
import os

matplotlib.use('Agg')

import matplotlib.pyplot as plt

plt.rcParams['font.family'] = "sans-serif"
plt.rcParams['font.sans-serif'] = "TakaoPGothic"

def plot_sched(concurrency):
    fig = plt.figure()
    ax = fig.add_subplot(1,1,1)
    for i in range(concurrency):
        x, y = np.loadtxt("{}.data".format(i), unpack=True)
        ax.scatter(x,y,s=1)
    ax.set_title("タイムスライスの可視化(並列度={})".format(concurrency))
    ax.set_xlabel("経過時間[ミリ秒]")
    ax.set_xlim(0)
    ax.set_ylabel("進捗[%]")
    ax.set_ylim([0,100])
    legend = []
    for i in range(concurrency):
        legend.append("負荷処理"+str(i))
    ax.legend(legend)

    # Ubuntu 20.04のmatplotlibのバグを回避するために一旦pngで保存してからjpgに変換している
    # https://bugs.launchpad.net/ubuntu/+source/matplotlib/+bug/1897283?comments=all
    pngfilename = "sched-{}.png".format(concurrency)
    jpgfilename = "sched-{}.jpg".format(concurrency)
    fig.savefig(pngfilename)
```

```
    Image.open(pngfilename).convert("RGB").save(jpgfilename)
    os.remove(pngfilename)
```

```
$ ./sched-virt.py 2
見積もりが終わりました。ENTERを押してください: # PCPU0上で`taskset -c 0 inf-loop`を実行した後でEnterキーを押す。
```

この結果をプロットしたものが図10-19です。

図10-19 PCPU0上で`inf-loop.py`動作中に仮想マシン上で`sched-virt.py`を動作させた結果

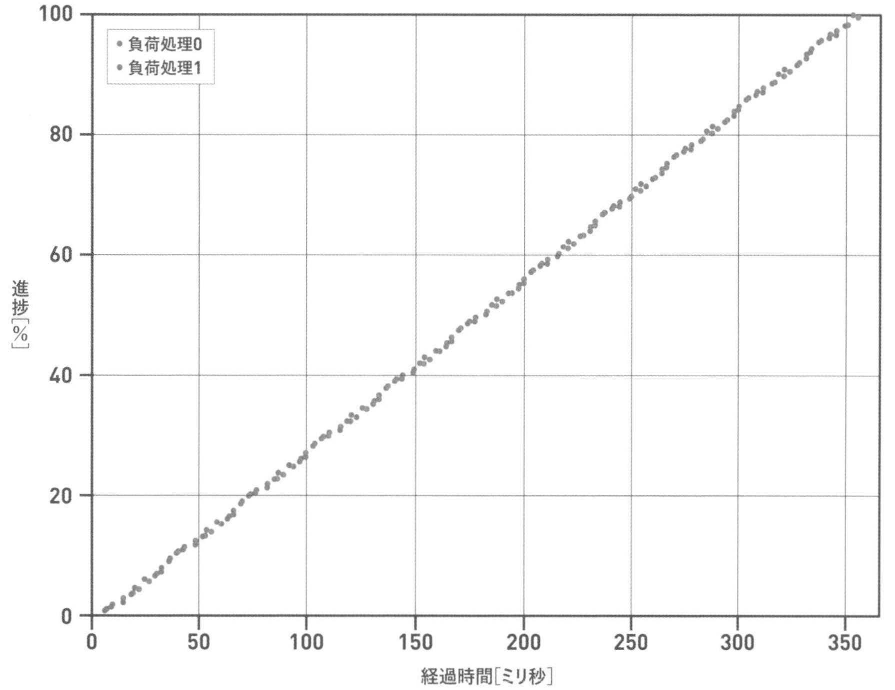

測定精度の問題でかなり見づらいのですが、実行の所要時間が図10-17に比べて倍程度に延びていること、および、プロセス0とプロセス1のどちらにも進捗がない時間があることが、グラフから読み取れます。

このときのPCPU0、およびその上にあるVCPU0の動きを表したのが図10-20です。

図10-20 VCPU0とPCPU0の動き

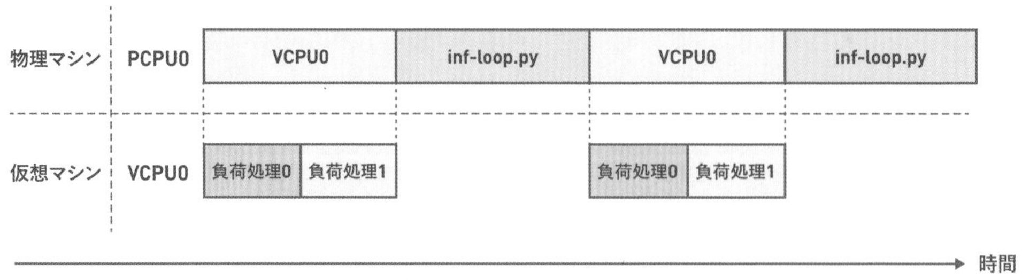

つまり図10-20において、プロセス0とプロセス1のいずれも進捗がない時間は、ホストOS上で`inf-loop.py`プログラムが動いていたということです。

統計情報

仮想マシン上でプロセスが動作しているときに、物理マシン上で`sar`コマンドなどでCPUの統計情報を表示すると、物理マシンおよび仮想マシン上では、それぞれどのように見えるのかを確認してみましょう。

まずは次のような場合について確認します。

- VCPU0では、`inf-loop.py`プログラムが動作している。
- PCPU0上で、他の処理は動いていない。

この状態で、物理マシン上で`sar`を動かしてみましょう。

```
$ sar -P 0 1
...
09時09分28秒     CPU     %user     %nice   %system   %iowait    %steal     %idle
09時09分29秒       0    100.00      0.00      0.00      0.00      0.00      0.00
09時09分30秒       0    100.00      0.00      0.00      0.00      0.00      0.00
09時09分31秒       0    100.00      0.00      0.00      0.00      0.00      0.00
```

続いて`top`コマンドの実行結果を見てみましょう。

```
$ top
...
    PID USER      PR  NI    VIRT    RES    SHR S  %CPU  %MEM     TIME+ COMMAND
  22565 libvirt+  20   0 9854812 883472  22016 S 106.7   5.8   7:29.03 qemu-system-x86
...
```

これで、CPUを使っているのはqemu-system-x86（正確にはその中のVCPU0スレッド）

だと分かりました。続いて仮想マシン上でsarを動かしてみましょう。

```
$ sar -P 0 1
...
09:13:01        CPU     %user     %nice   %system   %iowait    %steal     %idle
09:13:02          0    100.00      0.00      0.00      0.00      0.00      0.00
09:13:03          0     98.02      0.00      0.99      0.00      0.99      0.00
09:13:04          0    100.00      0.00      0.00      0.00      0.00      0.00
```

ユーザプログラムが、CPUをほぼすべて使っていることが分かります。09:13:03において%stealという謎のフィールドの値が「0.99」になっている理由については後述します。

続いて、topコマンドで、どのプログラムがCPUを使っているかを確認します。

```
$ top
...
    PID USER      PR  NI    VIRT    RES    SHR S  %CPU  %MEM     TIME+ COMMAND
   2076 sat       20   0   18420   9092   5788 R  99.9   0.1   5:37.83 inf-loop.py
...
```

これによって、CPUを使っているのはinf-loop.pyプログラムだと分かりました。これは、仮想マシンが存在しない状況で、物理マシン上でinf-loop.pyプログラムを動かす場合と同様の結果です。

上記の結果から、仮想マシンを動かしている状態で性能測定をする場合は、物理マシンおよび仮想マシンで見え方が違うことに気を付けなければいけないことが分かります。仮想マシンに相当するqemu-system-x86プロセスのCPU使用率が高いことが分かっても、それが具体的に仮想マシンのどのプロセスによって引き起こされているかは、仮想マシン上で統計情報を取らなければ分かりません。

続いて、次のような場合について確認します。

- VCPU0ではinf-loop.pyプログラムが動作している。
- PCPU0でもinf-loop.pyプログラムが動作している（ホストOS上で`taskset -c 0 ./inf-loop.py &`を実行）。

物理マシン上でsarを動かすと、次のように見えます。PCPU0がすべて使われていることが分かります。

```
$ sar -P 0 1 1
...
09時18分59秒     CPU     %user     %nice   %system   %iowait    %steal     %idle
09時19分00秒       0    100.00      0.00      0.00      0.00      0.00      0.00
...
```

topも実行してみます。

```
$ top
...
    PID USER      PR  NI    VIRT    RES    SHR S  %CPU  %MEM     TIME+ COMMAND
  22565 libvirt+  20   0 9854812 883344  22016 S  50.2   5.8  13:03.88 qemu-system-x86
  26719 sat       20   0   19256   9368   6000 R  50.2   0.1   2:06.19 inf-loop.py
...
```

仮想マシン（qemu-system-x86）とinf-loop.pyが、CPU時間をおおよそ半分ずつ分け合っていることが分かります。

続いて仮想マシン上でsarを動かしてみましょう。

```
$ sar -P 0 1
...
09:24:57        CPU     %user     %nice   %system   %iowait    %steal     %idle
09:24:58          0     50.50      0.00      0.00      0.00     49.50      0.00
09:24:59          0     49.00      0.00      0.00      0.00     51.00      0.00
...
```

VCPU0が動作しているPCPU0上では、ほかにinf-loop.pyが動作しているために、%userは50になります。ここで注目すべきは、%stealというフィールドの値が50付近になっていることです。この値は仮想マシン上においてのみ意味を持つ値で、VCPUが動作しているPCPU上で、VCPU以外のプロセスが動作している割合を示しています。ここではホスト上で動作しているinf-loop.pyの動作によって%stealがこのような値になっています。今回は自分でinf-loop.pyを実行したので、我々はすでにこのことは知っていますが、通常は%stealが何によるものかは物理マシンの統計情報をとらないと分かりません。

PCPU0上、およびVCPU0上で動いている処理と%stealの関係を図10-21に示します。

図10-21 物理マシン上でプロセスが動作している場合の%stealの意味

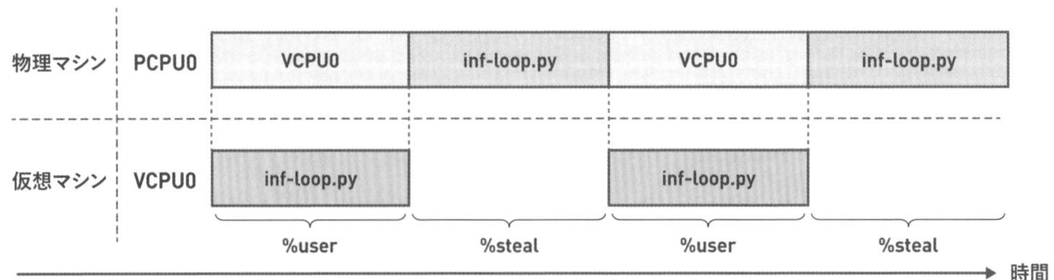

続いてtopを実行します。

```
$ top
...
    PID USER      PR  NI    VIRT    RES    SHR S  %CPU  %MEM     TIME+ COMMAND
   2076 sat       20   0   18420   9092   5788 R  83.3   0.1  22:36.24 inf-loop.py
```

面白いことに、ここでは`inf-loop.py`がCPUを占有しているように見えます。`sar`において`%steal`として見える値は、`top`では仮想マシン上の`inf-loop.py`がCPUを使っているように見える、というわけです。これは実装上の理由なのですが、詳細は割愛します。

最後に、ホストOS上とゲストOS上の`inf-loop.py`を共に終了させておきましょう。

仮想マシンとメモリ管理

物理マシンのメモリと仮想マシンのメモリは、図10-22のように対応しています。

図10-22 物理マシンのメモリと仮想マシンのメモリの対応

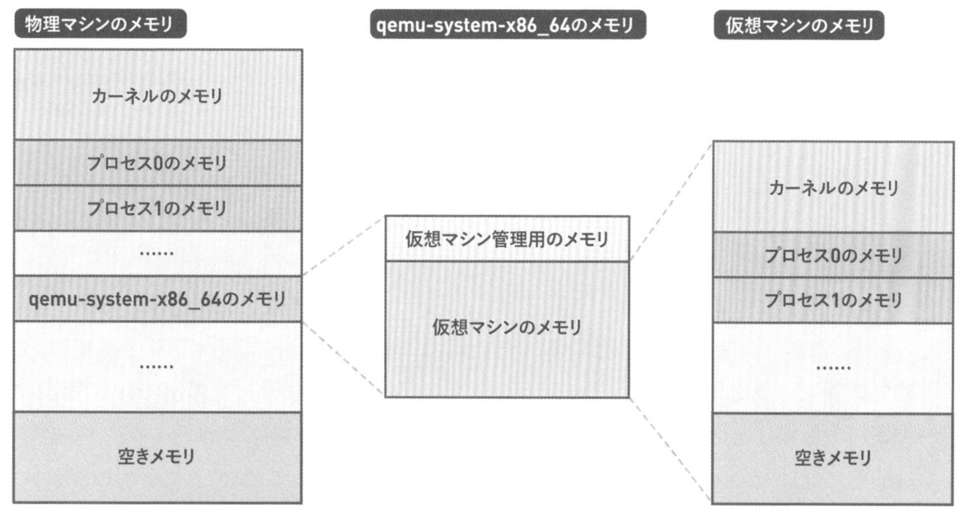

物理マシン上のメモリには、カーネルのメモリやプロセスのメモリが共存しています。仮想マシンのメモリもその中の１つです。

具体的には、qemu-system-x86_64プロセスのメモリとして存在します。このプロセスのメモリは、さらに仮想マシン管理用メモリと仮想マシンそのものに与えられるメモリの２つに分けられます。前者はハードウェアエミュレーション処理のためのコードやデータなどです。後者の内訳は、仮想マシン内のカーネルやプロセスのメモリです。

仮想マシンが使うメモリ

仮想マシン起動前後での、メモリ使用量の変化を簡略化して書くと図10-23のようになります。

図10-23 仮想マシン起動前後のメモリ量

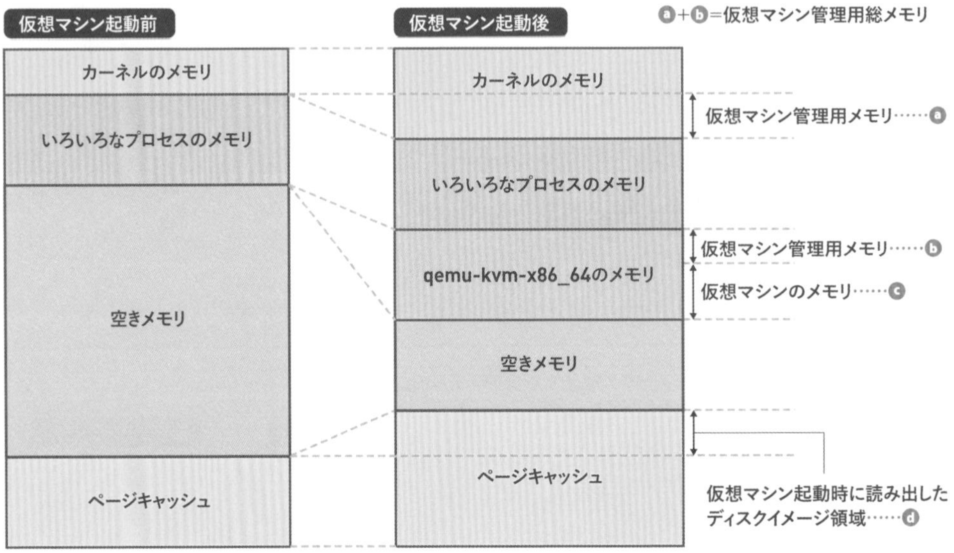

図10-23を見ると、仮想マシンの起動によってⓐ〜ⓓの4種類のメモリを新たに消費することが分かります。

では、具体的にこれらのメモリ消費量がどれだけのものかを、実験によって確かめてみましょう。なお、システムが使用するメモリ量は、ホストOSやゲストOSに存在する、この実験に関係ない負荷によっても刻一刻と変化するため、実験によって算出できる値は、あくまで概算であることにご注意ください。

やることは次のように非常に単純で、仮想マシンが停止しており、かつ、ページキャッシュが無くなっている状態（`/proc/sys/vm/drop_caches`に3を書き込んだ直後の状態）から以下のような処理をします。

❶ ホストOS上で`free`コマンドによってホストOSのメモリ使用状況を見る。

❷ 仮想マシンを立ち上げて、ゲストOSのログインプロンプトが出るまで待つ。

❸ ホストOS上で`free`コマンドによってゲストOSのメモリ使用状況を見る。

❹ ホストOS上で`ps`コマンドによって仮想マシンに対応するqemu-system-x86_64プロセスの使用メモリを見る。

❺ ゲストOS上でfreeコマンドによってゲストOSのメモリ使用状況を見る。

まずは、ホストOS上でfreeコマンドを実行した結果を示します。

```
$ free
              total        used        free      shared  buff/cache   available
Mem:       15359360      395648    14725912        1628      237800    14690944
Swap:             0           0           0
```

この後、仮想マシンを立ち上げます。その後にホストOS上でfreeコマンドを実行した結果を示します。

```
$ free
              total        used        free      shared  buff/cache   available
Mem:       15359360     1180680    13525156        1680      653524    13905104
Swap:             0           0           0
```

続いてホストOS上で、`ps -eo pid,comm,rss`コマンドの実行によって、qemu-system-x86_64プロセスが使用する物理メモリ量を確認します。このコマンドはシステムで動作中の全プロセスについてpid、コマンド名、および使用物理メモリ量を表示します。

```
$ ps -eo pid,comm,rss
    PID COMMAND           RSS
...
   5439 qemu-system-x86 763312
...
```

最後に、仮想マシン上でfreeコマンドを実行した結果を示します。

```
$ free
              total        used        free      shared  buff/cache   available
Mem:        8153372      110056     7839124         768      204192     7805376
Swap:       1190340           0     1190340
```

では上記の結果をもとに、図10-23に対応するデータが何かを確認しましょう。

ホストOSのusedは766MiBほど増えています。これが図10-23における❸+❹+❺に対応します。buff/cacheが405MiBほど増えています。これが図10-23における❻に対応します[＊4]。qemu-system-x86_64は745MiBほど物理メモリを消費しています。これは図10-23の❹+❺に対応します。つまり❸は21MiBほどであると分かります。

＊4　正確には、起動してから最初のVM起動時であれば、qemu-system-x86_64の実行ファイルも含むのですが、簡単のため省略します。

ゲストOSは、110MiBほどメモリを使用しています（used+buff/cache)。すでに分かっているqemu-system-x86_64プロセスのメモリ使用量745MiBから、この値を引いた635MiBが、図10-23のⓑに相当することが分かります。

上記の実験結果には、もう一点、重要なことがあります。仮想マシンにはメモリを8GiB割り当てているものの、起動直後のqemu-system-x86は、与えられたメモリすべてを獲得しているわけではないということです。これは第4章において説明した、デマンドページングによるものです。ゲストOS上の物理メモリを割り当てたときに、初めてそれに対応するホストOS上のqemu-system-x86のメモリ使用量が増えるのです。

仮想マシンの負荷が突然上がって、qemu-system-x86のメモリ使用量が突然跳ね上がるというのはよくある話です。このとき、ゲストOSにおいて誰がどのようにメモリを使ったかを知りたければ、ゲストOSにおいて調査しなくてはいけません。

仮想マシンとストレージデバイス

仮想マシン上のストレージデバイスは、物理マシン上ではファイル、あるいはストレージデバイスと関連付けられています。ここでは前者の場合について説明します。このとき仮想マシンのストレージデバイスと物理デバイスの関係は、図10-24のようになります。

図10-24 仮想マシンのストレージデバイスと物理マシンの関係

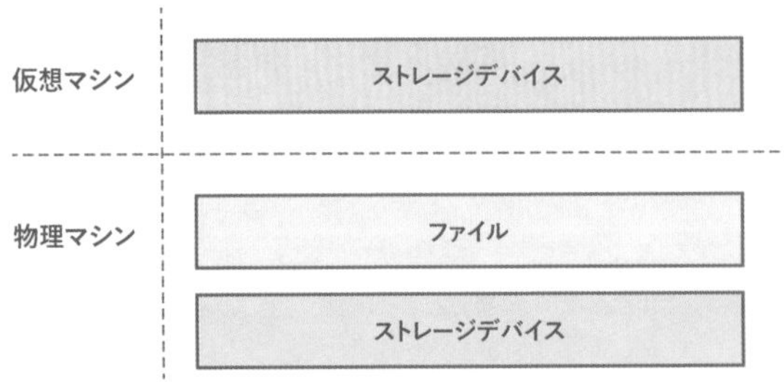

`libvirt`の設定ファイルを見ると、それが分かります。一例として筆者の環境では次のようになっています。

```
$ virsh dumpxml ubuntu2004
...
    <disk type='file' device='disk'>
      <driver name='qemu' type='qcow2'/>
      <source file='/var/lib/libvirt/images/ubuntu2004.qcow2'/>
...
```

設定に書かれた/var/lib/libvirt/images/ubuntu2004.qcow2が、仮想ディスクを保持するファイルの名前です。このファイルのことをディスクイメージとも呼びます。

仮想マシンにおけるストレージI/O

物理マシンにおけるストレージI/Oの流れは、図10-25のようになります。

図10-25 物理マシンにおける書き込み処理の流れ

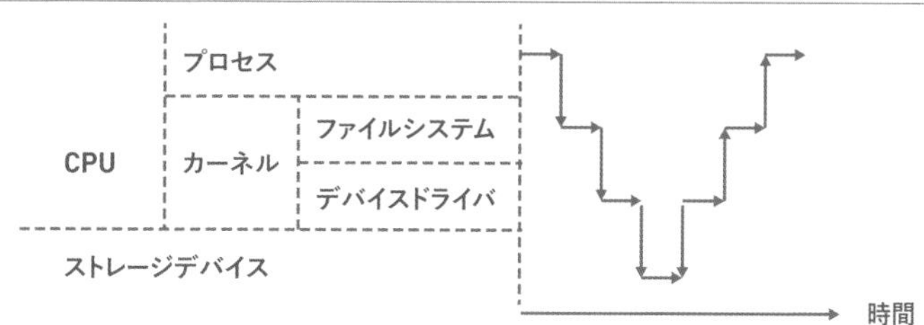

図10-25では、簡単のため、ページキャッシュの存在を無視して、かつ、データは同期的に書き込むものとします。また、ストレージデバイスに書き込みを依頼している間、CPUは何もしていないように見えますが、実際にはこの間に他のプロセスの処理など別のことができます。

続いて仮想マシンの場合です。実験のためにディスクイメージを追加して仮想マシンの追加ディスクとして使います。CUIからは、qemu-imgコマンドによってディスクイメージを作ってから、このイメージを使うように設定を書き換えます。設定は仮想マシンが停止している状態で書き換えてください。

```
$ qemu-img create -f qcow2 scratch.img 5G
$ virsh edit ubuntu2004
```

設定にはリスト10-04のような項目を書き足します。

リスト10-04 XMLファイルに書き足す項目

```
<disk type='file' device='disk'>
  <driver name='qemu' type='qcow2'/>
  <source file='/home/sat/scratch.img'/>
  <target dev='sda' bus='scsi'/>
  <address type='drive' controller='0' bus='0' target='0' unit='0'/>
</disk>
```

この後、停止している仮想マシンを再び起動すると、ホストOS上で作成した新規ディスクイメージを/dev/sdaとして認識します。

性能測定用に、このデバイス上にext4ファイルシステムを作ってマウントします。

```
# mkfs.ext4 /dev/sda
# mount /dev/sda /mnt
```

作成したファイルシステム上のファイルに、書き込む流れを図10-26に示します。図10-25と比べると凄まじいまでの複雑さですね。

図10-26 仮想マシンにおける書き込み処理の流れ

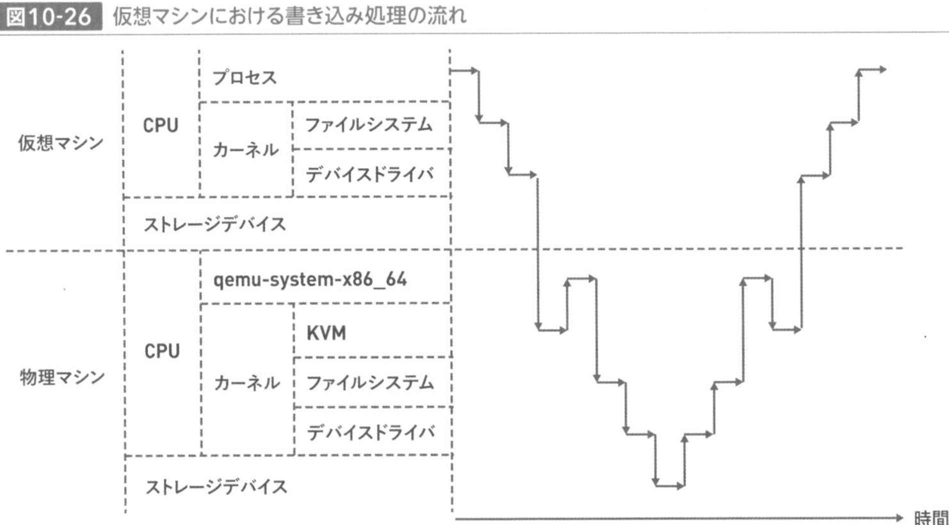

これらの図を見比べて「これでは物理マシンの場合に比べて、ストレージI/O性能が悪くなるのでは？」と思った方は鋭いです。その通り、性能は大幅に劣化します。

では、それぞれの性能を実際に比較してみましょう。ここでは

```
dd if=/dev/zero of=/mnt/<テスト用のファイル名> bs=1G count=1 oflag=direct,sync`
```

を使って、つまりページキャッシュを使わないで同期的に1GiBのファイルを作るときのスループット性能を測定します。実行前には、ホストOS、ゲストOS、両方において、root権限で`echo 3 >/proc/sys/vm/drop_caches`を実行しておいてください。理由は、後述の「ホストOSとゲストOSでストレージI/O性能が逆転？」コラムにおいて説明します。

表10-04に結果を示します。

表10-04 ホストOSとゲストOSのストレージI/O性能比較

環境	スループット[MiB/s]
ホストOS	1100
ゲストOS	350

見ての通り、数十%、性能が劣化しました。他にも、ファイルのシーケンシャルな読み出し、ランダム読み出し、ランダム書き込み、どれも無視できないほど性能が劣化するので、興味のある方は第9章のmeasure.shプログラムなどを参考に、ご自身で他の性能も測定してみてください。

これでは辛いということで、KVMには、準仮想化という技術を使ってストレージI/Oの高速化をする機能があります。これについては後述します。

仮想マシンのI/O性能については、もう1点、言っておくべきことがあります。それは、物理マシン上で仮想ディスクイメージは、その他のファイルとファイルシステムを共有しているということです（図10-27）。

図10-27 ファイルシステムと仮想ストレージデバイスに対応するファイルの関係

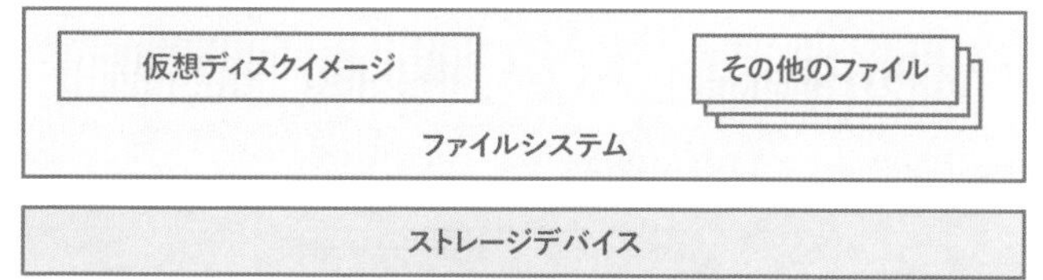

従って、ゲストOSのストレージI/O性能は、ディスクイメージが存在するファイルシステムへの他のI/Oに影響を受けます。また、実際に影響を受けたときには、原因究明のためにホストOSを調査する必要があります。このようなことを避けるために、ファイルではなく、1つのストレージデバイスを丸ごと仮想ディスクイメージとすることがよくあります。

ストレージデバイスへの書き込みとページキャッシュ

前節までは、簡単のため、ページキャッシュを省いて解説してきました。ページキャッシュを考慮すると、いくつかの疑問が湧いてきます。仮想マシンのストレージデバイスにデータを書き込むとき、物理マシン上のqemu-system-x86_64プロセスは、仮想ディスクイメージにどのように書き込むのでしょうか？ 書き込みは同期的なのでしょうか？ ページキャッシュを使うのかdirect I/Oを使うのか、どちらなのでしょうか？

実は、これはlibvirtの設定によって変わります。この設定は、デバイスごとに存在する`<driver>`タグ内のcacheという属性に対応します。この属性はページキャッシュと混同しがちなので、ここでは仮に「I/Oキャッシュオプション」という呼び方をします。

筆者の環境では、`writeback`という、デフォルトのI/Oキャッシュオプションを使っています。この場合は、書き込みは非同期的であり、かつ、ページキャッシュを使います。これは言い方を変えると、仮想マシンにおいてデータをストレージデバイスに同期的に書き込んだとしても、物理マシン上のストレージデバイスへ**同時に書き込まれない**ということです。これを嫌って、書き込みは同期的であり、かつ、ページキャッシュを使う`writethrough`というI/Oキャッシュオプションを使うことがよくあります。

準仮想化デバイスとvirtio-blk

ゲストOSからのストレージI/Oの遅さを克服するために、「準仮想化」という技術が使えます。準仮想化とは、仮想マシンによってハードウェアを完全にエミュレーションするのではなく、仮想化ソフトウェアと仮想マシンを、特別なインターフェースで接続することによって性能改善するための技術です。この技術を使ったストレージデバイスを「準仮想化デバイス」、このデバイスのドライバを「準仮想化ドライバ」と呼びます。

準仮想化ドライバを使ったディスクアクセスは、これまでに述べたホストOSとゲストOSからのブロックデバイス操作とは、まったく異なります（図10-28）。

図10-28 完全仮想化デバイスと準仮想化デバイスの比較

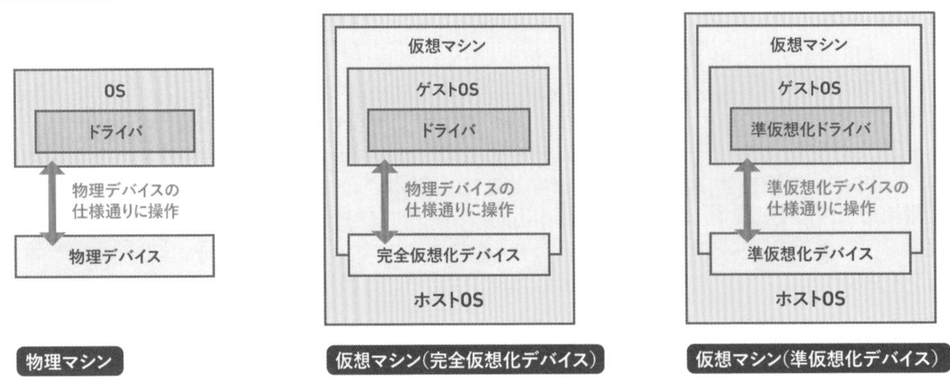

準仮想化ドライバには、さまざまなものが存在しますが、ここではvirtio[*5]という仕組みに従ったvirtio-blkドライバについて述べます（図10-29）。

＊5　virtioを利用した準仮想化デバイスには、他にもSCSIデバイス用のvirtio-scsi、ネットワークデバイス用のvirtio-netといったさまざまなものがありますが、ここでは割愛します。

ホストOSとゲストOSでストレージI/O性能が逆転？ Column

すでに述べた通り、仮想マシン上のストレージI/O性能は、一般に物理マシンの場合より劣化します。しかし、時として逆のことが起こります。このうち多くは、I/Oキャッシュオプションの働きによって説明がつきます。例えば次のような処理について考えてみましょう。

❶ direct I/Oを使って1GBのファイルを作る。
❷ direct I/Oを使って上記ファイルをすべて読み出す。

これを物理マシン上で実行すると次のようになります。

```
# dd if=/dev/zero of=testfile bs=1G count=1 oflag=direct,sync
...
1073741824 bytes (1.1 GB, 1.0 GiB) copied, 0.987409 s, 1.1 GB/s
# dd if=testfile of=/dev/null bs=1G count=1
...
1073741824 bytes (1.1 GB, 1.0 GiB) copied, 5.30275 s, 202 MB/s
```

同じことを仮想マシン上で実行すると次のようになります。

```
# dd if=/dev/zero of=testfile bs=1G count=1 oflag=direct,sync
...
1073741824 bytes (1.1 GB, 1.0 GiB) copied, 3.00345 s, 358 MB/s
# dd if=testfile of=/dev/null bs=1G count=1
...
1073741824 bytes (1.1 GB, 1.0 GiB) copied, 1.16457 s, 922 MB/s
```

処理❶の性能は、すでに述べたように、物理マシン上の性能のほうが数十％高速です。一方で、処理❷の性能は、仮想マシンのほうが数倍高いです。これはどういうことでしょうか？

物理マシンでは、処理❷において、ストレージデバイスから直接データを読み出す必要があります。それに対して筆者の仮想マシンでは、つまりI/Oキャッシュオプションがwritebackの場合は、そうではありません。

処理❶でホストOS上のファイルに対応するデータは、ホストOS上のページキャッシュ上に残っています。このため、処理❷では、物理ストレージデバイスにアクセスせずに、ホストOSのページキャッシュからデータを読み出すだけで済むのです。

このような問題を避けるために「仮想マシンにおけるストレージI/O」節の実験では、ホストOS、ゲストOS両方において`echo 3 >/proc/sys/vm/drop_caches`を実行した、というわけです。

図10-29 virtioとvirtio-blk

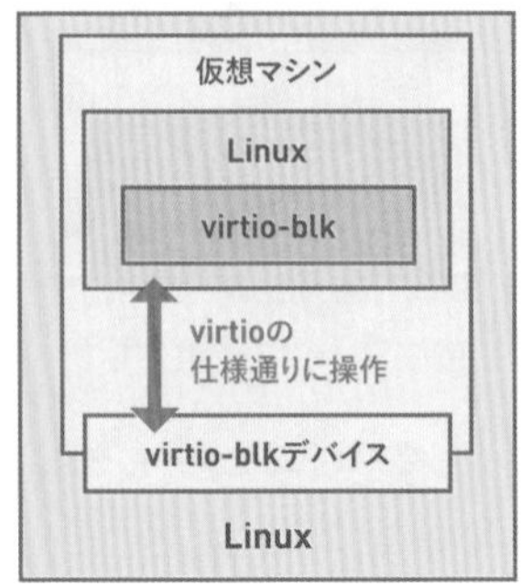

物理マシン上のストレージデバイス、および完全仮想化デバイスは、通常/dev/sd<x>といった名前なのに対して、virtio-blkデバイスは/dev/vd<x>といった名前になります。

virtio-blkの仕組み

virtio-blkは、端的に言うと、ホストOSとゲストOSが共有するキューを用意して、次のような流れでvirtioデバイスにアクセスすることによって、I/Oを高速化しています。

❶ ゲストOS上のvirtio-blkドライバ上のキューに、コマンドを挿入する。
❷ virtio-blkドライバからホストOSに制御を移す。
❸ ホストOS上の仮想化ソフトウェアが、キューからコマンドを取り出して処理する。
❹ 仮想化ソフトウェアが仮想マシンに制御を移す。
❺ virtio-blkデバイスはコマンド実行結果を受け取る。

これだけ見ると、完全仮想化デバイスの場合と大して変わりがないように見えますが、処理❶において、複数のコマンドを挿入できるという大きな違いがあります。この特長によってvirtioデバイスは、完全仮想化デバイスに比べて高速化が期待できるのです。

ストレージデバイスへの書き込みについて、物理マシン上のデバイス、および完全仮想化デバイスの場合は、次のようにデバイスに3回のアクセスが必要だと仮定します。

❶ メモリ上のどの位置のデータをどれだけのサイズだけ書き込むのかをデバイスに指示する。
❷ デバイス上のどの位置に書き込むのかを、デバイスに指示する。
❸ 処理❶と処理❷で指定した通りに、メモリからデバイスにデータを書き込むようにデバイスに指示する。

このとき、デバイスにアクセスするたびに、CPUは、VMX-nonrootモード→VMX-rootモード→VMX-nonrootモードと遷移します（図10-30）。

図10-30 完全仮想化デバイスへの書き込み

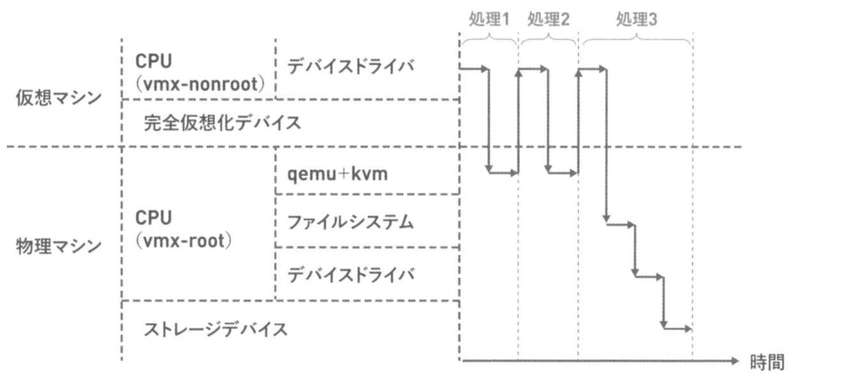

ここでは簡単のため、カーネルモードとユーザモードについては、省略して書いています。

これに対して、virtio-blkデバイスの場合は、複数コマンドを一気に発行できることによって、デバイスへのアクセス回数および上記の一連のモード遷移が1回に減らせます（図10-31）。

図10-31 準仮想化デバイスへの書き込み

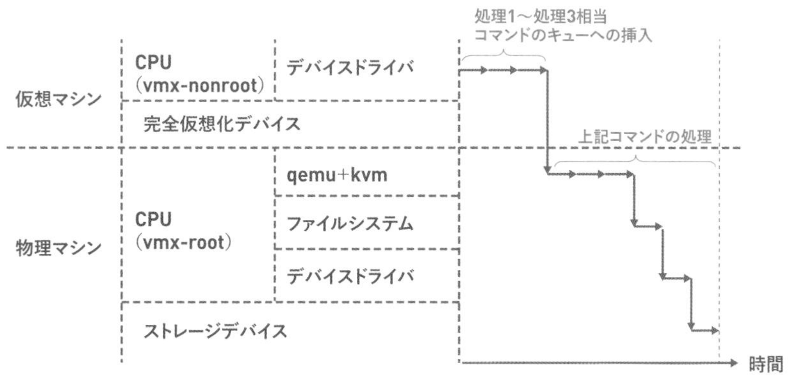

準仮想化デバイスを実現するためには、ゲストOSおよびホストOSの両方に処理を追加しなければならないのですが、それを補ってあまりあるメリットがあります。

前節において測定した、

```
dd if=/dev/zero of=<テスト用のファイル名> bs=1G count=1 oflag=direct,sync
```

の性能を、準仮想化デバイスについて測定してみましょう。ゲストOSのルートディレクトリにマウントされているファイルシステムは、最初からvirtio-blkデバイスなので、ここでコマンドを実行しましょう。

結果を表10-05にまとめました。

表10-05 ホストOSとゲストOSのストレージI/O性能比較（準仮想化の場合）

環境	スループット[MB/s]
ホストOS	1100
ゲストOS（完全仮想化デバイス）	350
ゲストOS（virtio-blkデバイス）	663

「ホストOSと同程度」とまでは言いませんが、ゲストOS上の完全仮想化デバイスよりは、はるかに高い性能になりました。

PCIパススルー

本章では、仮想マシンのストレージI/O性能を向上させるための仕組みを2つ紹介しました。1つは仮想マシンが使うディスクイメージを、ファイル上ではなくブロックデバイス上に配置して、他のI/Oの影響を受けなくすることでした。もう1つは準仮想化デバイスvirtio-blkを使うことでした。これに加えてPCIパススルーという技術も存在します。

これまで述べた方法は、あくまで仮想マシンからは仮想的なデバイスにアクセスして、そこから仮想化ソフトウェア経由で物理マシン上の実デバイスにアクセスするというものでした。しかしPCIパススルーはそうではなく、PCIデバイスを直接仮想マシンに見せてしまうのです（図10-32）。

図10-32 PCIパススルー

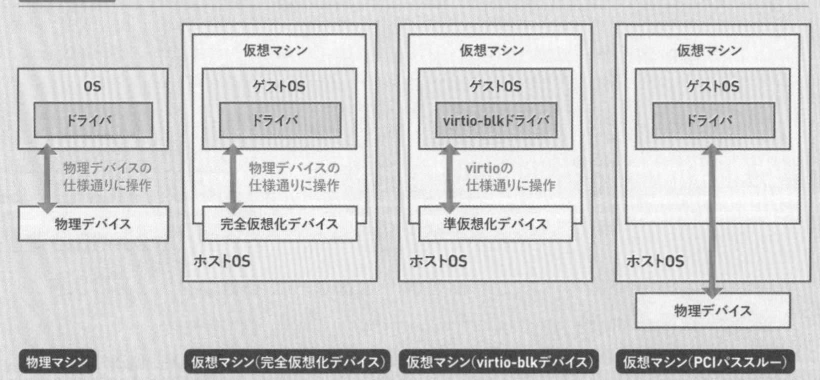

PCIパススルーを使うと、ゲストOSにおいて、ホストI/Oとほぼ変わらないI/O性能が得られます。興味のある方は調べてみてください。

第11章

コンテナ

本章は、Linuxのコンテナ技術について扱います。コンテナ技術を利用したソフトウェアとしては、コンテナアプリケーションを管理する「Docker*1」、およびDockerなどを活用したコンテナオーケストレーションシステム「Kubernetes*2」が有名です。コンテナは、Dockerの登場以降に大流行した技術であるために、聞いたことがあるという人は多いのではないでしょうか。

コンテナは、とりあえず使ってみるのは簡単なのですが、コンテナ固有のトラブルが発生した場合に調査すること、および、調査に必要なコンテナの仕組みの理解がなかなか大変です。この大変な部分を、本書でこれまでに述べてきた知識を総動員して理解していただきたいと思います。

コンテナといえば、仮想マシンと比較した概念図が有名です（図11-01）。

図11-01 仮想マシンとコンテナ

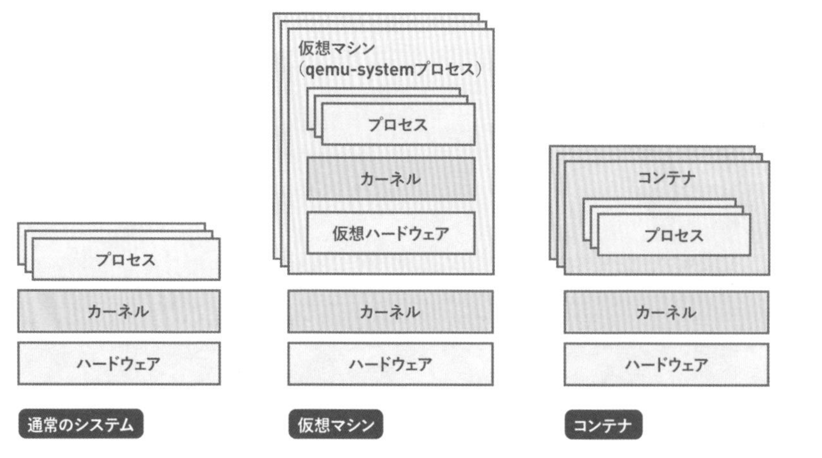

おそらく、皆さんのうちの多くは、コンテナを紹介する本や記事の中で幾度となくこのような図を見たことがあるのではないでしょうか。そして、「仮想マシンに比べてソフトウェアのレイヤが少ないことは分かるが、それ以上はよく分からない」といった方も、また多いのではないでしょうか。本節の目的は、そのような方々のために、図11-01が真に意味するところを理解していただくことです。

*1 https://github.com/docker

*2 https://github.com/kubernetes/kubernetes

仮想マシンとの違い

本節では、仮想マシンとコンテナの違いを、それぞれの上でUbuntu 20.04を動かす場合を例に説明します。両者は、それぞれの中に独立したプロセス実行環境を提供するという点では同じです。しかし、プロセスの下にあるカーネル以下のレイヤに大きな違いがあります。

仮想マシンの場合は、個々の仮想マシンは専用の仮想的なハードウェアとカーネルを使うのに対して、コンテナの場合は、コンテナを動かすホストOS、および全コンテナが1つのカーネルを共有します。このため、仮想マシンの場合は、WindowsのようなLinuxとは完全に異なるホストOSを動かせるのに対して、コンテナの場合は、Linuxカーネル上で動作するシステム（UbuntuやRed Hat Enterprise Linuxなど）だけを動かせることが分かります。

仮想マシンとコンテナが、起動する流れを見てみましょう。仮想マシン上にUbuntu 20.04の各種サービスが起動するまでの流れは、次のようになります。

❶ ホストOS上の仮想化ソフトウェアが、仮想マシンを起動する。❷以降は、仮想マシン上での処理。
❷ GRUBなどのブートローダが起動する。
❸ ブートローダがカーネルを起動する。
❹ カーネルがinitプログラムを起動する。
❺ init（多くの場合systemd）プロセスが各種サービスを立ち上げる。

これに対して、コンテナ上にUbuntu 20.04環境を作る場合は、コンテナランタイムと呼ばれるプロセスが、コンテナを作った上で最初のプロセスを起動するだけです。最初のプロセスとしてどのようなものを選ぶかは「コンテナの種類」節をご覧ください。

ここまでに述べた違いによって、コンテナは、仮想マシンに比べて次の点で軽量です。

- **起動速度**：コンテナにおいては仮想マシンにおける❶から❸までが丸ごと省略できる。
- **ハードウェアへのアクセス速度**：仮想マシンは第10章で述べたようにハードウェアアクセスによって物理マシンに制御を移さないといけないのに対して、コンテナの場合はそのようなことがない。

仮想マシンとコンテナの、起動までの所要時間を比較してみましょう。それぞれ次の速度を計測しました。

- **仮想マシン**：Ubuntu 20.04のシステムを起動して、コンソールにログインプロンプトが出るまで。コマンドラインにおいては`virsh start --console ubuntu2004`を使う。

- コンテナ：Ubuntu 20.04のコンテナ（<https://hub.docker.com/_/ubuntu> の中のubuntu:20.04イメージ）を起動してから終了するまで[*3]。コマンドラインにおいては`time docker run ubuntu:20.04`を使う。

測定条件は次の通りです。

- コンテナイメージは、すでに`docker pull`コマンドによって、システムに存在する。
- ページキャッシュの影響を避けるために、仮想マシンやコンテナは2回起動し、2回目の所要時間を計測。

実行結果を表11-01にまとめました。

表11-01 仮想マシンとコンテナの、起動時間の比較

環境	起動時間[秒]
仮想マシン	14.0
コンテナ	0.670

これにより、仮想マシンとコンテナでは、起動時間に大きな違いがあることが分かりました。

コンテナの種類

一口にコンテナといってもさまざまなタイプがあります。代表的なのが、「システムコンテナ」と「アプリケーションコンテナ」です。最初に断っておくと、これら2つの呼称はそれなりに普及はしているものの、コンテナ技術者全員が使うほど広く普及した言葉ではありません。しかし、ここでは説明を簡単にするため、便宜的にこれらの用語を使います。

システムコンテナは、通常のLinux環境のように、さまざまなアプリケーションを動かすためのコンテナです。一般的にシステムコンテナは、最初のプロセスとしてinitプロセス[*4]を動かし、initが各種サービスを起動することによって、さまざまなアプリケーションを動かせる環境を作ります。この後は、仮想マシンと変わらない感覚で使えます。

Dockerの登場前は、コンテナといえば、一般にシステムコンテナのことを指していま

＊3 起動してから終了までは一瞬で終わるので、起動から終了までの所要時間を起動時間とみなしました。

＊4 initとして、systemdよりも軽いものを選ぶことが多いです。

した。システムコンテナの実行環境としては「LXD[*5]」などがあります。

アプリケーションコンテナは、一般に、コンテナ上で1つのアプリケーションだけを動かすコンテナです。1つのアプリケーションを動かすためだけの環境しか含まないため、システムコンテナよりもさらに軽量になります。アプリケーションコンテナの場合は、アプリケーションのプロセスを最初のプロセスとして直接立ち上げることが多いです。

アプリケーションコンテナは、Dockerの登場によって一気に普及しました。それ以降は、コンテナと言えば一般にアプリケーションコンテナを指すようになるほど、Docker登場のインパクトは大きかったのです。

システムコンテナとアプリケーションコンテナの違いをまとめると、図11-02のようになります。

図11-02 システムコンテナとアプリケーションコンテナ

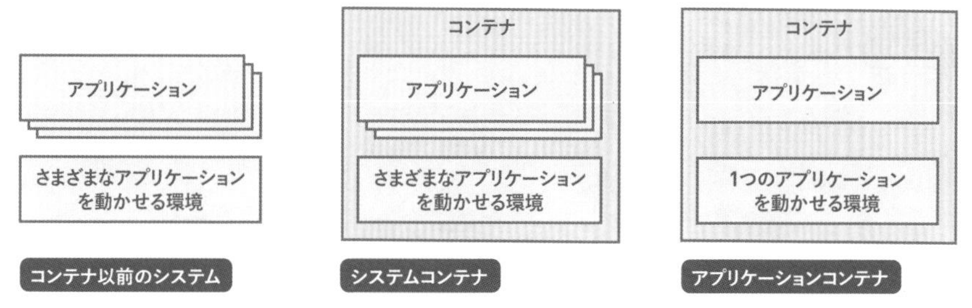

ここからは、現在使われる頻度が高い、Dockerを使ったアプリケーションコンテナを前提としてコンテナの説明をします。なお、本書はあくまでLinux、特にカーネルについての本なので、Dockerについての詳しい説明は割愛します。

namespace

本節では、コンテナを実現する機能、カーネルの「namespace」という機能について扱います。「カーネルのコンテナ機能じゃないの？」と思われる方もいらっしゃることでしょうが、実はカーネルには「コンテナ」という名前の機能はありません。そうではなく、コンテナはnamespace機能をうまく活用して実現しているのです。

namespaceは、システムに存在するさまざまな種類のリソースについて存在し、所属するプロセスに、見かけ上は独立したリソースを見せる機能です。namespaceには例えば以

＊5　https://github.com/lxc/lxd

下のようなものがあります。

- pid namespace (pid ns)：独立したpid名前空間を見せる
- user namespace (user ns)：独立したuid、gidを見せる
- mount namespace (mount ns)：独立したファイルシステムマウント状況を見せる

これだけでは抽象的過ぎて分からないので、次節において具体例を示します。

pid namespace

本節では、pid nsを例に、namespaceについて具体的に説明します。システム起動時には、すべてのプロセスが所属する「root pid ns」というものが存在します。システムに3つのプロセスA、B、Cが存在する場合、図11-03のようになります。

図11-03 root pid ns

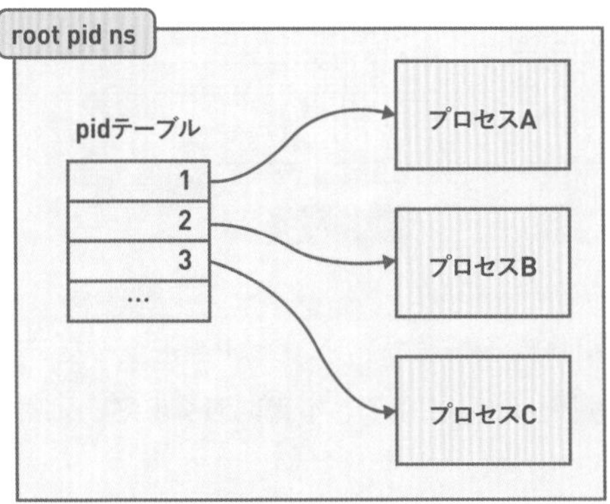

このとき、プロセスAから見るとプロセスB、Cは、pid 2、3として認識できます。ここまでは当たり前ですね。ここでroot pid nsとは異なるpid nsであるfooを作成して（作成方法は後述）プロセスB、Cをそこで実行させると図11-04のようになります。

図11-04 pid ns

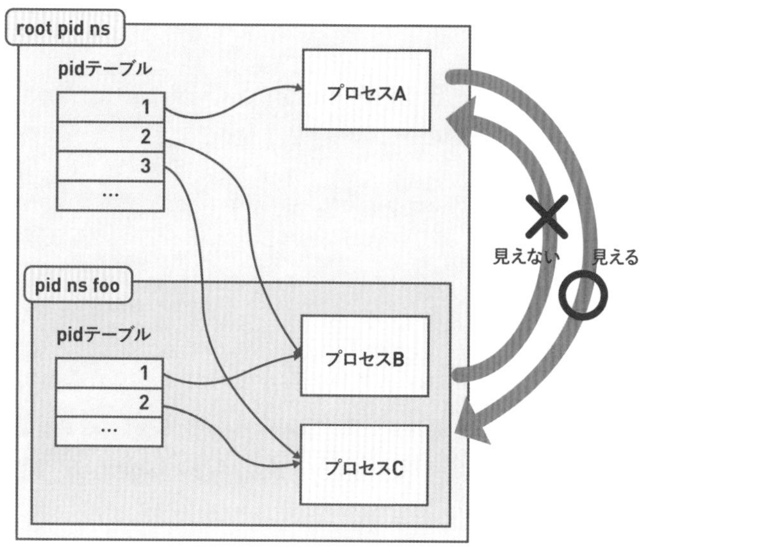

見ての通り、pid ns fooはroot pid nsの中に存在します。Linuxカーネルの仕様として、あるpid nsは、別のpid ns（通常は図11-04のようにroot pid ns）の子となります。このとき、次のことが言えます。

- root pid nsからは子pid ns（ここではfoo）のプロセスが見える。
- 子pid ns（foo）から親pid nsのプロセスは見えない。

このことを実験によって確かめてみましょう。まずはプロセスが所属しているpid nsを確認する方法を紹介します。これは`ls -l /proc/<pid>/ns/pid`によって分かります。

```
$ ls -l /proc/$$/ns/pid
lrwxrwxrwx 1 sat sat 0  1月  3 10:30 /proc/7730/ns/pid -> 'pid:[4026531836]'
```

このコマンドを実行したbashは、4026531836というIDのpid nsに属していることが分かります。これがroot pid nsです。明に指定しない限り、initをはじめすべてのプロセスはroot pid nsに所属します。

新規pid nsを作成して、プログラムをその上で実行してみましょう。これにはunshareというコマンドを使えます。このコマンドは、引数によって指定したプログラムを新規namespace上で実行させられます。

`--pid`オプションを指定すると新規pid nsを作り、当該プロセスをそのpid ns上で実行します。このほか`--fork`オプションと`--mount-proc`オプションが追加で必要です。これら2

つのオプションについては、ここでは「そういうもの」と思ってくだされぱいいです。気になる方はunshareコマンドのmanをご覧ください。

次のコマンドによって、bashを独自のpid ns上で実行させられます。

```
$ sudo unshare --fork --pid --mount-proc bash
```

このプロセスは新しいpid nsにおいてはpidが1です。

```
# echo $$
1
```

pid nsを確認すると、root pid nsとは異なるIDになっていることが分かります。

```
# ls -l /proc/1/ns/pid
lrwxrwxrwx 1 root root 0  1月  3 10:43 /proc/1/ns/pid -> 'pid:[4026532814]'
```

ここでプロセス一覧を取得すると、bashとpsしか出てこないことが分かります。

```
# ps ax
    PID TTY      STAT   TIME COMMAND
      1 pts/1    S      0:00 bash
      9 pts/1    R+     0:00 ps ax
```

なぜかというと、bash、およびbashから実行されたpsが、前述の通りroot pid ns (ID=4026531836) とは異なる、独自のpid ns (ID=4026532814) に所属しているからです。

root pid nsから、上記のbashが見えることも確認しておきましょう。ホストOS上で別の端末を開いて、当該bashを特定してみましょう。ここでは`pstree -p`コマンドを利用します。

```
$ pstree -p | grep unshare
           |           |-sshd(14126)---sshd(14192)---bash(14193)---sudo(14382)---unshare(14384)---
bash(14385)
```

unshareの子であるbash (pid=14385) が、新しいpid nsで動作しているbashです。ホストOSにおいて、このプロセスが属するpid nsを確認してみましょう。

```
$ sudo ls -l /proc/14385/ns/pid
lrwxrwxrwx 1 root root 0  1月  3 10:46 /proc/14385/ns/pid -> 'pid:[4026532814]'
```

確かに、bash (PID=14385) から見たpid nsのIDになっていることが分かりました。ここで注目すべきは、root pid nsから見たpid (PID=14385) と、新pid nsから見たpid

(PID=1) が異なることです。ここまでをまとめると図11-05のようになります。

図11-05 root以外のpid ns

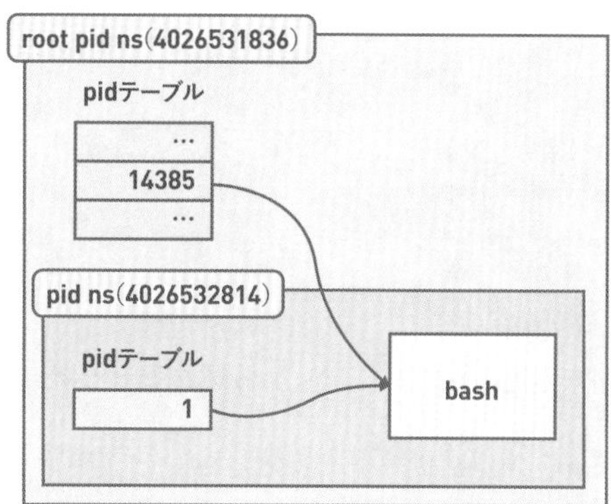

さらにもうひとつ別のpid nsとしてbarを作って、その上でプロセスD、Eを動かす場合を考えてみましょう。このときpid ns foo、barはお互いのことが見えません（図11-06）。

図11-06 pid nses

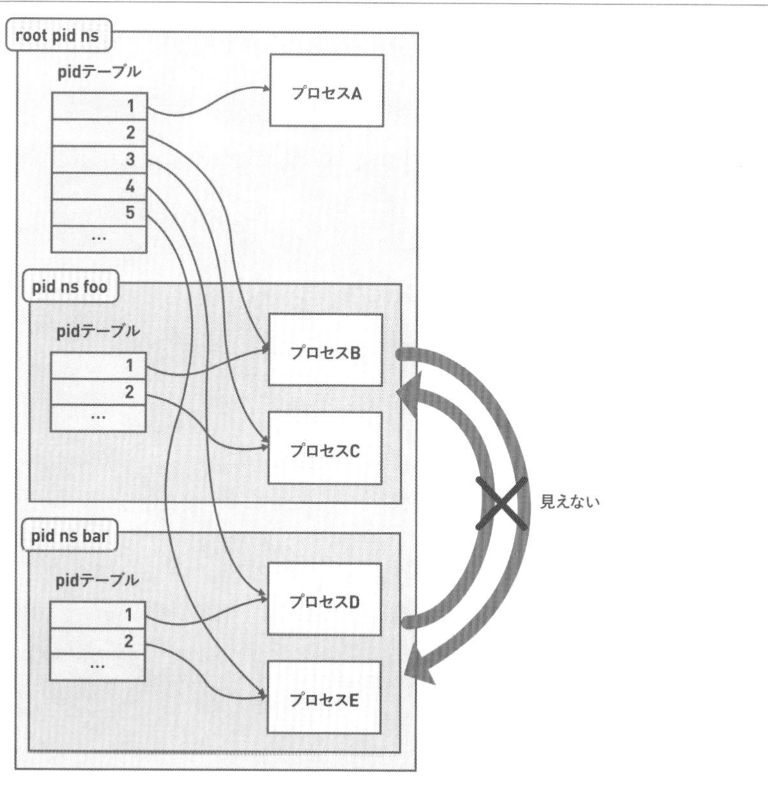

こちらも実験によって確認してみましょう。別の端末を開いて、unshareコマンドによって、もうひとつ別のpid ns、およびそこで動作するbashを作ってみましょう。

```
$ sudo unshare --fork --pid --mount-proc bash
# ls -l /proc/1/ns/pid
lrwxrwxrwx 1 root root 0  1月  3 10:44 /proc/1/ns/pid -> 'pid:[4026532816]'
# ps ax
    PID TTY      STAT   TIME COMMAND
      1 pts/2    S      0:00 bash
     11 pts/2    R+     0:00 ps ax
```

ホストOS上の別端末から、root pid nsから見た新pid ns内のbashの情報を取得します。

```
$ pstree -p | grep unshare
           |           |-sshd(14126)---sshd(14192)---bash(14193)---sudo(14382)---unshare(14384)---
bash(14385)
           |           |-sshd(14255)---sshd(14320)---bash(14321)---sudo(14396)---unshare(14398)---
bash(14399)
$ sudo ls -l /proc/14399/ns/pid
lrwxrwxrwx 1 root root 0  1月  3 10:46 /proc/14399/ns/pid -> 'pid:[4026532816]'
```

上記の結果より、次のことが分かりました（図11-07）。

- 4026532816というIDを持つ新たなpid nsが作られている。
- 新pid nsからは、root pid ns、および先に作ったpid nsに所属するプロセスは参照できない。

図11-07 root以外の複数のpid ns

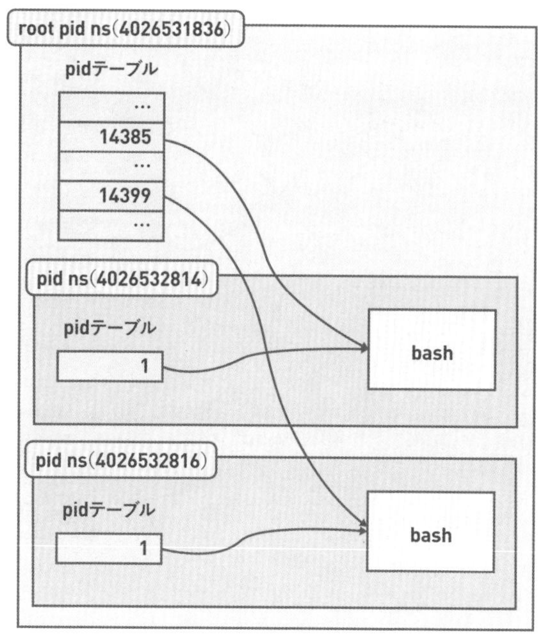

実験が終わったので、unshare内から実行したbashを2つとも終了させておきましょう。

```
# exit
```

コンテナの正体

では、いよいよコンテナの正体を明かしましょう。独立したnamespaceを持つことによってほかのプロセスと実行環境が分かれている1つないし複数のプロセス、これがコンテナです。例として、図11-08に、独立したpid ns、user ns、mount nsを持つコンテナA、Bを示します。

図11-08 コンテナとnamespace

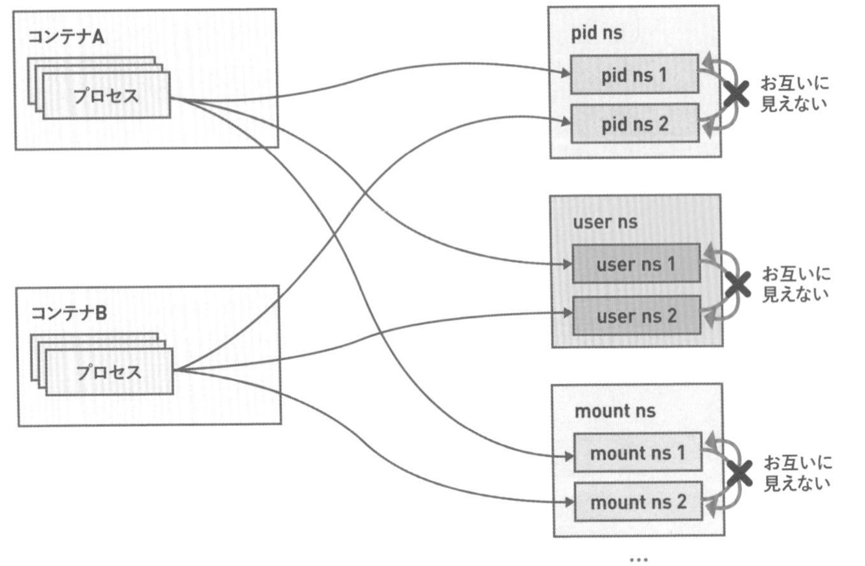

どのnamespaceを分離していればコンテナか、というのは明確に決まっていません。それは個々のコンテナランタイムの作者、あるいはユーザが実現したいことによって異なります。さらにLinuxカーネルでは、本書執筆時点の2022年1月から見て最近でも新たなnamespaceが生まれたりしています。コンテナのバリエーションは増えるばかりです。

コンテナの正体が明らかになったところで、もうひとつ重要なことが分かります。それは、ホストOSや他のコンテナに起因する問題がある場合に、コンテナの中からは原因が分からないということです。

例えば、独自のpid nsを持つコンテナ内からtopなどを実行したときに、CPU負荷が高いことが分かったとします。このときこのコンテナからは、同じコンテナ内のプロセスしか見えないため、CPU負荷の原因がホストOS上あるいは他のコンテナ上のプロセスだった場合は手の打ちようがないのです。

セキュリティリスク

物理マシン上に複数のLinux OSを動かしたければ、仮想マシンは不要で、コンテナさえあればいいのか、というと話はそう単純ではありません。コンテナには、仮想マシンに比べて欠点もあります。そのうちの代表的なものが、一般的にコンテナは仮想マシンに比べてセキュリティリスクが高いということです。

すでに述べたように、コンテナはホストとなるシステム、および全コンテナがカーネルを共有します。これによって、カーネルに脆弱性がある場合に、悪意を持ったコンテナのユーザによってホストOSあるいはほかのコンテナの情報を盗み見られるというリスクがあります。これに対して仮想マシンにおいては、ほとんどの場合[*6]、影響は仮想マシンのハードウェアまでにとどまります（図11-09）。

図11-09 仮想マシンとコンテナのセキュリティリスク

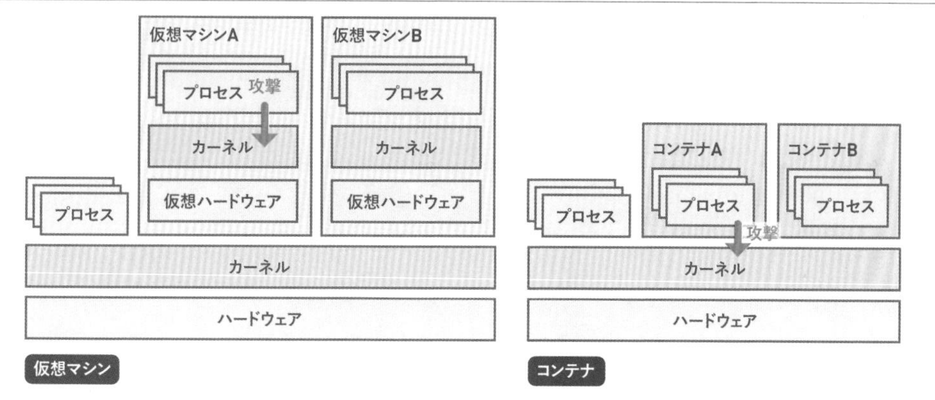

このような問題を避けるために、現在は、さまざまな種類のコンテナランタイムが生まれています。そのうちのいくつかを簡単に紹介します（表11-02）。

表11-02 さまざまなコンテナランタイム

名称	特徴
Kata Container https://github.com/kata-containers	各コンテナを軽量なVM上で動かす。
gVisor https://github.com/google/gvisor	各コンテナから発行したシステムコールは、ユーザ空間において実現したカーネルによって処理する。

Dockerがデフォルトで使っているコンテナランタイム「runC」と、これら2つのコンテナランタイムの違いを、システムコール発行の流れに注目してまとめたものが図11-10です。

＊6 準仮想化技術を使っているような場合など、例外はいくつかあります。

図11-10 さまざまなコンテナランタイム

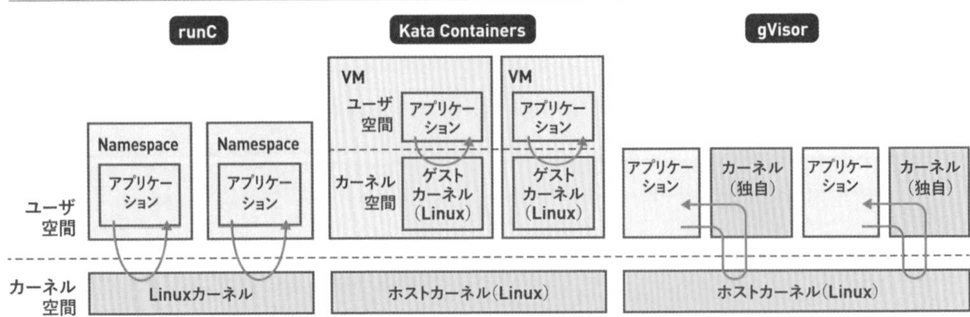

これ以外にも、さまざまなタイプのコンテナランタイムが提案されています。興味のある方は調べてみてください。

第12章

cgroup

cgroupは、システムのメモリやCPUなどのリソースをどのプロセスにどれだけ与えるかという細かい制御をするための機能です[*1]。「プロセスをグループ（group）に分けて各種リソースを制御する（control）」からcgroupという名前が付いています。

本記事では、cgroupが何のためにあるのか、具体的にどのようなリソースをどのように制御するのかについて述べます。cgroupには「cgroup v1」「cgroup v2」という2つのバージョンがありますが、ここでは現時点で広く使われているcgroup v1について扱います。

システムの安定運用のためには、特定のプロセスあるいはユーザが資源を独占しないように制御したいことがあります。特にシステムを複数のユーザで共有するレンタルサーバ業者、IaaSのようなクラウドサービスプロバイダにとっては、非常に重要な機能になります。

例えば、皆さんがIaaS業者からコンテナや仮想マシンを1つ借りたとします。このとき、ほかのユーザがシステムのリソースを大量に使うことによって、同じ料金を払っている皆さんが割を食うというのは、なかなか許容できないと思います（図12-01）。この問題を避けるために、IaaS業者はユーザに与える各種リソースを是が非でも制御したいのです[*2]。

図12-01 仮想マシンのメモリ使用量を制御したい場合

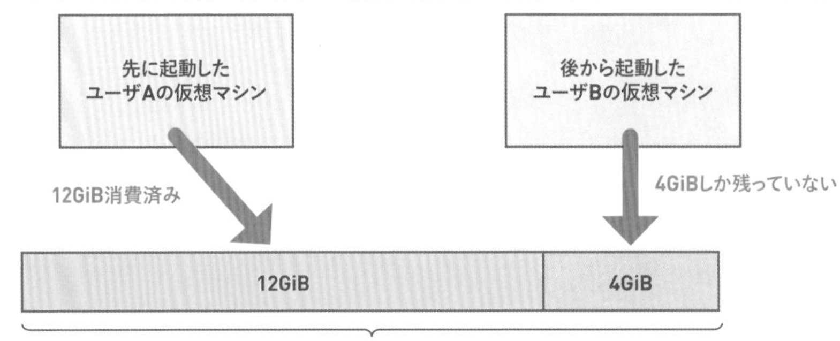

上記の例以外にも、バックグラウンドで動いているデータバックアップ処理によって、通常業務のデータベースアクセスが阻害されるのを避けたい、といったユースケースもあります（図12-02）。

＊1　Linuxを含むUNIX系OSには、古くから`setrlimit()`システムコールによるリソース制御の仕組みがありますが、原始的な機能しか提供していません。

＊2　安価なクラウドサービスの場合は、このような制御をいっさいしていないことがあります。

図12-02 ストレージI/Oの帯域制御をしたい場合

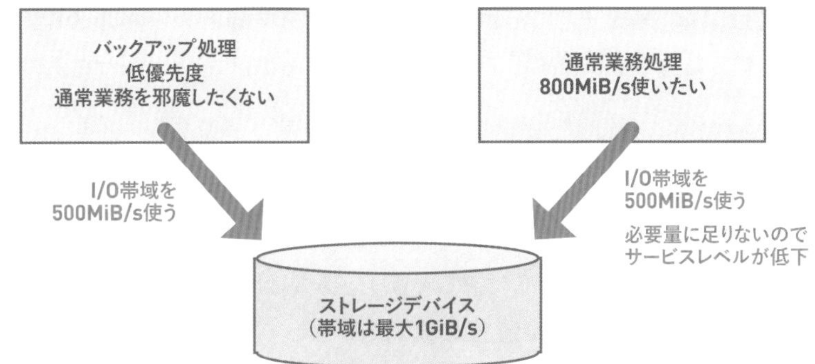

cgroupを使えば、これらのことが実現できます。

cgroupが制御できるリソース

cgroupでは、リソースごとに、コントローラというカーネル内プログラムが存在し、それぞれのリソースを制御します(表12-01)。

表12-01 cgroupのコントローラ

コントローラ名	制御するリソース	説明
cpuコントローラ	CPU	単位時間当たりのCPU使用時間など。
memoryコントローラ	メモリ	メモリ使用量やOOM killerの影響範囲など[※a]。
blkioコントローラ	ブロックI/O	ストレージI/Oの帯域など。図12-02の例においては、バックアップ処理には帯域を100MiB/sしか与えないというようなことができる。
ネットワークコントローラ	ネットワークI/O	ネットワークI/Oの帯域など[※b]。

※a あるプロセスがメモリを使い果たすことによって、OOM Killer(第4章を参照)が動作し、当該プロセスとは関係ない重要なプロセスが強制終了させられるような事態を避けられます。

※b ネットワークの制御に関して、正確には、tcのような外部のコマンドと組み合わせて帯域制限などを実現することになります。

各リソースは、プロセスのグループ(以下「グループ」と表記)単位で制御できます。グループの配下にプロセスだけではなく、さらに別のグループを所属させる階層構造も作れますが、これについては本書では説明しません。

それぞれのコントローラは、cgroupfsという特別なファイルシステムを介して使います。このファイルシステムは、コントローラごとに固有のものが存在しており、Ubuntu 20.04においては`/sys/fs/cgroup/`ディレクトリ以下に、各コントローラに対応するcgroupファイルシステムがマウントされています。ファイルシステムは、ストレージデバイス上に存在するわけではなく、メモリ上にだけ存在し、アクセスするとカーネルのcgroup機能を使えるという仕組みになっています。アクセス権限があるのはrootユーザのみです。

```
$ ls /sys/fs/cgroup/
blkio  cpu  cpu,cpuacct  cpuacct  cpuset  devices  freezer  hugetlb  memory  net_cls  net_cls,net_
prio  net_prio  perf_event  pids  rdma  systemd  unified
```

各コントローラについて、さらに詳しくしりたい方は`man 7 cgroups`コマンドを実行して「Cgroups version 1 controllers」節の説明を参照してください。

使用例：CPU使用時間の制御

本節では、CPUコントローラによって、CPU使用時間を制御する例を示します。CPUコントローラを使ったCPU使用時間の制御には次の２種類があります。

- あるグループが所定の期間中に使えるCPU時間を制限する。
- あるグループが使えるCPU時間の割合をほかのグループより高く/低くできる。

cgroup機能のLinuxカーネルへの取り込み経緯

メインフレームやエンタープライズUNIXサーバなどの、いわゆるミッションクリティカルな用途で使われるサーバのOSでは、cgroup相当のリソース制御機能は昔から当たり前のように実装されていました。これらのシステムを提供するベンダーは、これらをLinuxで置き換えるために、リソース制御機能を取り込もうと長年取り組んでいました。しかしながら次のような理由でその取り組みは難航しました。

- 機能の性質上、既存コードに大がかりな変更を加えなければいけなかった。
- オーバーヘッドが懸念された。
- 当時の大多数のLinuxユーザには、それほど重要ではない機能だった。

Linuxカーネルに、リソース管理機能を独自実装して製品に組み込んでいる会社もありました。

風向きを変えたのが、前の節において述べたクラウドサービスプロバイダに代表される、比較的新しいタイプのユーザたちです。上記サーバベンダーたちに加えてクラウド事業者達が加勢したことによって、ついにリソース管理機能はcgroupという形でLinuxカーネルに取り込まれました。

ここでは、前者について述べます。cpuコントローラを使うには`/sys/fs/cgroup/cpu/`ディレクトリ以下のファイルを操作します。このディレクトリ直下にたくさん存在するファイルは、すべてのプロセスが属するデフォルトグループについて設定をするものです。デフォルトグループ用のディレクトリ以下に、さらにディレクトリを作ることによって、新たにグループを作れます。ではさっそくrootユーザによってtestというグループを作ってみましょう。

```
# mkdir /sys/fs/cgroup/cpu/test # `test`という名前のグループを作る
```

こうするとLinuxカーネルは、cpuコントローラによってtestグループを制御するための、さまざまなファイルをtestディレクトリ以下に自動的に作ります。

```
# ls /sys/fs/cgroup/cpu/test/
... cpu.cfs_period_us  cpu.cfs_quota_us ... tasks
```

このうち、tasksというファイルにpidを書き込むと、対応するプロセスがtestグループに入ります。

`cpu.cfs_period_us`ファイル、および`cpu.cfs_quota_us`ファイルの操作によって、testグループに与えるCPU時間を制御できます。この機能のことを「CPU bandwidth controller」と呼びます。

それぞれのファイルの意味は、前者によって指定したマイクロ秒単位の期間中に、対象となるグループのプロセスは後者で指定した同じくマイクロ秒単位の期間（quota）だけ動作できる、というものです。

まずはデフォルト値を見てみましょう。

```
# cat /sys/fs/cgroup/cpu/test/cpu.cfs_period_us
100000
# cat /sys/fs/cgroup/cpu/test/cpu.cfs_quota_us
-1
```

上記の出力によって、testグループに属するプロセスは、100,000マイクロ秒、つまり100ミリ秒という期間中にCPU時間を無制限（「-1」は無制限を示す）に使えるということが分かります。つまりデフォルトでは何の制限もしないということです。

この状態で、`inf-loop.py`プログラムを実行してtestグループに所属させると、何も制限がかかっていないのでCPUを100%使えることが分かります。

```
# ./inf-loop.py &
[1] 14603
```

```
# echo 14603 >/sys/fs/cgroup/cpu/test/tasks
# cat /sys/fs/cgroup/cpu/test/tasks
14603
# top -b -n 1 | head
...
    PID USER      PR  NI    VIRT    RES    SHR S  %CPU  %MEM     TIME+ COMMAND
  14603 root      20   0   19256   9380   6012 R 100.0   0.1   1:02.17 inf-loop.py
```

では、topコマンドを終了させた後に、100ミリ秒中に半分の時間、つまり50ミリ秒だけ動作できるように制御してみましょう。

```
# echo 50000 >/sys/fs/cgroup/cpu/test/cpu.cfs_quota_us
# top -b -n 1 | head
...
    PID USER      PR  NI    VIRT    RES    SHR S  %CPU  %MEM     TIME+ COMMAND
  14603 root      20   0   19256   9380   6012 R  50.0   0.1   2:51.45 inf-loop.py
```

今度は、無限ループプロセスは、CPUを50%しか使えないようになっていることが分かりました。これがCPU bandwidth controllerの機能です(図12-03)。

図12-03 CPU bandwidth controller

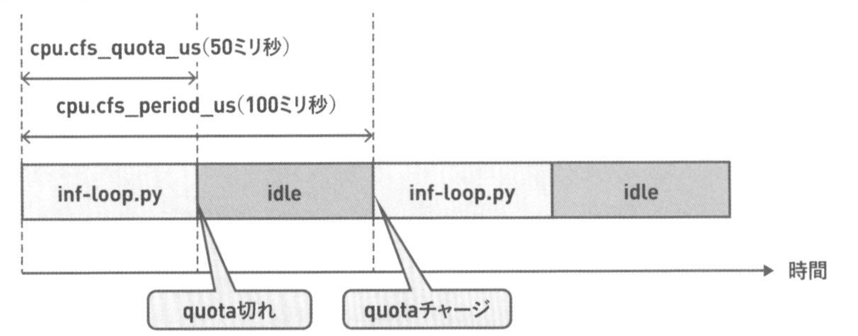

皆さんも自分の環境でグループを作ったりファイルの内容を変更したりして結果を確認してみてください。

最後にinf-loop.pyプロセスを終了させた上で、/sys/fs/cgroup/cpu/test/ディレクトリの削除によって、testグループを削除しておきましょう。

```
# kill 14603
# rmdir /sys/fs/cgroup/cpu/test
[1]+  Terminated              ./inf-loop.py
```

応用例

前節では、ファイルシステム経由でcgroupを操作してきましたが、実際には生のcgroupを直接使うことはまれであり、次のように間接的に使うことが多いでしょう。

- systemdを使っている場合：サービスごと、ユーザごとに自動的にグループを作る。それぞれのグループ名はsystem.slice、およびuser.slice。
- DockerやKubernetesを介してコンテナを管理している場合：Kubernetesのマニフェストにリソースの情報を書いたり、`docker`コマンドの引数に、コンテナに与えるリソースを書いたりする。
- libvirtを利用して仮想マシンを管理している場合：virt-managerから設定したり、仮想マシンの設定ファイルを書き換えたりする。

皆さん、上記のサービスによってリソース制御をしているものの、内部的にはカーネルのcgroupを使っているなんてことは知らなかったという方も大勢いるのではないでしょうか。カーネル機能は、このようにユーザは無意識のうちに使っていて、縁の下の力持ちになっていることが多いのです。

cgroup v2

Column

cgroup v1は柔軟性に富んでいるものの、個々のコントローラの実装がほとんどが独立しているために、それぞれを連携させる処理が実装しづらいという問題がありました。例えば、ブロックI/O帯域制限はdirect I/Oを使う場合にしか効果がないという大きな問題がありました。

この問題を解決するために、各コントローラが連携して、かつ、全コントローラに共通した階層を1つだけ持つようにした「cgroup v2」が生まれました。cgroup v2であれば、前述のブロックI/Oの問題も解決しています。

ただし、cgroup v2対応するソフトウェアは、まだまだcgroup v1に比べて少ないため、当面の間は併用されて、次第にcgroup v2を使う流れになっていくのではないかと筆者は考えています。

終章

本書で学んだことと今後への生かし方

本書を通して皆さんが学んできたことをまとめると図13-01のようになります。

図13-01 本書によって学んできたこと

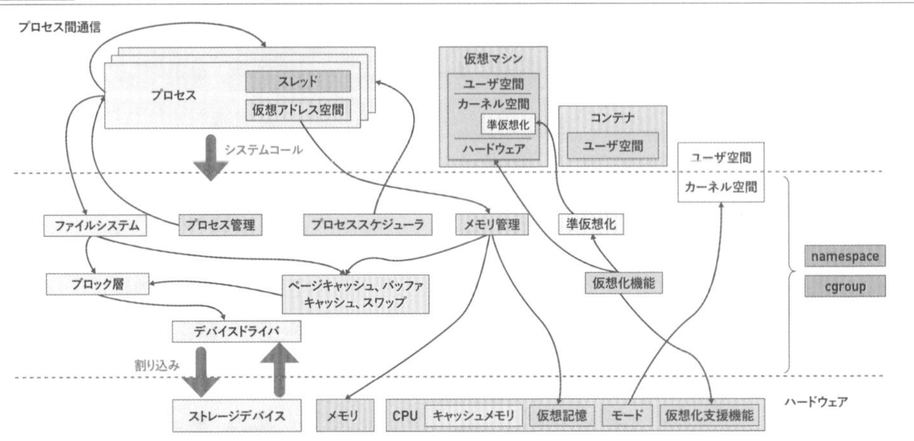

なかなか壮観ですね。Linuxカーネルのコアなサブシステムについて、おおよそ触れられたといっていいでしょう。ほとんどの方は、本書を読む前は、この図に書いてあることについて単語を知っていても理解はできなかったのではないでしょうか。概要レベルとはいえ、カーネルないしハードウェアについてのこれだけの知識を身につけている方は、ソフトウェアの抽象化が進んだ昨今では珍しいと言えるでしょう。

今の皆さんは、以前より広い視野で、かつ、より深くコンピュータシステムを見られるようになっています。少なくとも「あ、これカーネルのレイヤか……見なかったことにしよう」というケースは、だいぶ減るのではないかと思います。それに加えて、これまで正体不明として片づけられていた問題が、カーネルあるいはハードウェアのレイヤによって引き起こされていることが明らかになる機会が増えることでしょう。

Linuxカーネルについてさらに知りたいという方々のために、Linuxカーネルの深淵を一瞥してみましょう。筆者がすぐ思い出せるだけでも、Linuxカーネルのサブシステムは図13-02のように多岐にわたります。

図13-02 深くて広いLinuxカーネルの世界

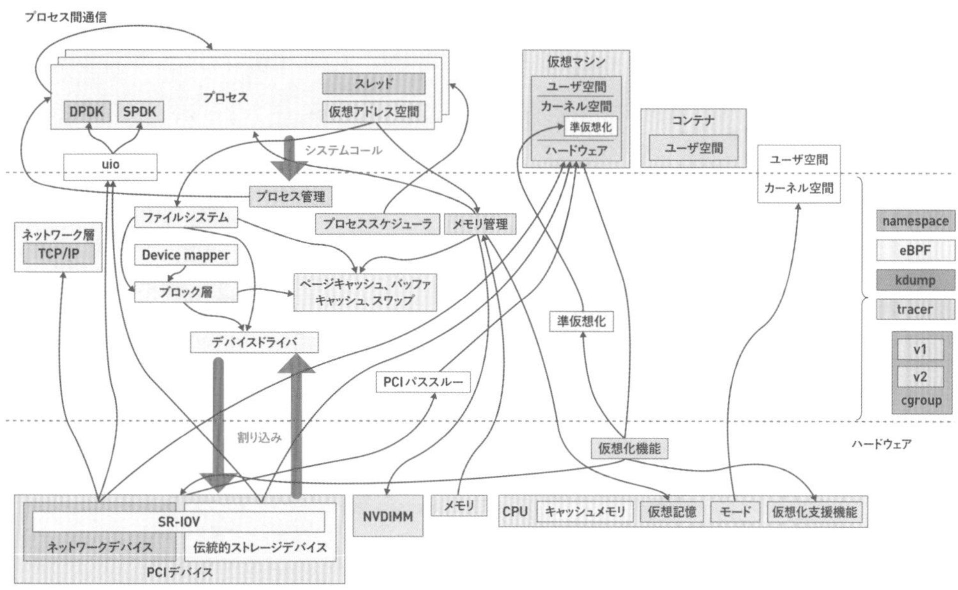

これを見るだけでくじけてしまいそうですが、これらは、何も体系的に全部理解する必要はありません。その時々に必要になったり、興味がわいたりしたときに、学んでいけばいいのではないかと思います。例えば筆者も、Linuxカーネルに詳しいという立場で本書を執筆してきましたが、ネットワークに関係するところは、記事を書いて皆さんに情報提供できるレベルの知見は持ち合わせていません。誰にでも得意不得意はあるのです[*1]。

序章に掲載した図13-03を覚えていますでしょうか。

図13-03 カーネルに詳しい人とそうでない人との間のミスコミュニケーション

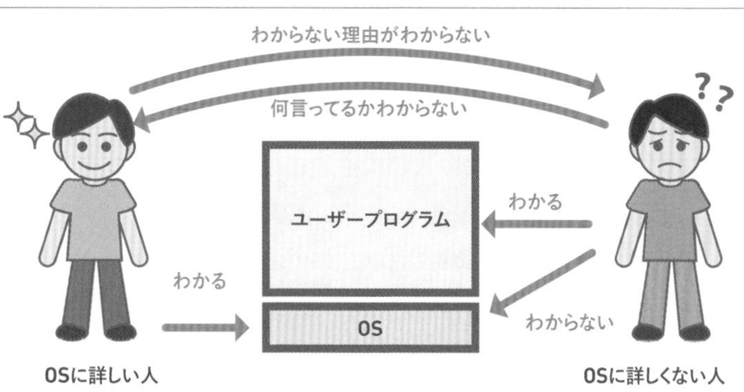

*1 全部詳しい化け物のような人がたまにいるのは否定しません。

筆者は、以前より、この状況をコンピュータ業界の大きな問題だと考えており、これを解決するための1つの手段として本書を書きました。本書を読み終えたいま、Linuxカーネルに詳しい人との間で、図13-04のように、ある程度コミュニケーションが成立するようになっていれば筆者としてはうれしい限りです。

図13-04 カーネルに詳しい人と今の皆さんとの間の円滑なコミュニケーション

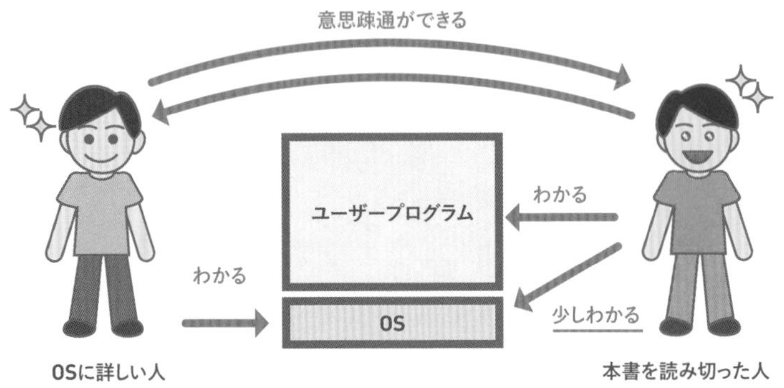

ただし、カーネルに詳しい人は話が通じる相手が少ないので、「この人は話が通じそうだな」と思った瞬間に、早口でマニアックなことをまくし立てる傾向にあります。そういうときは話半分に聞いてあげてください[*2]。

本書で得た知識を今後どう使うかを考えると、筆者は主に次の3種類に分けられるのではないかと思っています。

- 運用に生かしたい。
- より良いプログラミングに生かしたい。
- カーネル開発を始めてみたい。

それぞれの方々向けに、参考となる書籍やサイトを紹介します。

システムを運用していくに当たっては、sarなどによるメトリクス監視、および、その意味を解釈した上でのトラブルの予防および発生時の対処が欠かせません。

このような知見を得たければ、Brendan Gregg氏の「Systems Performance 2nd Edition」や「BPF Performance Tools」(いずれもAddison-Wesley Professional Computing Series)を読むのがよいでしょう。かなり詳しく書いてあるので読みこなすのは大変だと思いますが、本書を読み終えて、さらに何回か実践するころには、皆さんの運用技術者としての能力は飛躍的に上がっていることでしょう。

＊2 例えば筆者がそうです。

カーネルやハードウェアの挙動も意識したプログラミングをしたいとき、あるいはトラブル解析をしていくうちにシステムコールのレイヤにたどり着いたときに読む本として、「ふつうのLinuxプログラミング 第2版」（青木峰郎、SBクリエイティブ）と「Goならわかるシステムプログラミング 第2版」（渋川よしき、ラムダノート）をお勧めします。

さらに詳しく知りたい方には「Advanced Programming in the Unix Environment」や「Linuxプログラミングインタフェース」をお勧めします。どちらも1000ページを軽く超える超大作なので読む前に心がくじけそうになりますが、前から順番に読むというよりは、皆さんがコードを書いているときに特定のシステムコールについて調べなければならなくなったときに、気になるところをピックアップするという読み方をすると良いでしょう。

本書を読んでいるうちにカーネル開発をしてみたいという欲求が出てきた方には、まずは「Linux Kernel Newbies＊3」というサイトを一読することをお勧めします。ここでは、Linuxカーネル開発を始めたい人が何をすればいいかについて、豊富な情報が得られます。メーリングリスト上で質問や議論もできます。

upstreamのLinuxカーネルに貢献してみたいという方は、Linuxカーネルソース内の「Documentation/SubmittingPatches」というファイルを見れば、修正作成から送付までのお作法が分かります。

その他に、カーネル開発に役立ちそうな書籍をいくつか紹介しておきます（表13-01）。

表13-01 カーネル開発をしてみたい方へのお勧め書籍

書名	コメント
オペレーティングシステム設計と実装［第3版］	いわゆる「タネンバウム本」。Linuxカーネルに限らずOSカーネルについての一般的な知識が得られます。
Linux Kernel Development 3rd edition	Linuxカーネルの基礎知識が得られます。
詳解Linuxカーネル 第3版	Linuxカーネルの過去のバージョンについて細かい解説をしています。実装の細かい記述が中心です。

Linuxカーネルについての2冊は、いずれも出版から長い年月が経過しているため、今のカーネルには当てはまらない部分が多々あります。しかし、これらを読むことによって得られる知識は、新しいカーネルのコードを読む際も大きな助けとなるでしょう。

Linuxカーネルよりさらに下って、ハードウェアに近い知識を得たい方には表13-02の書籍をお勧めします。

＊3　https://kernelnewbies.org/

表13-02 ハードウェアに近い知識を得たい方へのお勧め書籍

書名	コメント
コンピュータの構成と設計	コンピュータシステムを構成するハードウェアのアーキテクチャに関する古典的名著です。
What Every Programmer Should Know About Memory	ハードウェアとしてのメモリについて包括的に説明した論文です。「知識としては知っていることを実験によって確かめる」という本書のコンセプトは、この資料に着想を得ました。店舗で販売されてはおらず、作者のホームページから無償でダウンロードできるpdfとして提供されています。
Write Great Code vol. 1	ハードウェアとソフトウェアの境界部分についての広く浅い知識が得られます。

どの本も一筋縄ではいかないですが、本書において学んだ知識を生かして、根気よく挑めば、今の皆さんであれば、十分に理解できる内容だと思います。すべてを読む必要はなく、かつ、個々の本についても自分が興味のある部分について読むのが、飽きないコツです。これらを理解した後には、コンピュータシステムについて別世界が開けると思います。少なくとも私はそうなりました。

これまでに述べた参考文献あるいはサイトの多くは、英語で書かれています。しかしながら高度な情報、最新情報を得たければ英語での情報収集は避けられませんので、そういうものだと思って進めるしかありません。

最後になりますが、本書を読んでくださった皆さんに感謝します。本当にありがとうございました。

索　引

記号・数字

A

B

C

V

W

X

ア行

カ行

索引

マ行

ヤ行

ラ行

ワ行

著者プロフィール

たけうち さとる
武内 覚

2005年から2017年まで、富士通㈱においてエンタープライズ向けLinux、とくにカーネルの開発、サポートに従事。2017年からサイボウズ㈱技術顧問。2018年、サイボウズ㈱に入社。cybozu.comの新インフラのストレージ開発に従事。

◆装丁　bookwall
◆本文デザイン　風工舎
◆レイアウト・図版　技術評論社　酒徳 葉子
◆編集　風穴 江
◆編集協力　小川 彩子
◆担当　細谷 謙吾

■お問い合わせについて

本書の内容に関するご質問につきましては、下記の宛先までFAXまたは書面にてお送りいただくか、弊社ホームページの該当書籍のコーナーからお願いいたします。お電話によるご質問、および本書に記載されている内容以外のご質問には、一切お答えできません。あらかじめご了承ください。

また、ご質問の際には、「書籍名」と「該当ページ番号」、「お客様のパソコンなどの動作環境」、「お名前とご連絡先」を明記してください。

＜宛先＞
〒162-0846　東京都新宿区市谷左内町21-13
株式会社技術評論社　第5編集部
「[試して理解] Linuxのしくみ【増補改訂版】」係
FAX：03-3513-6173

＜技術評論社 Webサイト＞
https://book.gihyo.jp

お送りいただきましたご質問には、できる限り迅速にお答えをするよう努力しておりますが、ご質問の内容によってはお答えするまでに、お時間をいただくこともございます。回答の期日をご指定いただいても、ご希望にお応えできかねる場合もありますので、あらかじめご了承ください。

なお、ご質問の際に記載いただいた個人情報は質問の返答以外の目的には使用いたしません。また、質問の返答後は速やかに破棄させていただきます。

[試して理解] Linuxのしくみ
―― 実験と図解で学ぶOS、仮想マシン、コンテナの基礎知識【増補改訂版】

2022年10月29日　初　版　第1刷発行
2024年 4月24日　初　版　第4刷発行

著　　者　武内 覚
発 行 者　片岡 巌
発 行 所　株式会社技術評論社
東京都新宿区市谷左内町21-13
TEL：03-3513-6150（販売促進部）
TEL：03-3513-6177（第5編集部）
印刷／製本　図書印刷株式会社

定価はカバーに表示してあります。

ISBN978-4-297-13148-7 C3055

Printed in Japan